商业中心区地下空间利用丛书
沈中伟　主编

山地轨道影响区地下空间立体紧凑性设计理论研究(51678486)

商业中心区地下空间属性及城市设计方法

袁　红　著

东南大学出版社
SOUTHEAST UNIVERSITY PRESS
·南京·

内容提要

本书通过研究城市地下空间功能演变，提出地下空间具有立体性、系统性、区位性、经济性、权属性等城市属性，地下空间的产生是地形、建筑、城市相互作用的结果。基于 TOD 模式及重庆商业中心区发展演变分析，本书提出商业中心区地下空间利用应以轨道交通为“发展轴”进行区域间的连接，以轨道站点为“发展源”建立地下步行网络系统、带动地下商业发展，在垂直方向上与城市公共空间和娱乐、商业、商务空间进行多功能复合。通过平原城市与山地城市站点剖面的对比分析可知，在具有地形高差的情况下需要建立地下、空中立体步行系统，并与建筑内部交通系统构成步行网络，共同促进商业中心区聚集发展。安全性及场所感的构建要求地下空间的人性化设计，根据马斯洛需求层次理论，设计师需要对地下空间进行安全、尺度、环境、情感等方面的设计，并与地面城市相对应进行“双层”城市意象的表达，建立地下空间紧凑、高效、舒适的场所感。

本书可供地下空间规划及设计专业人员、规划管理人员进行参考，亦可供地下空间研究人员学习和借鉴。

图书在版编目(CIP)数据

商业中心区地下空间属性及城市设计方法 / 袁红著. 南京:东南大学出版社，2019.5

(商业中心区地下空间利用丛书/沈中伟主编)

ISBN 978-7-5641-8207-6

Ⅰ.①商… Ⅱ.①袁… Ⅲ.①商业区—地下建筑物—建筑设计 Ⅳ.①TU922

中国版本图书馆 CIP 数据核字(2018)第 293419 号

商业中心区地下空间属性及城市设计方法

Shangye Zhongxinqu Dixia Kongjian Shuxing Ji Chengshi Sheji Fangfa

---

著　　者:袁　红

出版发行:东南大学出版社

出 版 人:江建中

责任编辑:宋华莉

编辑邮箱:52145104@qq.com

社　　址:南京市四牌楼 2 号(210096)

网　　址:http://www.seupress.com

印　　刷:江苏凤凰数码印务有限公司

开　　本:700 mm×1 000 mm　1/16　印张:14　字数:244 千字

版 印 次:2019 年 5 月第 1 版　2019 年 5 月第 1 次印刷

书　　号:ISBN 978-7-5641-8207-6

定　　价:58.00 元

经　　销:全国各地新华书店

发行热线:025-83790519　83791830

序　言

地下空间产生于人类之初的史前时代，在社会发展的不同时期都发挥着重要的作用，并具有不同的时代意义。地下空间对于早期人类仅仅是墓穴、洞穴，对于战争时期是掩体、地道，对于和平时期的现代人类是地铁、城市管道，而对当代和未来人类，随着城市人口的高度激增及集聚，地下空间则具有更加广阔的内涵——地下城市；其城市属性发生着巨大的变化。本书从地下空间功能发展演变的角度阐释了现代地下空间的立体性、系统性、区位性、经济性、权属性等城市属性，建立地下空间开发的科学认识观及城市发展观，对城市地下空间开发利用具有重要意义。此外，作者还通过国内外案例分析，及商业中心区空间发展机制，提出了地下地上空间的一体化设计方法及商业中心区的地下空间布局模式，从空间属性及空间设计两个层面研究地下城市设计理论及方法。2016 年 6 月，住房和城乡建设部正式发布的《城市地下空间开发利用“十三五”规划》提出，力争到 2020 年，不低于 50%的城市完成地下空间开发利用规划编制和审批工作，初步建立较为完善的城市地下空间规划建设管理体系，地下空间在未来中国城市发展中将发挥至关重要的作用。

本书通过历史研究、理论研究、案例研究的方法，并借助图式心理学、城市意向学等研究地下空间城市设计的相关理论及设计方法，是地下国内地下空间城市设计研究的初次探索，内容深入浅出，该书的出版将对未来地下空间规划设计及地上地下空间立体化城市设计提供重要的参考。

戴志中

2018 年 8 月

目录

1 研究缘起及意义

1.1 研究缘起

自史前时代，地下空间就以天然洞穴的形式出现在人类社会之中。洞穴、储藏室、墓室是人类自觉利用地下空间的初级形态，体现了地下空间最基本的遮蔽和储藏功能。随着人类社会发展及城市的出现，地下空间开始用于供排水、地下市政设施、隧道、地铁等功能，由自觉利用的形态转变为有目的性、系统规划的形态。工业化城市的出现导致城市问题突出，地下空间利用开始朝着与城市功能相结合的三维立体式方向发展，出现了线性城市、双层城市、立体交通枢纽、垂直花园城市的构想(图 1.1)。进入后工业化时

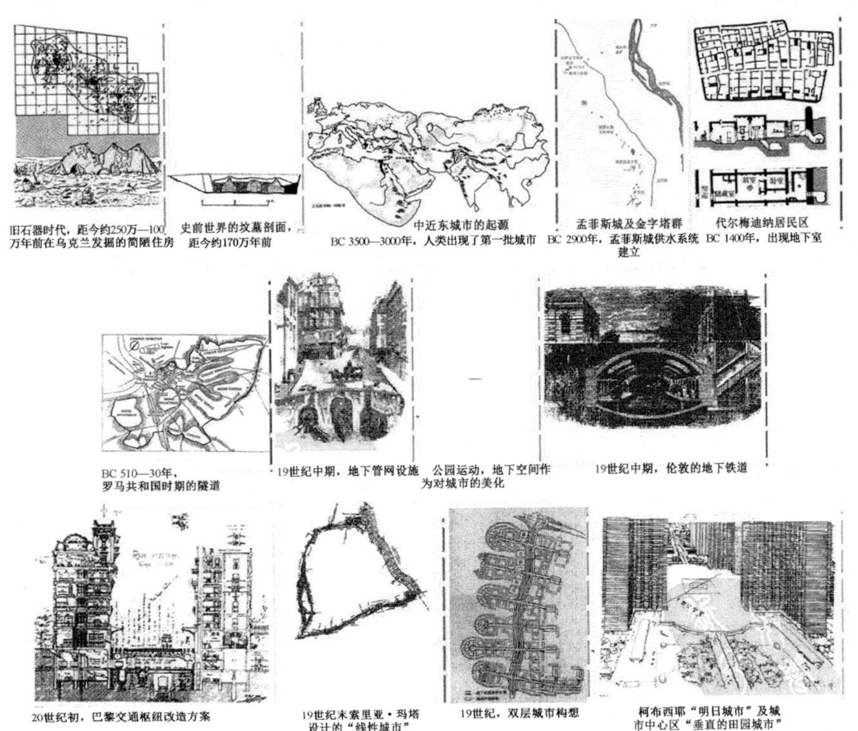

图 1.1 城市地下空间的功能演变

来源:据资料整理

代后，以往城市扩散式发展带来了能源高损耗和耕地不足等城市问题，城市开始从扩散向紧凑式发展转变(海道清信，2011)。城市商业中心区是人口聚集程度最高、城市矛盾最突出的地方，商业中心区的集聚发展成为各城市中心聚集发展的典型，地下空间在商业中心区的利用已被证明是改善城市空间环境、提高城市聚集性的重要手段(童林旭，2005)。重庆地区由于山地城市人多地少的天然缺陷，目前城市化水平之下的商业中心区发展需要借鉴国内外先进的经验，进行地下空间的开发以完成内部更新及发展的需要。

1.1.1 重庆地下空间利用的必要性

重庆是典型的山地城市，可建设用地仅为7%。相对我国其他城市而言，城市的土地资源更加稀缺，城市中心区必须努力创造更多城市空间以解决国计民生的需求；另外，山地城市作为一种特殊的城市形态，不仅是我国城镇体系的重要组成部分、发展山区经济的核心，而且一般具有景观丰富和生态复杂的特点，在城市发展过程中面临更多的问题。随着城市化进程的加快，城镇人口迅速增加，城郊农地和耕地不断减少，山地开发与利用的范围逐渐扩大，城镇建设的数量与规模与日俱增。山地城市地形高差复杂多变、生态环境敏感脆弱的特点，决定了山地城市地下空间的开发与利用具有更大的复杂性。

1）地下空间是解决城市人多地少矛盾的必要途径

（1）城镇化速度快、旧城区开发强度大

重庆山地面积占陆地面积的90%，是世界上最大的巨型山地城市①。自直辖以来，耕地面积急剧减少(图1.2)，主城区人口持续增长，城镇化速度明显增快，主城六区城市开发强度48%，居世界前列(图1.3)，聚集区人口密度(DID)达到6万人/km^2(图1.4)，单位面积承担人口数量达5 667.4人/km^2(表1.1)，位各直辖市之首。城市交通是城市发展的命脉，而重庆人均道路面积仅为5.29 m^2/人(2007年年底数据)，远低于国家平均水平12 m^2/人，城区拥堵已成常态。长期以来，山地城市人多地少的城市发展状况，导致城市发展对土地及空间的需求迫切。由于地质条件适宜地下空间开发②，重庆地下空间具有丰富的地下空间开发经验，早在“陪都时期”，就进行了地铁建设的规划，成为当时全国地铁规划最早的城市之一，人防工程及地下市政设施

---

① 钱七虎院士2012年在《山地城镇建设与新技术教育部重点实验室》评估报告会讲话中提出重庆是世界上最大的巨型山地城市。

② 《重庆市主城区地下空间总体规划及重点片区控制规划》提出重庆分布最广泛的岩组为较坚硬—软弱的中-厚层状砂、泥岩互层岩组，该岩组适宜地下空间的开发利用。

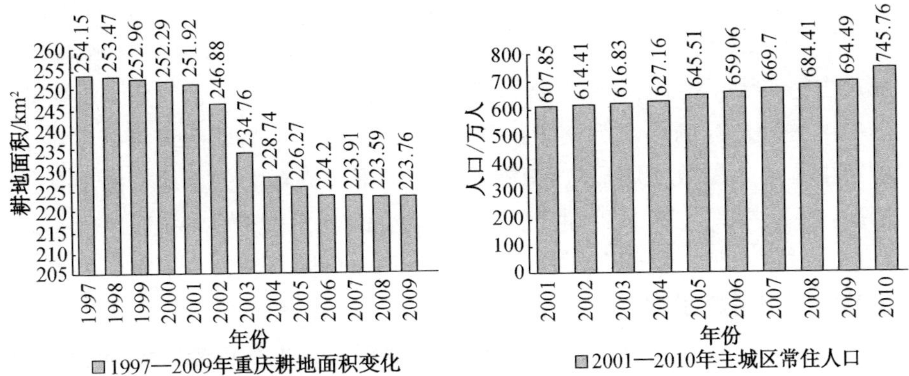

图 1.2　重庆耕地面积变化及主城区常住人口变化

来源:根据《重庆统计年鉴》资料自绘

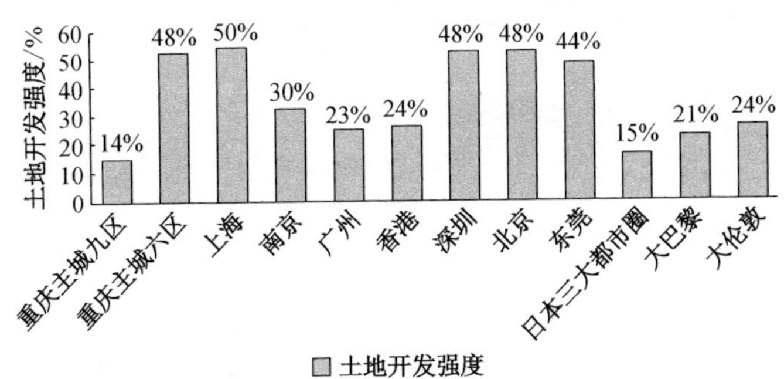

图 1.3　世界各大都市土地开发强度

来源:据资料自绘

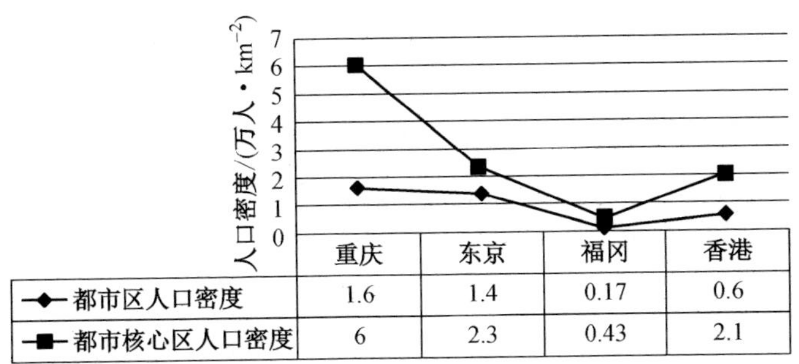

	重庆	东京	福冈	香港
—◆— 都市区人口密度	1.6	1.4	0.17	0.6
—■— 都市核心区人口密度	6	2.3	0.43	2.1

图 1.4　都市区人口密度及核心区人口密度

来源:据资料自绘

的发展历史亦居全国之首。为缓解城市人多地少、建设面积日益不足的矛盾，城市不得不向高空及山地发展，城市发展天然地呈现出立体化的态势。在过去的二十年中，重庆城市空间向高空发展的水平已经居于全国前列①，其中解放碑地区高层建筑发展已位居全国首位，大量高层建筑的兴建导致城市中心区热岛效应明显，城市能耗居高不下。面对全国土地资源不足的情况，钱七虎院士提出"21 世纪将是地下空间开发利用的世纪，地下空间将成为城市的第二空间"。如今，地铁大开发的时期到来，地下空间的规模化开发利用缓解了城市空间资源不足的矛盾，成为促进城市发展的新元素。地下空间的开发可以将大部分建筑、道路及其他城市公共设施放入地下而节约土地资源，提供更多的城市公共活动空间，以解决城市拥堵的问题。

表 1.1　直辖市每平方千米适建地承担人口数量

直辖市	面积/km^2	建成区面积		户籍人口＋外来人口/万人	人口密度/(人·km^{-2})
		比率/%	面积/km^2		
重庆	83 200	7.0	5 761	3 215＋50	5 667.4
北京	16 800	58.6	9 841	1 133＋500	1 659.4
上海	6 340.5	100.0	6 341	1 800＋300	3 311.8
天津	11 305	95.5	10 796	1 100＋200	1 204.1

来源：戴志中，刘彦君，2008. 山地建筑设计理论的研究现状及展望[J]. 城市建筑(6):17-19

由国内外发展经验可知，在城市发展内在品质提升的新时期，地下空间的利用为城市发展注入了新元素，为解决城市交通(地铁、地下车道、地下车库等)的发展贡献了巨大力量。地下交通发展(特别是轨道交通的发展)成为城市彼此连接的纽带，提高了城市间的流通效率，TOD 模式导向下的中心区聚集开发是影响城市发展的重要方面。城市商业中心区是城市人流、经济流、信息流的聚集地，其发展来源于历史的交通要塞及交通枢纽(沈玉麟，2007)，在城市更新过程中亦成为轨道交通枢纽所在地，巨大的人流、车流、商贸的发展促进了地下空间以地下交通枢纽为生长点的网络式、立体式发展，商业中心的地下空间开发在城市发展过程中具有重要

① 据不完全统计，截至 2000 年年底，面积仅 22.56 km^2 的渝中区共有 506 幢高层建筑，而在年初时，9 km^2 左右的渝中半岛上高层建筑就有 300 多幢，其中 100 m 以上的超高层大楼超过 200 幢，致使重庆高楼密度居全国第四，渝中半岛更居全国第一。(来源：王琦，刑忠，龙灏，2005. 高度在矛盾中攀升——重庆渝中半岛商务中心区硬核区摩天楼发展与反思[J]. 时代建筑(4):69-73.)

意义。

(2) 空间资源有限、中心城区人口密度过大

重庆都市区是山地城市，土地资源的可再生性和地貌类型的复杂多样性导致城市空间利用受到制约。通过对都市城市建设的土地适宜性的分析，适宜建设用地分布在缙云山、中梁山、明月山、铜锣山和东温泉山之间海拔 500 m 以下的宽缓丘陵地带，面积为 1 398 km^2，占都市总面积的 25%。2008 年年底，按国际常规计算城市人口密度，即用城镇建设用地面积而非城市总面积计算城市人口密度，中梁山与铜锣山之间 600 km^2 范围内的城市中心地区(实际城镇建设用地约 323 km^2)的人口密度约 1.6 万人/km^2，人均建设用地仅 70.3 m^2(何波等，2009)。而日本福冈人口密度 4 338 人/km^2。东京中心区局部高密度范围，人口密度 2 万人/km^2，东京 23 区中心区人口密度达1.45 人/km^2；香港人口密度 2 万人/km^2。由以上数据比较可知，重庆城市中心区人口密度已经超过了许多发达城市，中心区人口聚集度高，立体化开发地下空间以提供大量绿地及公共空间对城市发展具有重要意义。

2) 抑制城市扩张、促进聚集化发展、提高城市效率

重庆都市区正处于工业化中期向工业化后期发展的阶段，产业和人口呈集聚发展的态势，产业集聚带动大量外来人口的进入和现有农村人口向城市的转移。自直辖以来，都市区整体人口呈较快上升趋势，是重庆市流动人口最集中的区域，都市区占全市 6.64%的面积集聚了全市近 60%的流动人口。同时，城市建成区面积迅速增长。1994—2008 年，城市建设面积由 175.8 km^2 拓展到 435 km^2，城市建设用地增长速度在 7%以上。1997—2009 年，重庆耕地面积由 254.15 hm^2 减少到 223.76 hm^2，特别是 2002 年西部大开发后，城市化进程加速，耕地面积急剧减少。2001 年至 2010 年年末，主城区常住人口由 607 万人急剧增加到 745.7 万人，主城区面积由原主城六区的 1 436 km^2 扩展到 5 465 km^2，都市区面积扩大近 4 倍。城市这种“摊大饼”的扩张式发展将导致耕地面积急剧减少，城市效率低下。因此，为了保护耕地、制约城市扩张发展，就需要运用地下空间与地面进行立体式开发，走集约发展之路。

城市效率(Urban Efficiency)是指城市在运转和发展过程中所表现出来的能力、速度和所达到的水平，也是衡量城市集约化和现代化程度的一种指标体系(童林旭，2005)。单位城市用地的 GDP 是反映城市效率的一个重要指标，但是这一指标在过去城市规划和城市统计中都是没有的(至今在《重庆统计年鉴》中仍没有这个数据)，反映出城市粗放型的发展不重视效率和效益的

倾向。以重庆市为例，2000 年主城区建成区面积为 262 km²，单位城市用地的 GDP 为 3.00 千万美元/km²，2007 年全市建成区面积为 872.7 km²，单位城市用地的 GDP 为 6.91 千万美元/km²，建成区面积扩大 3.33 倍，而单位城市用地的 GDP 仅仅扩大 2.3 倍。离东京 1986 年的单位城市用地的 GDP 51 千万美元/km² 的水平还有很大的差距。仅超过 2000 年北京的 5.8 千万美元/km² 的水平，与发达城市的水平仍存在一定差距。香港也是山地城市，2000 年单位城市用地的 GDP 达 125 千万美元/km²（童林旭，2005），是 2007 年重庆的 18 倍。香港中心区的容积率过高，建筑密度过大，呈现畸形发展，这是不可取的，但却足以说明城市土地和空间具有巨大的聚集作用和经济潜力。同时说明，重庆城市化的低水平发展，是长期粗放型、“摊大饼”发展的结果，离高度集约化还有很大差距。

土地是城市空间的载体，充分发挥土地利用效率是保存稀缺耕地和提高城市效率的唯一途径。因此，集约化程度的提高，就是不断地发掘城市土地的潜力，提高土地使用价值的过程。一般情况下，城市中土地越昂贵的地区，土地开发价格就越高，投资开发后就可以获得比其他地区更高的经济效益，从而起到将城市功能向一地区吸引的聚集作用，这也是城市的立体化改造往往从市中心区开始然后逐渐向外扩张的主要原因：既符合市场规律，又取得集约的效果。因此，无论是新城还是旧城的改造，使城市空间实现三维式的拓展，是世界上许多发达国家大城市的普遍做法，对人多地少的山地城市来说更为必要。

3）都市区经济发展水平已具备地下空间大规模开发的条件

重庆都市区是市域中心城市，包含渝中区、大渡口区、江北区、南岸区、沙坪坝区、九龙坡区、渝北区、巴南区、北碚区 9 个行政区全部辖区范围，总面积 5 473 km²。都市区是全市经济最发达、城镇化水平最高的区域，2008 年总人口 684 万人，城镇人口 604 万人，城镇化水平 87.9%，地区生产总值2 249.28 亿元。都市区以占全市 6.64%的土地面积、约 20%的人口实现了全市 44% 左右的 GDP 份额，2008 年人均 GDP 达 32 741 元。相关研究表明，当人均 GDP 超过 3 000 美元时，地下空间的大规模开发利用就处于启动阶段。2007 年重庆市主城区人均 GDP 已达 2 800 美元，而都市区除巴南及北碚外，人均 GDP 均接近 5 000 美元，均具备了大规模开发地下空间的经济基础。其他区县如璧山及永川、双桥均具备了地下空间开发的经济基础（表 1.2）。

表 1.2　2007 年重庆市城市化率及单位面积 GDP 汇总表

排序	区县	常住人口/万人	非农业人口/万人	城市化率/%	GDP/亿元	人均GDP/美元	地下空间开发潜力情况
0	重庆市	2 816	1 361.35	48.3	4 122.51	2 148	
主城区合计		1 474.2	985.77	66.9	2 817.14	2 800	
1	九龙坡	97.95	97.95	100.0	374.56	6 501	●
2	渝中区	71.09	71.09	100.0	279.50	6 756	●
3	渝北区	92.91	59.24	63.8	245.46	4 840	●
4	沙坪坝	89.08	89.08	100.0	229.64	4 497	●
5	江北区	67.36	67.36	100.0	179.79	4 812	●
6	北碚区	70.01	48.42	69.2	110.22	3 294	●
7	大渡口	26.96	26.96	100.0	93.89	7 798	●
8	巴南区	87.11	58.33	67.0	142.57	2 987	◇
9	南岸区	69.15	69.15	100.0	156.80	4 848	●
10	涪陵区	101.45	52.82	52.1	192.27	3 664	●
11	万州区	151.91	74.67	49.2	190.48	2 472	◇
12	江津区	126.49	65.72	52.0	175.91	2 541	◇
13	合川区	127.32	62.38	49.0	167.76	2 343	◇
14	永川区	92.33	48.71	52.8	153.03	3 034	●
15	长寿区	75.36	35.31	46.9	125.26	2 800	◇
16	黔江区	43.61	13.46	30.9	49.13	2 026	◇
17	南川区	54.36	23.43	43.1	80.48	2 711	◇
18	万盛区	25.05	17.40	69.5	25.89	1 893	◇
19	双桥区	4.70	4.29	91.3	13.01	9 394	●
20	綦江县	83.28	29.70	35.7	103.13	2 203	◇
21	开　县	115.19	34.85	30.3	91.47	1 402	◇
22	璧山县	51.61	18.62	36.1	90.51	3 231	●
23	铜梁县	62.06	21.51	34.7	87.61	2 623	◇
24	大足县	76.03	24.78	32.6	85.56	1 964	◇
25	荣昌县	65.01	22.54	34.7	85.09	2 481	◇
26	潼南县	70.98	19.14	27.0	73.33	1 782	◇

（续表）

排序	区县	常住人口/万人	非农业人口/万人	城市化率/%	GDP/亿元	人均GDP/美元	地下空间开发潜力情况
27	垫江县	72.09	20.88	29.0	66.83	1 654	◇
28	奉节县	85.18	22.65	26.6	61.98	1 292	◇
29	忠　县	74.11	20.30	27.4	61.58	1 534	◇
30	梁平县	71.19	21.40	30.1	61.52	1 553	◇
31	云阳县	101.01	27.19	26.9	55.71	962	
32	丰都县	63.95	17.25	27.0	47.97	1 313	◇
33	武隆县	34.42	9.79	28.4	40.03	2 112	◇
34	秀山县	49.60	10.86	21.9	39.66	1 478	◇
35	彭水县	53.67	10.65	19.8	37.61	1 367	◇
36	石柱县	42.93	9.24	21.5	35.52	1 488	◇
37	酉阳县	57.11	10.62	18.6	27.64	842	
38	巫山县	49.59	11.88	24.0	27.30	992	
39	巫溪县	43.88	8.16	18.6	19.62	787	
40	城口县	18.91	3.57	18.9	13.78	1 514	◇

来源：作者根据《重庆统计年鉴》整理

◇ 表示人均 GDP≥1 000 美元的城市区域具有适度开发的潜力

● 表示人均 GDP≥3 000 美元的城市区域具有大规模开发的潜力

1.1.2 商业中心区地下空间利用的重要性

城市商业中心区是城市交通、商业、金融、办公、文娱、信息、服务等功能最为集中的地区。它是城市中各种功能最齐备、设施最完善、各种矛盾最集中的地区，常常是城市更新和改造的起点与重点（童林旭，2005）。城市商业中心区包括两个方面的基本功能：一方面包含城市的商业活动，是商业活动的集聚地；另一方包含城市的社交活动，大部分公共建筑集中于此。这两个方面都是城市的基本功能和主导功能，是城市内人与人之间社会关系最主要的表现场所及城市发展的核心区域。经济的发展和技术的进步一方面给城市商业中心区带来空前的繁荣，另一方面又造成了严重的城市问题。现代大城市商业中心区的特征如下：

1）高容积率及高建筑密度

容积率是表示城市空间容量的一种指标，在同样面积的用地上，容纳的建筑面积越多，经济效益就越高。因此，在有限的土地上，通过提高建筑密度和增加建筑层数，即可获得高容积率及高经济效益。日本城市规划法规定中心区容积率为6～10，除东京新宿地区和站前地区高达10外，日本大城市中尚未出现像纽约、芝加哥、香港等城市那样的大量超高层建筑集中的中心区，形成容积率很高的情况。《重庆市城市规划管理技术规定》确定中心地区商务、商业设施用地的容积率为3～5，其中中心地段可高于该指标进行合理变化。总体而言，从用地角度看，随着商业中心能级的提高，其用地面积和建筑面积有增大趋势。杨家坪商业中心区建筑面积250 hm^2，三峡广场285 hm^2，南坪商业中心区500 hm^2，观音桥570 hm^2，解放碑520 hm^2。随着商业中心职能的提高，毛容积率有升高趋势。其中，毛容积率最小值杨家坪商业中心区为1.93，南坪、沙坪坝、观音桥容积率集中在3.5左右，解放碑容积率最高达到5.75，远高于五大商业中心的平均容积率。

2）高地价及高经济效益

城市土地是一种具有很高使用价值的资源，土地的价格与其所创造的使用价值成正比，因此在一个城市中的不同地区和不同地段，地价相差很大，中心区和边缘地区可相差十倍以上。

商业中心区的建筑采用高密度布局与商业争取最大经济利益的原则相一致，多争取一寸土地就可以获取更大的利润，同时中心区的土地稀缺性不能满足商业的空间需求，最终必然导致土地价格成本的大幅提高。例如，解放碑中心地区的土地价格大约为每亩500万元，而相比之下，沙坪坝区中心区的土地价格每亩为100万～200万元，重庆市外围新区（北部新区、南部新区）的每亩土地价格在80万元以下（苏致远，2004）。高昂的土地价格造成了中心区建筑的高密度和高层数，这种紧密型的布局有利于各个商业之间联系及互动能力的提高，对于营造整个地区的商业活力和气氛有利，但同时客观上也造成了中心区城市公共空间规模的极端有限性。在对城市公共空间的强烈渴求之下，重庆市各中心区纷纷采取了关闭原有车行道，建设商业步行街的做法（包括中心区解放碑步行商业街、沙坪坝区三峡广场）。这种方式避免了土地拆迁的尖锐矛盾，实现了在短时间内低土地经济成本及低机会成本的情况下迅速形成公共空间规模效益，取得了相当大的成功，但是却造成了城市交通的恶化。以解放碑步行街为例，该步行街的建设将商业核心区的主干道路网改建，先后占用道路长度约1.4 km，面积约2.8 hm^2，致使该区域原有的交通结构系统被彻底打乱，解放碑中心丧失了车行能力，交通瓶颈增多。

3）人口聚集及昼夜人口反差巨大

城市商业中心区公共空间地处城市的集聚中心，是具有很强辐射能力及高敏感的地区，使用对象宽泛，不仅包括本地区的居民，还包括商务办公人员及消费旅游人员。根据实地抽样调查结果分析，解放碑步行街所有使用者中约97.5%来自解放碑中心地区之外，昼夜人口数相差10倍左右，外来使用者中约79%来自中心区9.8 km^2 之外，其中的6.8%来自重庆市主城区之外(李淑庆，2010)。这种中心区昼夜人口不平衡现象增加了对交通的压力，导致交通矛盾加剧。

4) *基础设施不足与环境恶化*

城市商业中心区商业繁荣，信息丰富，聚集了城市的休闲、商务、娱乐功能，对其他地区具有很强的吸引力及辐射力，导致大量人流聚集于此，从而产生巨大的交通需求。当人流和车流超过地区基础设施的承载能力时，就会出现种种矛盾。表现在交通上，如交通阻滞、人车混行、事故率上升、通勤率降低，支持城市运行效率降低，城市环境污染严重，能耗升高等。据解放碑资料，道路总长度为10.5 km，其中干路6.7 km，支路3.8 km；道路面积为10 500 m^2，干路路网密度7.3 km/km^2，支路路网密度4.1 km/km^2，道路用地比例为11.6%。这些指标中路网密度虽然较高，但道路用地比例远小于大城市中心用地20%～50%的要求，说明路网的标准低，通行能力小。据调查显示，解放碑出租车客流量约3万人次，社会车辆客流量约3万人次，步行日均客流量10万人次，总客流约为33万人次，考虑到解放碑的商贸性质和特殊位置，人流高峰小时流量约5万人次(李淑庆，2010)。直接进入解放碑片区的主要道路交叉口的交通状况非常差，已经成为制约解放碑片区集流散的瓶颈，交通改造及优化是解放碑地区的重要建设项目。

另外，调查表明，解放碑片区现有停车设施51处，总停车泊位3 550个，停车率为70%～80%。按照重庆市有关停车设施标准：办公(公用)为0.5泊位/百平方米，住宅0.33泊位/百平方米，则停车设施总需求量约为18 200个泊位，而目前停车设施泊位数缺少14 650个泊位(李淑庆，2010)。

交通阻滞及停车困难，将使城市中心区拥堵严重，多数车辆停放占用车行空间，使通行能力进一步减弱。大量汽车造成空气和噪声污染，使中心区的环境恶化程度高于其他地区，加之日照纠纷、电波干扰、火灾危害、高层风等问题，如果不及时进行改造，必将导致中心区各种矛盾加剧，制约中心区发展。

为了克服城市发展中已经发生的各种矛盾，需要对原有城市进行更新改造。在这一过程中，人们逐渐认识到城市地下空间在扩大城市空间容量上的优势和潜力，形成了城市地面空间、上部空间和地下空间协调拓展城市空间构成的新理念，这种新的再开发方式在实践中取得了良好效果，成为城市进一步现代化的必然趋势。

1.1.3 重庆地下空间利用出现的问题

重庆地下空间的利用虽然历史悠久、形态多样，但是缺乏系统规划及设计，缺乏产权、商业管理办法，导致整体地下空间利用率低、连通性差、空间内部环境差、地下车库停车位不足等问题。具体分析如下：

1) 认识层面：缺乏对地下空间的科学认识观

(1) 认识不足、开发意识薄弱

重庆主城区开发强度高达48%，核心区人口密度高达7万人/km^2，城市空间异常拥挤。但是地下空间主要来源于人防的平战结合利用，开发仍然停留在小规模、低层次的水平。通过对重庆商业中心区地下空间的问卷调查(附录C)可知，重庆地区大部分市民都不愿意在地下商业空间中购物，其存在优势仅在于商品的价格及种类。另外，由于对地下空间的负面心理效应，以及经验不足，政府部门没有意识到地下交通对地下空间开发的驱动作用，未将站点开发与中心区地下空间开发整体结合，也没有建立与既存地下空间的协调机制，仍然是商业、人防、交通各自为政的局面，轨道交通对中心区的聚集作用无法显现，地下空间发展缓慢，难以形成系统高效的利用模式。

(2) 功能单一、空间资源利用率低

由于经济利益的驱动，人防平战结合工程及建筑地下室用于商业设施，成为地下空间利用的主要形态，而社会停车场、市政公用设施等开发却少有投资者涉足，交通、市政公用设施不足影响了城市中心区的发展及综合效益的提高。例如，从渝中区解放碑商业中心的地下空间现状和规划来看，商业设施占大部分，利用率不高而被闲置，缺乏停车设施、市政设施，在地下空间利用方面缺乏合理性，导致空间资源浪费。另外，人防工程平战利用的商业设施，建设水平还停留在仅注重功能的阶段，缺乏人性化的环境设计以及功能多样化的布置，业态重复率高，功能单一、利用率低，与城市发展联系不紧密，几乎成为低收入人群的消费场所。

2) 设计层面：商业中心区地下空间形态开发的问题

(1) 散点分布、系统性差

商业中心区地下空间形态包括了点、线、面、“源”四种类型，但是彼此之间缺乏联系，不能建立地下空间的网络系统，也没有与地面建筑很好地衔接，人们在行进过程中需要不断在地面、地下建筑间穿梭，空间缺乏吸引力，成为人们进行购物消费的次要选择场所。

(2) 缺乏建筑学要素及城市意象要素的表达

重庆各商业中心区地下街均来源于人防工程，由于管理及经营上面的缺陷，导致地下街空间拥挤、缺乏特色、千篇一律。地下街缺乏必要的空间节点设计及景观设计，缺乏休憩、交谈等公共空间，功能性极强；未引入城市文化的设计，只是单纯地进行以满足功能需求的一些装饰，给人以压抑、嘈杂的空间感受；可识别性差，场所感缺失，沦为城市低端商业的聚集地。

(3) 缺乏地下空间设计规范及标准

地下空间开发利用应遵守规范和标准，规范和标准是保障地下空间安全、合理开发的重要技术依据。现有的地下空间结构、交通、人防、消防、防火等安全使用标准和规范，涉及空间、结构、支护、排水、防水等设计、施工和使用等各个方面，共同形成地下空间开发建设的技术基础体系。但是由于规模化、系统化的开发，原有地下空间的规范及标准已经不适应现代城市的发展，需要进行增加或改进，对于这些新型功能设施，如地下街、地下步道、地下道路网、地下车库网等设施的规划、设计，还缺少相关的技术规范。

3) 规划层面：规划体系难以适应立体化发展

(1) 地下空间规划体制的不完整

目前重庆市的地下空间开发利用未纳入城市总体规划，一些地区的地下空间开发利用是根据现实需要建成的。由于缺乏系统规划，大量高层建筑地下室将对规模化地下空间开发产生巨大的阻碍。对于城市新建设区(中心区及副中心地区)的地下空间利用规划也基本停留在布局阶段。据资料显示，江北城地区在实施之前做过一轮地下空间的控制性详细规划。然而因地下空间规划未纳入地面规划共同执行审批，导致在实施的过程中地下空间的开发未按照初始的规划进行修建，地下空间利用仍然各自为政。

地下空间开发利用规划是从城市发展的有机系统出发，对城市地下空间资源所做出的综合性、系统性规划，有别于人防工程建设规划、地铁(轨道交通)建设与发展规划、市政设施建设规划等专项规划，是综合上述各专业规划的综合规划。重庆市目前缺乏对地下空间进行综合规划的编制办法，不能适应城市中心区地下空间规模化、系统化开发。

(2) 地上地下开发缺乏规划系统性

目前，重庆市对地下空间的开发采取引导鼓励政策，如人防平战结合利用，各商业中心的地下空间都进行了开发，也取得了一定的经济效益。但是不同开发者、不同开发项目在建设中疏于协调、各自为政，产生不少矛盾和冲突，使项目难以产生社会综合效应，造成地下空间发展的不可持续性和资源浪费。许多大型建筑物本未修地下室，未预留地下通道接口、平面上缺乏衔接与联系、竖向上缺乏地上与地下的有机结合等，这都是由于缺乏规划、立项滞后造成的。以沙坪坝区中心的地下空间开发为例，本应该综合考虑包括轨道交通一号线（朝天门—沙坪坝）的地下车站、火车北站、公共地下停车库、绿色艺术广场地下部分、沙坪坝地下城、三峡广场地下商场、三角碑地下商场之间的联系，但是，目前一号线出口仅与炫酷商城有一个很小的接口，不利于人流的引入及商业的发展。

4）管理层面：地下空间开发利用管理的问题

（1）缺乏必要的激励政策与管制要求

与城市中其他建设项目相比，地下空间的开发利用（地铁、地铁站点等）具有投资大、施工周期长等特点。目前，重庆地下空间开发利用主要依靠政府投资，很难使地下空间的开发利用参与到城市发展竞争中，必须引入市场机制，使地下空间的开发利用成为规划指导下的市场投资行为；另一方面，越来越多的开发商对地下空间资源提出了利用要求，在实际操作中以经济利益为驱动占用了地下公用设施所需要的空间，为后续开发带来隐患。为此，必须建立和完善一整套相应的法规体系，鼓励和规范投资行为并对地下空间开发进行管理。

（2）缺乏协调机制、相关法规、技术标准和规范

现阶段重庆城市地下空间开发利用的相关法规体系建设基本为空白，城市地下空间的开发利用无法可依，影响地下空间的开发利用。目前，重庆地下空间开发利用工作尚处于起步阶段，需要研究和解决的问题很多。重庆应根据城市的发展情况、发展方向及国内、国际地位，综合考虑地理位置、自然条件因素，合理制定城市地下空间的发展战略，进行相关理论、方法与技术方面的研究，制定综合开发的规划、设计、管理政策及法规。

（3）缺乏相关部门的协调机制

地下工程开发涉及的部门有住建委、交委、市委、规划局、国土房管局、民防办、经信委、电力公司等十几甚至几十家相关行政管理部门，管理多元无序。各自为政、各行其是导致地下空间布局不合理、利用水平低、重复开挖、安全隐患问题突出。城市地下空间开发利用是一项全新的事业，重庆市需要建立自己的管理程序和办法。

（4）缺乏地下空间开发利用信息平台

地下空间系统开发需要建立在地下空间利用信息准确把握的基础之上，目前重庆城市地下空间管理缺失，地下建筑、地下道路、地下管线等各类地下空间信息没有得到勘查及收集，难以支持地下空间的系统开发及规划。

1.2 研究范围及概况

1.2.1 重庆“一主四副”商业中心

本书的研究对象是重庆主城区发展较为成熟的五大商业中心。重庆是典型的山城，呈“多中心、组团式”分布，各组团中心区分布在四山之间的丘陵、平坝地区。直辖后，商业服务快速发展，消费市场日趋完善和成熟，形成了以渝中区的解放碑为核心，观音桥、三峡广场、杨家坪、南坪四大区域性的商业副中心与之遥相呼应、共同发展的局面。2009 年国务院 3 号文件明确要求将重庆打造为长江上游地区的“会展之都”“购物之都”和“美食之都”。按照“购物之都”的规划，重庆集中发展沙坪坝三峡广场、九龙坡杨家坪等原有五大成熟商业中心区，进一步增强聚集辐射能力。同时着力建设江北嘴、渝北两路、巴南李家沱、北碚城南、西永、茶园、礼嘉—悦来等新兴商业中心区。重庆主城区①商业中心区在“多中心、组团式”城市空间结构影响下形成，具有典型的山地特征；同时，有别于中国传统平原城市商业中心带形空间形态，商业中心空间以地面为基础，向地下、空中两个维度展开，形成了特殊的商业空间形态(图 1.5)。

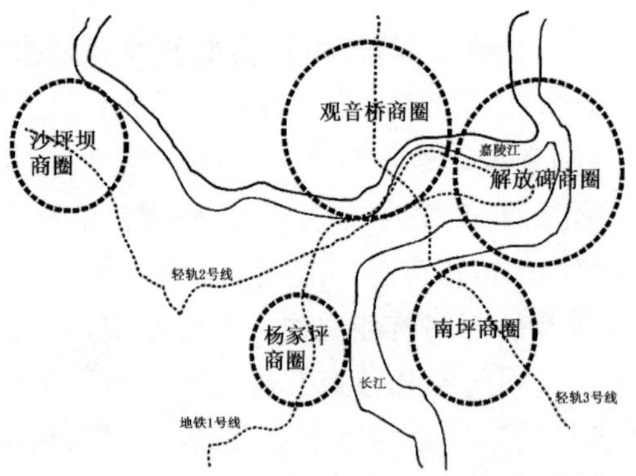

图 1.5 重庆主城区各商业中心区分布图

来源：自绘

① 主城九区包括沙坪坝区、江北区、南岸区、渝中区、九龙坡区、渝北区、北部新区、北碚区、巴南区。

1.2.2 高强度、高效益发展现状

各商业中心目前已建用地比例均在80%左右，现有商业中心已经成熟，内部空间也基本达到饱和（表1.3）。土地开发强度大，各区毛容积率在1.80～5.75，平均毛容积率达到3.75，解放碑容积率最高达5.75，总建筑面积249.08 hm^2～580 hm^2（表1.4，图1.6、图1.7）；高层建筑云集，南坪平均层数最低为13.5层，解放碑最高为18.9层（图1.8）；平均单体建筑规模（图1.9），三峡广场最低为5.43万 m^2，南坪最高达19.89万 m^2。商业规模解放碑最高达121万 m^2，其中地下空间18.4万 m^2，占15.2%；观音桥110万 m^2，地下商业14.3万 m^2，占13.0%；南坪100万 m^2，地下商业14.5万 m^2，占14.5%；各区年营业额在70亿～210亿元（表1.5）。

五个商业中心区目前地下空间的利用均具有一定的规模，以地下人防的平战结合利用为主，多用于地下商业街，而高层建筑地下室则用于地下商场及地下车库（表1.6）。随着城市中心的发展，地下通道将交通引入地下，用于连接两个原本分隔的地块并形成地面步行街，地铁的建设加强了主城区各区域的联系。总体而言，重庆地下空间的开发利用呈现出开发量大、需求量大、散点分布、连接度差、政策不完善、多元发展的状态。

表1.3 商业中心区已建程度统计表

名称	用地面积/hm^2	建设用地/hm^2	已建用地/hm^2	已建用地比例/%
杨家坪	21.00	16.00	13.40	83.75
三峡广场	22.17	16.09	13.33	82.85
观音桥	71.49	60.09	47.81	79.56
解放碑	35.50	28.06	22.64	80.68

来源：陈杜军，2012.重庆主城区商圈空间结构研究[D].重庆：重庆大学

表1.4 各商业中心区开发强度分析（2009年）

	杨家坪	三峡广场	南坪	观音桥	解放碑
总用地面积/hm^2	120	73.55	130	175	92
总建筑面积/hm^2	249.08	285	490	580	510
毛容积率	1.8	3.5	3.76	3.75	5.75
平均层数	13.5	16	12.8	13.8	18.9
单体建筑平均规模/万 m^2	6	5.43	19.5	7	19.89
个数	16	20	6	30	46

来源：据重庆市设计院《重庆市渝中区十八梯规划》资料绘制

三峡广场

杨家坪

解放碑

南坪

观音桥

图 1.6　五大商业中心区鸟瞰图

来源:百度图片航拍效果

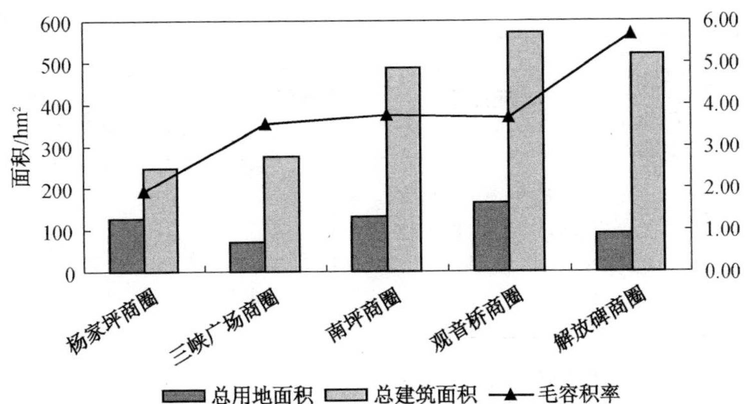

图 1.7　重庆主城区各商业中心区开发强度分析

来源:重庆市设计院

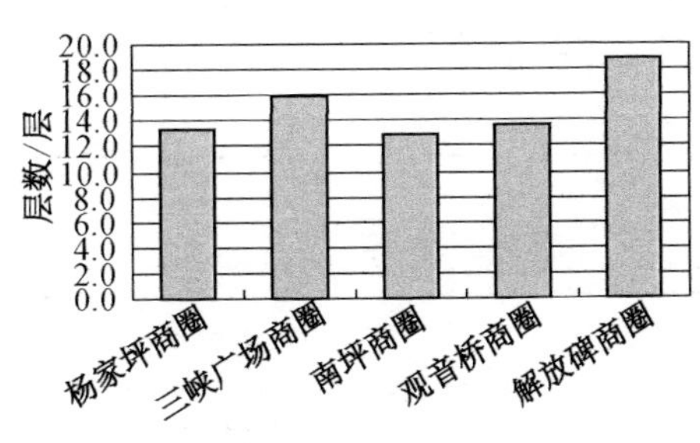

图 1.8　重庆主城区各商业中心区建筑平均层数

来源:重庆市设计院

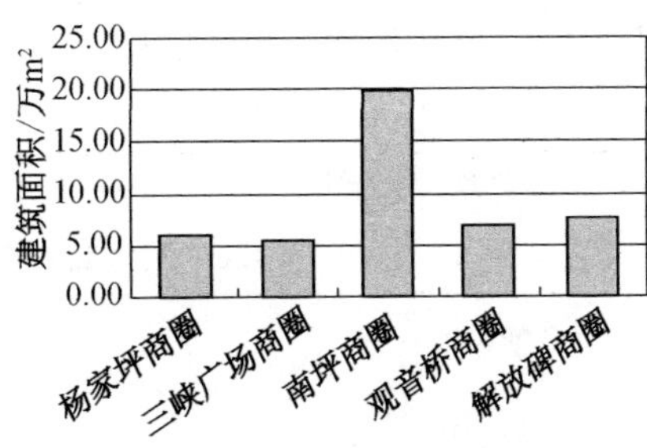

图 1.9　各商业中心区平均单体建筑面积

来源:重庆市设计院

表 1.5　各商业中心区商业规模及地下商业规模

区域	建立年份	地理范围	商业规模/万 m²	地下所占比率/%	地下商业/万 m²	营业额/亿元	利用率/%
解放碑	1997	西起现代书城,东至金禾丽都,南至较场口得意世界,占地 1.61 km²	121	15.2	18.4	210	72
观音桥	2005	北起茂业百货,西到嘉陵公园,东至龙湖北城天街,南以建东西路为界,占地 5.08 km²,核心区域 0.65 km²	110	13.0	14.3	97.6	95

（续表）

区域	建立年份	地理范围	商业规模/万 m²	地下所占比率/%	地下商业/万 m²	营业额/亿元	利用率/%
沙坪坝	1997	以山峡广场为中心，东至三角碑转盘，西至陈家湾，北接沙南街，南到北站路，占地约 1.1 km²	85	13.1	11.2	80	100
南坪	2001	东至宏声路口，西以万寿路为界，北起南坪转盘，南至响水路口，占地 0.3 km²	100	14.5	14.5	100	75
杨家坪	2003	东起直港大道，西至工学院，南到动物园，北至艾佳沁园，占地 0.19 km²	70	6.1	4.3	70	100

来源：根据相关资料整理

表 1.6　五大商业中心区的商业职能及档次

商业中心区	主要业种	主要档次
解放碑	百货、综合	高档、中高档
观音桥	百货、综合	中档、中高档
沙坪坝	百货、综合、建材、电子设备	中档
南坪	百货、家居、建材、旧车交易	中低档
杨家坪	百货、综合	中档

来源：根据资料自绘

1.3　基本概念诠释

1.3.1　山地城市

山地城市或叫山城①，在国外又被称作斜面都市，在日本被称作坡地城

① 后文均用“山城”代指“山地城市”。

市(Hillside Cities),在欧美即指城市修建在倾斜的山坡地面上。城市建在坡地上和平地上对城市规划、城市设计以及建设使用的安全性、实用性、经济性等都会产生不同的变化与影响,需要引起特别的重视,加以专门的研究。但要对山地城市概念作全面理解,前面的定义就显得不够了。因为它们只考虑了"坡度"这一个维度的基本特征与影响,而忽略了山地城市的其他重要特征,如垂直梯度的变化,城市周围的地貌、环境的不同等,这些都会对山地城市的规划与建设带来重要影响。因此,应从以下两个方面定义山地城市的自然特征:①城市修建在坡度大于5度以上的起伏不平的坡地上而区别于平地城市,无论其所处的海拔高度如何,如重庆、兰州、攀枝花、香港、青岛、延安、遵义等;②城市虽然修建在平坦的用地上,但其周围复杂的地形和自然环境条件对城市的布局结构、发展方向和生态环境产生重大影响,如贵阳、昆明、桂林、杭州、烟台等(黄光宇,2006)。

如不少城市始建在平坦的用地上,随着经济的发展和人口规模的扩大,城市不断向周边的丘陵山坡地扩展,不论在用地的大小或发展的形态上,形成与原来的平地城市完全不同的空间结构。城市与其所处的周围环境紧密地联系在一起,随着当今快速的城市化进程,城市的区域化与区域的城市化趋势已十分明显。因此,山地城市也是一个相对的、区域不断变化的概念。原来的平原城市也可能会因为城市的扩展,而向山地扩展用地,进而形成山地城市(黄光宇,2006)。这也是本书研究具有更广泛意义的根源所在。

1.3.2 商业中心区及其概念辨析

1) 商业中心区的概念及特征

商业中心区大多位于国家或地区的主要核心地带,区内有各种完善的设施,例如商业大厦、大型购物中心、政府及公共机构、康乐文娱设施等。此外,区内的可达度极高,公路干线、铁路、港口均设于区内的便利位置,方便市民由各区往来。商业中心区是城市内部商业活动集中地区,在世界许多国家城市的兴起和发展过程中,往往是以寺庙、教堂、市政厅、广场或居民密集点为中心自发形成的。随着城市的发展,这里集中了各种零售商业、批发商业、金融业和各种服务性行业,构成市内的商业中心,称为中央商务区(CBD)。

2) 商业中心区与城市中心区的关系

城市中心区可分为文化中心、政治中心、商务中心等,纵观国内外的情况,城市中心区的发展都依赖于商业及交通两个必要因素。就中国的现状而言,商业中心区基本上代表了城市中心区,其他类型的城市中心区也逐渐发展，如解放碑及观音桥地区原来为商业中心区，现发展为功能复合的商务中心区。而龙头寺火车站原来为交通枢纽中心地区，随着渝北区的发展，交通枢纽地区将成为兼具商业及交通的城市中心区。日本新宿副中心区的建立是跟随着交通、商业、商务同步发展而来的；福冈博多站是由于成为交通枢纽后变成福冈的交通、商业、商务中心。本书将商业中心区作为研究对象是就目前国内城市中心区主要是商业中心区这一现状而言的，随着轨道交通枢纽的建立，商业中心区将发展成为聚集交通、商业、商务等多种复合功能的城市中心区。

1.3.3 “地下空间”及相关衍生概念

西方国家城市地下空间研究是随着地铁的产生而产生的，而中国的地下空间发展则起源于人民防空工程。笔者通过对 Elsevier Science 数据库 1790—2000 年的文献进行检索可知，Underground 最初所指的是“地铁”，长期以来“地下空间”以点状或者线状存在于人类的空间概念中，并不具有“城市空间”的特性，其应用也只是作为地面以下的“挖空部分”而不能作为一个完整的“功能空间”。但是随着地铁的开发，以及开挖技术的发展，Underground 逐渐包括了一些大型洞穴的开发，“Underground Space”的概念首次出现于 1980 年。若按照老子对空间的定义，地下岩层挖空部分只能称作“当其无，有室之用”中的“当其无”，随着相关技术的进步，地下空间的规模化及系统性开发可以用于各种人类的活动，而满足了“有室之用”的意义，从而确定了其“空间”的特性。

1980 年的国际岩石力学大会上提出了“Underground Space”这个概念，学者们开始关注地下空间在城市中的使用功能及其与城市的关系（开发价值、经济、资源），使其成为土地资源中的一部分，可以通过地下空间的利用而增大地块的附加值。至此，地下空间（Underground Space）的概念得到了确立，并开始对其进行广泛的研究利用，其中包括地下空间的规划、开发预测和开发管理等各方面的内容。

在国内的定义中，地下空间是对地球表面以下的土层或岩层中天然形成或经人工开发而成的空间统称（耿永常，2001），突出特性是其竖向范围在地表以下。在山地建筑的设计和研究中，地形高差和人为处理均会给建筑带来不同的出入口，以及“人活动的公共对外基面”。因此，“地面”除了指地球表面这个概念外，在城市中还应该包括其他方式形成的供市民公共活动的基面。因此，本书将地下空间定义为：与地面或道路相接的城市基面以下的空间（图 1.10）。

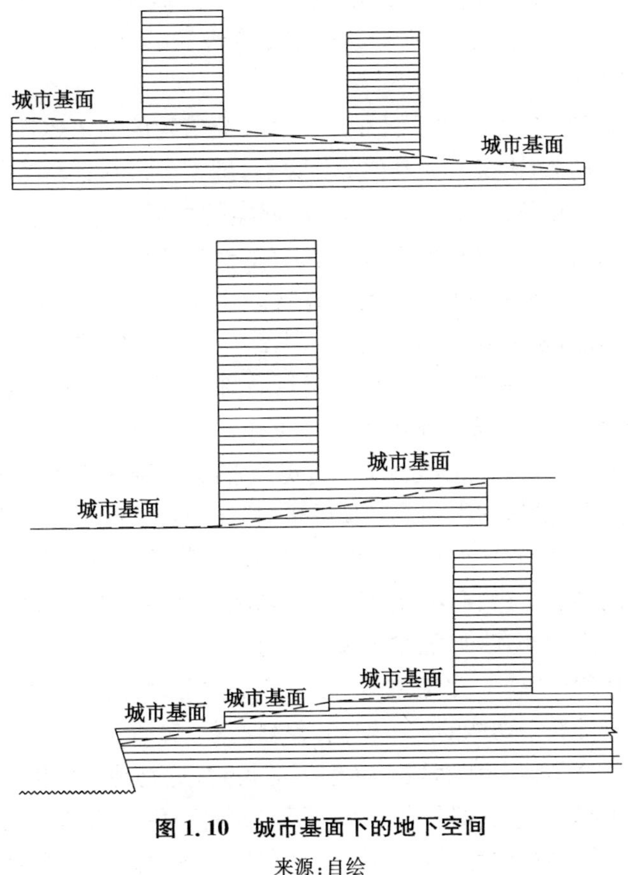

图 1.10　城市基面下的地下空间

来源：自绘

地下空间包括城市地下空间和城市以外的地下空间。城市地下空间(Urban Subsurface Space)是“城市规划区地表以下的地下空间”。城市地下空间限定了其平面范围在城市规划区内。而地下公共空间(Underground Public Space)是指“地铁、地下街、地下公共车库等供公众使用和活动的地下空间”，是商业中心区地下空间利用中的重要组成部分，也是本书研究的主要内容。

我国尚无相关法规专门对地下街做出明确的定义。国内有些专著将其解释为：“修建在大城市繁华的商业街下或客流集散量较大的车站广场下，由许多商店、人行道路和广场等组成的综合性地下建筑。”(刘皆谊，2009)此定义在地下街的功能与区位表达上都较为片面、含混。

维基百科中对地下街的定义为，“设置于地下并设有供不特定民众通行的通道的商店街”，强调地下街的商业与通行功能。《大英百科全书》中将

“地下街”解释为“专指在车站、广场或建筑物地下所施工的建筑物，用以供作店铺、饮食店为中心，旁边围设办公室或仓库，并以面临人行步道的总和者”(刘皆谊，2009)。

日本劳动省对“地下街”下的定义为：“在建筑物的地下室部分和其他地下空间中设置商店、事务所或其他类似设施，即把为群众自由通行的地下步行通道与商店等设施结为一个整体。除此类的地下街外，还包括延长形态的商店，不论布置的疏密和规模的大小。”(童林旭，1998)

地下城(Underground City)是指在欧美日国家中存在的大规模、系统化的地下空间形态，是随着技术发展和认识深化而不断完善的概念。早期地下城这个概念被认为是“一系列可以提供防御、居住、工作或购物、运输、酒窖、储水和排水等一种或多种功能的空间”(郑怀德，2012)。而随着城市地下空间开发利用技术的不断进步，20 世纪以来，人们对未来地下城市的设想不断涌现，地下城的概念得到进一步深化，其被融入了更丰富和更现代化的内涵。地下城被认为是“道路界面以下连接建筑物的地下通道网络，这些地下通道可容纳办公大楼、商场、地铁车站、剧院和其他景点，而这些空间通过建筑物的公共空间相连(如加拿大蒙特利尔地下城)，有时也可以单独设置地下城”(郑怀德，2012)。吉迪恩在《城市地下空间设计》一文中将“地下城”定义为具有多种城市功能的地下空间，包括商业、交通、娱乐、教育、存储等，他所谓的地下城是整个地面城市在地下的投射，这是地下空间开发利用的大胆设想。近年来，由于部分大规模地下空间的利用，人防地下工程改建的地下商业街也同样被称为“地下城”，这种称谓一方面是为了招商的需要，另一方面也反映了地下空间开发利用的趋向。

1.4　国内外相关研究成果

1.4.1　1790—2000 年地下空间研究情况分析

本人通过对 Elsevier Science 数据库 1790—2000 年的文献进行检索，发现 1980 年以前以“Underground Space”为关键词检索的文献为零篇，1860 年以前以“Underground”为关键词检索的文献也为零篇。自 19 世纪 70 年代(1867—1870 年)地铁产生，开始出现了 4 篇地铁相关的文献。而后在 1870—1880 年(共 6 篇)逐渐出现了地下电线、地下室等少量的报道。1883 年，美国新泽西州出现了分层的地下综合设施和竖向电力公司，这标志着地下空间已经在市政设施中被成熟运用。1880—1890 年(共 12 篇)的研究仍然集中在地铁和地下管网中。1891—1900年(共10篇)的研究开始关注地铁的通风和环境的改善,并出现了关于住宅地下室的研究。1901—1920年(共30篇)的研究更加关注地铁内部环境的改善及地铁设施的维护。另外,在这个阶段,由于城市人口的增多,越来越多的工人开始生活在地下室。研究同时开始关注如何提高地下室的环境质量与地下生活的健康水平。1921—1930年(共7篇),研究开始扩展到地下水资源保护及油田资源利用的研究领域。1931—1940年(共11篇),开始关注地下资源的开发(Underground Exploration)。1943—1945年(共14篇),当时最具学术影响力的期刊(*The Lancet*)连续三年发表了三篇相同题名的文章——"GOING UNDERGROUND",鼓励地下空间的利用,表明那个时候地下空间的价值已经开始被广大学者们认同。1950—1960年(共20篇),随着地下空间的开发,地下空间利用中的各种问题开始显现出来,学者们开始对地下空气污染、地下水污染、地下微生物污染等问题进行研究。1961—1970年(共140篇),地下空间的研究开始逐步走向成熟与多元,包括了地下水、地下管网、地下电厂、地下垃圾处理、地下爆破等多个方面。1971—1980年(共926篇),是地下空间大开发的阶段,研究的热点主要集中在地下开挖的新技术和新问题上。1981—1990年(共129篇),随着地下空间开发技术的成熟,地下空间(Underground Space)产生了,"Underground Space"一词第一次在International Journal of Rock Mechanics and Mining Sciences & Geomechanics大会上出现,并作为分会场的主题词。因此,可以说"Underground Space"的概念是在1980年后才出现的,这是由地下空间利用的形态确定的。长期以来,"地下空间"以点状或者线状存在于人类社会中,并不具有"空间"的特性,其应用也只是作为地面以下的"挖空部分"而不能作为一个完整的"功能空间",而随着开挖技术的进步,地下空间的规模及系统性确定了其在"空间"的特性,被赋予"地下空间"的概念。此后,关于地下空间利用的研究便如火如荼地展开了,其中以日本利用地下空间的研究成果最为突出。1991—2000年(共411篇),学者们开始探讨地下空间的未来,普遍的认识是建设大型地下空间设施作为交通设施和城市部分功能设施的补充。《隧道与地下空间技术》(*Tunnelling and Underground Space Technology*)杂志的出现为地下空间的研究提供了一个良好的平台,从此以后其便成为探讨地下空间利用及规划的主要学术刊物。这个时期"Plan of Underground Space"的概念首先用于明尼苏达州的地下空间规划。至此开始,关于地下空间的研究及项目便开始越来越多,尤其以日本、法国、荷兰、美国的研究最多,这些国家开展了地下停车库、大型地下建筑、地下空间安全管理、地下空间利用战略、地下空间法律等方面的研究(图 1.11)。

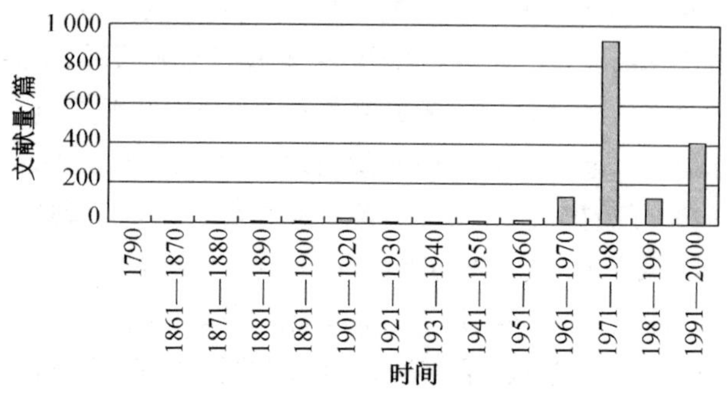

图 1.11　1790—2000 年地下空间的研究情况分析

来源:自绘

由以上分析可知,地下空间的开发利用始于 19 世纪 70 年代的地铁研究,而后扩展到地下市政设施、地下资源、地下空间规划方面的研究。下面继续就地下空间规划及设计的研究进行详细论述。

1.4.2　20 世纪以后地下空间理论的发展

1) 竖向分层、城市功能协调理论

日本学者 Yanshio Watanabe 根据日本的实践提出了分层开发地下空间的具体设想,根据地下空间的功能,由浅及深将其分为四层:第一层为人员活动频繁的办公、商业和娱乐空间;第二层为人员活动时间短的交通空间;第三层为人员较少的动力设备、变电站和生产设施等;第四层为无人的污水、煤气和电缆等公共管线。芬兰学者 Rönkä 等(1998)也提出了具有普遍适用形式的地下空间竖向分层布局模式。

2) 地下功能类型、地下方案评估

1998 年,荷兰代尔夫特大学的学者 Moyiniuofor 等通过研究,提出了确定地下空间需求和地下空间功能类型适用性的多层次评估方法,该方法通过使用一系列的决策指标,确定适合建于地下的功能类型、确定地下空间利用潜力大的区域,并对某个地下空间利用的城市发展方案的优劣进行评估,但是所得到的成果基本上仍处于定性评价的层面。2005 年,西班牙学者 Pasqual 等从社会学和经济学的角度出发,对城市地下土地的价值进行了研究,提出了一种衡量城市地下空间开发利用的成本和收益的方法。

3) 地下空间大深度开发,建立封闭性再循环系统(recycle system)

近年来,国外学者开始把眼光投向更深层的地下空间开发利用领域,尾岛俊雄提出了在城市次深层地下空间中建立封闭性再循环系统(recycle system)的构想,为此还设计了一个覆盖东京都 23 个区的地下大深度公用设施复合干线网,其相交处节点为大型多层地下建筑。所有物流系统如污水、垃圾、供热和供冷的空气等的运送、处理、回收都在这个大循环系统中进行。

4) 城市立体式开发及紧凑城市理论

随着地铁的建设和地下空间大规模的利用,地下空间已成为城市的一个重要部分,地下空间的研究已经扩展为地上、地下、空中一体式研究,并与紧凑城市的研究联系起来。这个方面的研究是地下空间研究的一次巨大飞跃,城市立体式开发和紧凑城市的研究改变了以往将地下空间与城市独立割裂开来进行研究的方式,而将地下空间作为城市的一个整体进行研究,更加凸显了地下空间在城市中的功能。紧凑城市虽然是迈克·詹克斯等最早于 18 世纪提出的,但对于紧凑城市的讨论一直在进行,只是对于该理论最终还没有一个明确的定论。日本海道清信教授就紧凑城市做了很多量化方面的研究,将紧凑城市从定性的概念推向了一个量化的指标体系,使城市立体性和地下空间开发更加具有科学依据。

1.4.3 国内地下空间研究的贡献

我国城市地下空间开发利用已有上千年的历史,与西方地下空间的利用具有相同的历史轨迹。我国早期的城市规划思想大都局限于地面规划,对于城市地下空间开发利用的理论研究是在 1949 年新中国成立后随着人防工程的建设和"平战结合"利用才逐渐发展起来的。至 20 世纪 80 年代后期,随着国际形势的转变和国内地下空间开发利用需求的日益高涨,以人防建设为主的城市地下空间开发利用格局被打破,取而代之的是从城市发展的全局出发,综合规划的城市地下空间开发利用的新格局,有关城市规划、地下空间等方面的专家、学者也纷纷展开了我国城市地下空间开发利用的发展战略与规划理论的探索和研究工作。

1) 目前国内地下空间期刊及硕博论文文献资料统计

通过对国内相关文献资料的研读,笔者将地下空间领域的研究分为地下空间规划及设计研究、地下空间工程技术研究、地下空间管理、地下空间规划及设计评价四个主要方面,其中地下空间规划及设计研究和地下空间工程技术研究这两个方面的研究内容较多(表 1.7)。

表 1.7　国内地下空间期刊及硕博论文数据分析(2013 年)

研究方向	研究内容	期刊数/种	所占比例/%	论文数/篇	
				硕士	博士
地下空间规划及设计研究	地下空间规划设计	62	37.6	13	1
	地下综合体/地下街设计	11	6.6	6	3
	城市立体化设计	3	1.0	0	3
	地下空间与生态城市	5	3.0	0	1
	坡地住宅设计(含山地住宅)	11	6.6	2	0
	地下空间环境设计	10	6.0	2	0
	现有建筑(人防)地下空间利用	8	4.8	6	0
	地下空间开发影响因素	4	2.4	3	1
	大深度地下空间开发与利用	0	0	0	0
	合计	114	67.9	32	9
地下空间管理	地下空间规划管理	8	4.8	8	0
	地下空间防灾管理	9	5.4	2	1
	地下空间的产权	14	8.4	4	0
	地下工程数字化	1	0.6	1	2
	合计	32	19.0	15	3
地下空间规划及设计评价	城市地下空间的立项评估及技术经济评价	17	10.3	0	6
	地下空间规划指标体系	2	1.2	1	1
	地下空间需求预测	3	1.8	2	0
	合计	22	13.1	3	7
总　计		168	100	50	19
地下空间工程技术研究	地下空间建筑、地下空间设备防护、地下市政设施管网、交通隧道地下工程施工技术、地下空间能源循环系统、废旧矿井、天然溶洞的开发与利用			不属于研究范围	

来源：根据 CNKI 数据库整理

注：(1) 地下空间总体规划包括交通、市政工程、工业与民用建筑工程、防护防灾系统等规划；

(2) 硕博论文内容具有概括性，只是具有不同的侧重点；

(3) 地下工程技术领域不属于研究范围。

2）我国地下空间利用理论的提出

1988年，同济大学侯学渊等指出我国地下空间的开发利用才是城市发展的唯一出路，提出了我国城市地下空间的发展模式和发展战略。王伟强于1988年以及吕小泉于1992年分别对城市上下部空间的协调发展和城市功能地下化转移比例进行了研究。束昱、彭芳乐（1990）就城市地下空间的需求预测以及决策和效益评价进行了系统的研究，并由城市土地的供需矛盾分析得出城市地下空间开发利用的需求总量。童林旭（1994）出版专著《地下建筑学》，对城市地下空间的开发利用、常见各类单体建筑的规划设计以及涉及地下空间利用和地下建筑设计的一些特殊技术问题，从理论上进行了一定的分析与概括。王漩等（1992）指出城市地下空间的开发应与地面功能相协调。

3）地下空间总体规划的制定及管理法规

束昱（2002）在多年研究和实践的基础上，归纳总结了国内外的相关研究成果，系统地提出了城市地下空间规划的编制内容与实用技法。陈志龙、姜韡（2003）从经济学的角度，运用博弈论的基本原理来分析和认识城市地下空间开发利用中的相关规划问题，探讨了地下空间规划作为一种制度安排，在解决城市地下空间投资行为和开发政策上的作用与效力。

朱合华等（2004）从地下空间开发利用的管理体制、空间规划以及法规体系建设等方面对上海市地下空间开发利用的推进机制进行了研究探讨。束昱等（2006）在回顾了新中国成立以来我国城市地下空间规划理论研究和实践工作的基础上，总结经验与教训，围绕地下空间规划的性质与任务、原则与思想、理论与方法、标准与管理等问题展开研讨，为我国城市地下空间资源开发利用的规划工作提供了科学思想与技术路线。

4）地下空间规划的指标体系、地下工程的数字化管理

童林旭（2006）对城市地下空间规划指标体系的作用、构成、量化等问题进行了初步探讨，并提出城市地下空间规划指标体系的概念性框架。该指标体系可以作为衡量规划是否科学、合理、可行的标准，也可作为规划实施过程中进行监督检查的依据。孔令曦通过对城市地下空间可持续发展的系统分析，建立了评价指标体系，采用模糊综合评价法评价城市地下空间发展的可持续性。

同济大学的朱合华和李晓军等人提出“地下工程数字化”的概念，指出地下工程数字化是数字地球发展战略的一部分，是当前地下工程研究中的一个重要研究方向，并先后进行了数字地下工程数据管理、建模、可视化，地下工程数字化平台设计等研究工作。这些研究成果对城市地下空间的规

划，尤其是具体工程项目的场地规划以及可视化模拟等方面具有重要的现实意义。张芳场(2006)进行了框架下的城市地下空间三维数据模型及相关算法研究。琚娟等进行了基于特征的数字城市地下空间建模技术研究与应用。

5）地下空间的生态性及环境心理研究

陈志龙、王玉北(2005)创造性地提出了用生态学理论来研究分析地下空间的开发利用，并建立了生态地下空间的需求预测理论和方法。同济大学李鹏博士的《面向生态城市的地下空间规划与设计研究及实践》博士论文提出了生态城市建设中城市地下空间开发利用的"正负面效应"概念，并进行了综合的分析与评价。长期以来，美国、日本、中国的专家学者从文化、历史、心理等多个方面研究了地下空间环境消极心理，近年来也出现了许多针对地下空间环境设计、心理设计的学术论文，在此不一一列举。

6）城市立体化及地下空间权的研究

关于城市立体化设计的研究是由建筑学及城市规划研究理论主导下的研究成果，也是近年来讨论的热点话题。其中研究最为深入的是同济大学博士生董贺宣，他研究了城市的立体化基面及城市立体化结构，并指出地下空间开发未来的发展方向是与地面城市空间形成系统性的立体式开发，创造城市的集聚发展模式。

随着社会生产力和科学技术的发展，城市化过程中的人口增加和土地资源的日渐稀缺，使人们对土地的开发利用逐渐从平面化走向了立体化，眼光开始投向地下。面对开发地下空间的实践需要，地下空间权的概念逐渐被人们所提出、研究并为立法所认可，逐渐成为被人们普遍遵守的法律规范。但是目前在国内仍然没有形成具有统一法律效应的地下空间权法，而仅形成了某地区的地下空间利用管理条例。

1.4.4 重庆地下空间的相关研究

早在1984年，徐思淑教授发表《利用地下空间是重庆城市发展的必然趋势》一文，结合当时城市发展的情况，针对当时城市用地不足、交通组织困难、房屋拥挤、环境污染严重等问题，提出如何充分发挥重庆有利的地质、地形以及城市的现状布置与劳力技术条件，经济、合理地开发城市地下空间，以促进山城的发展。

1990年，时任重庆市人防办主任的李有国与郭华义在《地下空间》杂志发表《试论重庆地下空间开发利用的目标模式》，该文章论述了重庆地下空间利用的几种模式，提出山城必须向地下空间发展的概念，以及几种山地地下空间开发利用目标模式的构想，主要包括：地铁建设的浅层及深层建设模式；山城“地下街低谷贯通”目标模式；山城道路下的“方格管线网通道”目标模式；山城交通建设“地下过街道商场”目标模式；山城“临街洞口小品景观”目标模式。该文章第一次提出地下空间开发利用应纳入城市统一规划、统一建设、统一管理；对地下空间开发利用的经济来源提出了意见和建议，并提出地下空间开发利用应该遵循有偿使用的原则。

1998 年，重庆市设计院黄家愉在《重庆地下空间开发利用中的一些问题》一文中主要分析了渝中区现存地下空间的一些技术问题，如岩层薄、洞室处于常年洪水位以下等，并提出应做好地下空间开发利用的规划，成立统一机构统筹地面、地下规划，设立城市地质资料和地下隐蔽工程的档案库。另外，他还提出“不仅在地面规划时要划建筑红线，而且有必要对地基、地下空间根据地质环境因素确定红线范围，以保证城市的地基资源和地下空间资源得到充分利用”，“合理解决好地面建筑与地下建筑关系”等。总之，重庆地下空间利用的思考和研究起步较早，思考范围也较广，但是，一直没有得到一个系统科学甚至是制度化的结论。

2003 年重庆大学李毕匆的硕士论文通过研究合理规划的城市地下空间系统的形态、功能特点及其发展的目标模式，得出城市地下空间系统的结构模式为节点—轴线—网络模式，并分别阐述交通、市政、防灾、景观、产业等子系统，以及各个子系统的相对独立性与紧密联系性。在此基础上，其分析了重庆地下空间利用现状问题与特点优势，并具体分析重庆地下空间利用的动因与目标；探求重庆地下空间规划的系统结构、聚集点与深层立体化模式，研究重庆地下交通系统与商业系统的规划利用模式。

1.4.5 研究成果总结

从以上研究现状分析，目前地下空间研究者大多是土木工程一级学科学者，研究思维偏向于工程化、数据化，因此，在地下空间开发影响因素、评估体系、数据化等方面已取得了较大成果。但是，以建筑学及城市规划理论对地下空间进行的研究还很缺乏。地下空间研究应该以城市立体化研究为导向，研究地下、地面、地上的系统化规划及设计，从传统的二维平面向三维立体规划衍生。这将在城市规划及建筑设计领域引发一次巨大的转变，探索城市的立体化规划和集约型、经济性城市建设研究的新思路。

1.5 研究的理论基础

1.5.1 紧凑城市理论

可持续发展成为世界城市发展的共同目标，学者们纷纷开始讨论一种可持续发展的城市形态。紧凑型城市（亦称"紧缩城市"），在城市发展理论中是一个新生的概念。1990 年，欧洲共同体委员会（CEC）于布鲁塞尔发布绿皮书，首次公开提出回归"紧凑城市"形态（韩笋生、秦波，2004）。迈克·詹克斯和海道清信相继讨论了紧凑型城市是一种可持续的发展形态。另外，从日本学者对荷兰阿姆斯特丹的城市发展研究可知，直到 20 世纪 80 年代，阿姆斯特丹一直积极地进行郊外新城的开发，而 90 年代以后，则在城市建成区内进行高密度的开发建设以谋求实现紧凑型发展。近年来，随着可持续发展、生态城市、低碳城市的研究不断兴起，紧凑型城市被认为是目前能够实现可持续、生态、低碳的理想城市形态①（表 1.8，图 1.12）。

表 1.8　可持续发展观念的发展与紧凑城市形态的提出

年份	事件/报告	组织/个人	紧凑城市形态
1972	《增长的极限》	罗马俱乐部	不可能存在无限的成长
1990	《关于城市环境的绿色文件》	欧共体	提出高密度、复合功能的城市形态的重要性
1993	可持续的开发——英国战略	英国	运用紧凑城市的理念
1996	《紧缩城市——一种可持续发展的城市形态》	迈克·詹克斯	探讨紧缩城市是否是一种可持续的发展城市形态，将此概念推向世界
2001	紧凑型城市——谋求可持续社会的城市形象	海道清信	使紧凑型城市在城市规划领域被接受，其是一种可持续的城市发展形态

来源：作者根据相关资料整理

① 紧凑型城市的概念和政策的提出经历了一个漫长的过程，从欧洲部分国家的发展历史来看，紧凑型城市的发展是顺应城市发展客观规律的一种理想城市形态。另外，欧洲发达城市（德国及北欧国家）通过对城市中心区的复兴以及对历史旧街区的修复和整顿，力图满足城市中心区人口众多、功能复杂的要求，这些措举应该属于建立紧凑型城市的范畴。在欧洲，乃至日本，即使是以中世纪城市为起源的城市形态，现实的城市空间也都呈现出城市化和依赖汽车交通的市区不断向郊外扩展的状态。在世界各地都可以看到，大商业设施等的郊外选址导致市区昔日繁华不再的现象。要将这样的现代城市规划建设成为紧凑型城市，需要对以往的低密度、向郊外无序蔓延的城市发展方向加以转换，将城市空间的整体结构（土地利用）改变成为整齐有序的（紧凑的）形态，维持并形成富有活力的城市中心区。紧凑型城市建设还可以表现为尽量维持城市所具有的历史传承的紧凑形态，对其进行保全、继承，并有效利用地区的空间资源及历史积存的城市规划与建设。

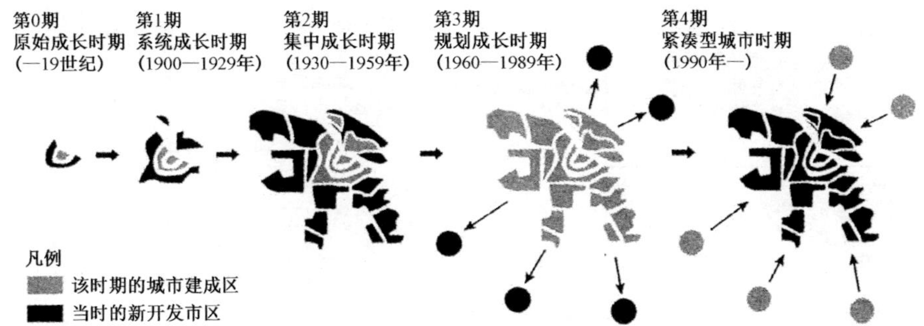

图 1.12　阿姆斯特丹市区不同时期的扩张示意图

来源：海道清信，2011. 紧凑型城市的规划与设计[M]. 北京：中国建筑工业出版社

紧凑型城市一般具有以下六个方面的空间基本要素(海道清信，2011)：

(1) (中心区)高密度，并力求尽可能提高密度。

(2) 功能混合，只有城市功能的混合才能够达到高效的集约式发展。

(3) 从城市整体的中心(城市中心区、中心市区)到可以满足人们日常生活需求的邻里中心，进行不同层次的中心配置。

(4) 避免市区无序蔓延，尽可能使市区面积不向外扩展。

(5) 即使较少利用汽车交通，也可以满足日常生活(上班、上学、购物、看病等)的需求，并且能够利用邻近的绿地及开放空间等。维持循环型的生态系统，并对城市周边的农田、绿地及滨水地带加以保全和有效利用。

(6) 城市圈通过公共交通网络实现紧凑的城市群的连接。将紧凑型城市作为城市政策进行城市建设，尽可能接近上述状态地进行各种规划、政策的制定以及事业的实施。

由海道清信对紧凑型城市空间要素的描述可知，紧凑型城市是综合了城市聚集理论、有机疏散理论、新城市主义(TOD、TND)、城市文脉主义、公众参与政策、田园城市等理论的一个理论，是可持续发展理论中关注空间形态的重要理论(图 1.13)。对于城市中心区的地下空间开发而言，中心区的可持续发展追求一种紧凑的城市形态，力求高密度、功能复合化、空间立体化、交通网络化的发展，导致空间形态的立体化及地下空间的利用。但是，商业中心区地下空间紧凑开发利用不仅需要探讨形态上的立体化及聚集化(图 1.14)，更要探讨商业中心区这个系统的开发运行机制，其包含一切以实现商业中心区地下空间紧凑高效开发的城市设计、规划、政策及管理机制。

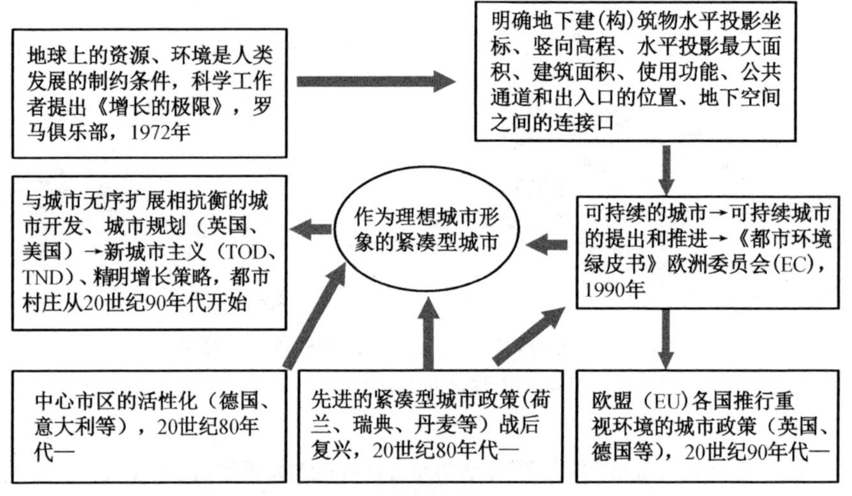

图 1.13　欧美各国紧凑型城市的形成

来源：海道清信，2011. 紧凑型城市的规划及设计[M]. 北京：中国建筑工业出版社

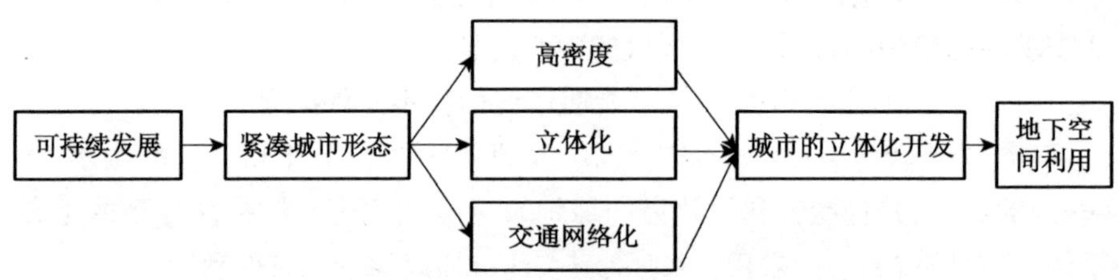

图 1.14　可持续、紧凑城市形态与地下空间利用的关系

来源：自绘

1.5.2　商业中心区理论

1）商业中心的聚集性

哈佛大学教授波特认为，集聚状况对经济发展产生良好的功能。从城市经济发展的历史分析，集聚也只是一种手段，扩散才是真正的目的。集聚是为了扩散，而扩散则进一步增强集聚。商业企业集聚在一起会形成群体效应，达到降低交易费用、方便消费者购买、促进平等竞争、活跃城市经济生活的目的，其主要效应包括：

（1）外部经济效应

商业集聚使诸多单个规模较小的商业企业集合为较大的商业群，多个商业企业在同一区域内共同利用城市建设和商业配套设施，分享行业“外溢效应”——行业内知识扩散和信息流动效应，分享客源，从而降低交易费用。随着商业集聚规模的扩大，外部经济效应日益显现。

(2) 聚集经济效应

聚集经济是指由于经济活动在空间上的相对集中，从而使得这些活动变得更有效率和经济合算。商务中心区的规模扩大所带来的聚集效应表现为：对于消费者来说，可以使购买活动的空间范围相对集中，节省其用以购买商品和获得商业服务的时间，缩短购买路线，并方便满足其多层次的消费需求；对生产者来说，可以使其迅速准确地掌握市场信息，减少盲目性。同时，商务中心区把分散的企业聚集到某一空间内，增强了辐射，扩大了需求规模，从而使生产者实现大批量的销售，节省了交易费用。

(3) 旁侧效应

随着商业集聚规模的扩大，必然引起周围环境或消费结构的改变，甚至引起所在地区产业结构的调整，如带动和促进本地区金融业、建筑业、房地产业和交通运输业的发展，客观上要求有关法律问题和市场关系的专业人员大量增加，以及其他先行投资资本的增加，要求在商务中心区内增加金融部门和信息部门等。另外，商业集聚规模的扩大将有可能改变周围人口的思想观念，提高消费意识，从而使消费结构发生改变。

(4) 组合经济效应

在商业集聚过程中，不同类型的商业企业更容易相互结合，进行横向或纵向联合，从而产生组合效应。商务中心区的各个商业企业作为子系统的元素，相互之间优化组合的功能大于各个元素的简单相加，形成黄金地段，制造出商业级差利润，使处于商务中心区的商业效益高于其他地段。

2) 城市商业中心区的扩散功能

现代商业中心区的扩散功能主要表现在：第一，把市场性占有、配置和利用资源要素的权利扩散到次要商业中心区层和边际商业中心区层，亦即利用第三产业功能把影响力扩张到尽可能大的空间。第二，构筑更大空间的经济协作体系，亦即利用商势互补的相容性、商势竞争的相斥性，在更大的区域内组成既合作又竞争的大商业中心区。第三，发挥主要商业中心区层的优势能力，如技术、资金、管理、观念、知识、信息等，提高和带动周边地区的经济发展水平和能力，亦即在次要商业中心区层内形成新的极核，互为依托、互动发展，增强各自的集聚扩散能力，从而提高区域内的城市化水平。主要商业中心区的主导性地位的确立，实际上大大地增加了它的集聚能力，扩大了它的影响范围。

现代商业中心区的集聚概念就是指可以充分利用和吸取外界资源要素

和积极因素，增强主要商业中心区层的经济实力和发展潜力；扩散就是利用各种优势条件，采用各种方法，强化和扩张次要商业中心区层和边际商业中心区层，从而在整体上增强实力，提高商势，扩大影响力的空间范围。现代商业中心区的主要功能是集聚和扩散，而它的竞争力优势也主要反映在这两种功能的强弱上。城市商业中心区集聚和扩散这两种特性，是城市中心区发展的一个原动力及一对矛盾体。聚集是为了扩散，扩散又将加强聚集或者形成新的聚集点，从而使城市以中心为核而发展起来。

商业中心的以上诸多特性，导致商业中心的发展是一个聚集、动态、复杂、功能复合的过程，作用于空间形态就表现为空间高度集聚立体化及商业中心区的不断扩张，地下空间利用的驱动因素由此产生。地下空间开发一方面在竖向上促进了核心区的高度聚集，另一方面在商业中心扩张过程中，将交通放入地下，完成商业中心区对外扩张的进程。

1.5.3 山地城市学及山地建筑学理论

山地城市学，是以山地城市作为研究对象的一门新兴学科。它是将城市科学与山地科学相结合而产生的一门综合性的交叉学科。山地城市学是研究在特定的自然、经济、社会条件综合作用下，山地区域城镇化的特点和山地城镇体系形成发展与演变的规律，以及山地城市规划、建设和管理的技术与艺术。因此，山地城市学是城市科学的一个分支，或者可以说是城市学的一个分支，是指导山地城市科学建设与合理发展的理论基础与技术基础(黄光宇，2006)。

“山地建筑”存在于山地环境中，山地丰富的现状以及肌理变化，赋予山地建筑独特的形态感染力和魅力。依山而建，层次有序，错落有致，这成为山地建筑与众不同的特色。山地建筑学研究在山地特殊环境中建筑适应自然环境所表现出来的建筑风貌、建筑形态及地域文化、山地建筑技术及生态景观等。关于山地建筑的研究已经有许多的成果，山地建筑学体系也正在建立之中，本书的研究基于山地建筑学的研究成果，从属于山地建筑学体系。

1.6 研究意义

山城重庆“人多地少”的突出矛盾及城市空间的聚集化发展导致对地下空间的迫切需求。本书通过对重庆商业中心区地下空间利用的调查研究，把握重庆地下空间利用的特点、规律及发展趋势，结合紧凑型城市发展的理论及国内外城市地下空间利用的经验，研究重庆山城商业中心区的地下空间开发利用方法。由于山城地下空间开发的立体化特性，本书的研究一方面解决重庆及其他山地城市地下空间利用的问题，另一方面也可成为城市地下空间立体化开发的参考。

1）认识观意义

地下空间长期以来用于人防、市政建设等，在人们心中具有潮湿、阴暗、低质等印象。随着城市的发展，商业中心区的地下空间日渐显示出自身的价值，成为社会各界的关注焦点。本研究的目的之一是分析地下空间的城市属性，建立地下空间的社会认同感，研究山城多城市基面下城市地下空间开发的立体性、紧凑性特征。

2）方法论意义

（1）地下空间的规划设计方法

以建立可持续发展城市为目标，以紧凑性开发为原则，研究地下空间的规划及设计方法。我国地下空间利用来源于人防工程的平战结合利用，开发散点化、无系统化，导致地下空间利用难以与整个城市系统接轨。随着城市轨道交通及城市紧凑型发展，地下空间开发需要密切与城市地面空间相协调，完善规划体制、明确地下空间规划的内容及指标体系具有重要意义。

（2）山城地下空间城市设计方法

山城的城市发展具有多基面性特征，高差的存在为地下空间利用提供了更多可能，半地下空间的利用既可以提供城市空间，也可以创造城市基面。山城地下空间城市设计与平原城市具有较大差异，深入研究山地城市特性，借鉴国内外优秀案例，探讨山地城市地下空间的紧凑立体化城市设计方法。

3）政策论意义

我国城市地下空间管理体制不健全，呈现各自为政、多头管理的局面。本书通过对国内外发达城市地下空间管理经验的借鉴，进行地下空间权属分析及管理研究，参考重庆山城立体分层的特殊性，对重庆目前地下空间管理体制提出建议。该研究既具有普适性也具有特殊性，可以作为国内各大城市地下空间管理的参考，也可以满足地形高差情况下的特殊管理要求。

2　地下空间的城市属性及山城利用的特殊性

重庆主城区商业中心区地下空间利用的问题包括认识观念、城市设计、规划编制、政策管理这四个层面，这些问题又同时各有关联、相互作用。首先，认识观念的问题是所有问题的基础，认识观念根源于社会及历史，而社会及历史又同样由政策及方法影响而构成。经笔者调研国内其他城市可知，这些问题几乎在全国范围内存在，只是由于城市化水平的不同而各有轻重。本章的研究目的在于解决地下空间认识观念的问题，运用历史分析、理论推导、实例分析的方法探讨地下空间的城市属性及山城地下空间的特殊性，在此基础上构建城市地下空间的科学认识观。本章研究内容与本书主题关系图如图 2.1 所示。

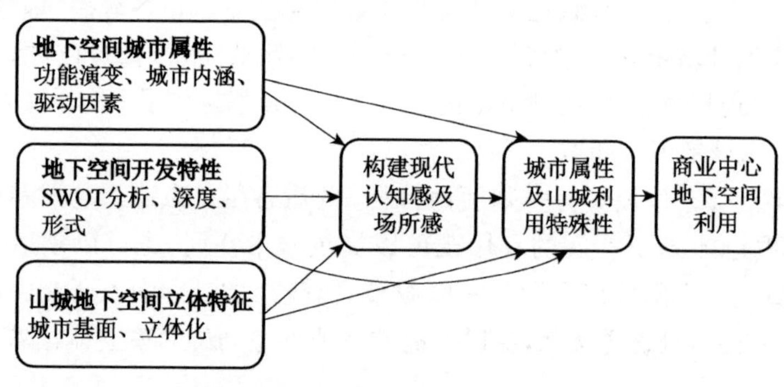

图 2.1　研究内容与本书主题关系图

来源：自绘

2.1　城市地下空间的城市属性

2.1.1　地下空间城市属性随功能嬗变

自史前时代始，地下空间利用就以天然洞穴的形式出现在人类社会之中。洞穴、储藏室、墓室是人类自觉利用地下空间的初级形态，体现了地下空间最基本的功能——遮蔽和储藏。随着人类社会的发展和城市的出现，地下空间开始用于供排水、地下市政设施、隧道、地铁等功能，地下空间的利用由自觉的形态转变为有目的、系统规划的形态。随着城市问题的突出，地下空间利用开始朝着与城市功能相结合的三维立体式方向发展，出现了线性城市、双层城市、立体交通枢纽、垂直花园城市的构想，地下空间的利用与城市功能紧密结合起来，为城市中心区的再开发提供了巨大的空间资源(表 2.1)。

表 2.1　城市地下空间利用的功能演变及思想演变

在乌克兰发掘的旧石器时代晚期的简陋住房(L. 贝纳沃罗，2000)	地下空间的利用形态/时间	史前人类自觉利用地下空间的形态之一——天然洞穴/旧石器时代
	特性	人类的建造物在辽阔的自然环境中是微不足道的，天然洞穴成为人类建造物的雏形
	对聚落或城市的贡献	地下空间在人类社会中的存在形式最初是以洞穴、储藏室、墓室形式出现的，其功能的利用体现了地下空间最为基本的功能特征——储藏及遮蔽。人类没有城市，只有少许原始的群体聚落。洞穴是原始人类赖以生存的最基本的地下空间形式
史前世界的坟墓剖面(L. 贝纳沃罗，2000)	地下空间的利用形态/时间	史前人类自觉利用地下空间的形态之二——坟墓/史前
	特性	坟墓这种地下空间利用形式最初作为埋藏的处所
	对聚落或城市的贡献	没有形成城市，坟墓处于原始村落的外围，只作为城市基本功能的补充
代尔梅迪纳居民区(L. 贝纳沃罗，2000)	地下空间的利用形态/时间	史前人类自觉利用地下空间的形态之三——地下室/公元前1400年代尔梅迪纳居住区
	特性	地下空间作为住宅功能的补充，随住宅分布，在村落中呈散点式分布，具有很大的随机性，之间无联系
	对聚落或城市的贡献	地下空间点状分布，对整个城市系统的影响不大

（续表）

开罗 现在的基萨 吉萨金字塔群 胡夫 哈夫拉 狮身人面像 尼罗河 新赛尔勒太阳神庙 斯图芬金字塔 孟菲斯 萨卡拉 金字塔分布示意（L. 贝纳沃罗，2000）	地下空间的利用形态/时间	人类地下空间利用的特殊形态——陵墓/公元前 2900 年
	特性	地下空间在金字塔中的利用是一种非常特殊的形式，其折射出人类宗教文化对地下空间利用的偏好
	对聚落或城市的贡献	在古埃及时期，受宗教信仰和原始崇拜的影响，陵墓代表死去的国王神的地位，作为一座不朽的城市而存在，而活人的城市却是短暂而无意义的（L. 贝纳沃罗，2000）。地下空间（陵墓）分布在城市外围，与城市的关系属于“离间”及“精神崇拜”。从古至今，无论中西，除个别少数民族外，墓葬大都利用地下空间，其中有宗教信仰的原因，也有地下遮蔽属性的原因。在此地下空间作为一种特殊形态存在于漫长的人类社会之中
居室 卧室 储藏室 街道 孟斐斯城供水工程；耶路撒冷长 530 m、高 2 m 的输水隧洞；萨摩斯城供水的隧道长度约为 427 m；维也纳在公元前 1 世纪时已有了城市排水系统。渠系用砖石砌成，断面为 1.8 m×0.8 m（L. 贝纳沃罗，2000）	地下空间的利用形态/时间	地下空间规划的第一阶段：地下空间利用的初级系统形态——供排水系统/（公元前 2900—公元前 700 年）
	特性	排水系统的发展促进了地下空间的系统利用，砖石砌筑工艺的发展使地下空间的系统利用成为现实
	对聚落或城市的贡献	为解决城市的供水和排水问题及城市防洪问题，城市水利系统几乎是与城市同步产生的。在城市中呈线性发展，联系各居住区和河流。地下空间在城市供水系统中的利用，表现出地下空间在城市中具有系统利用的优势，它与城市相对独立又可以适时地对城市功能进行优化和补充。在城市产生之初，地下空间就发挥了巨大的作用

（续表）

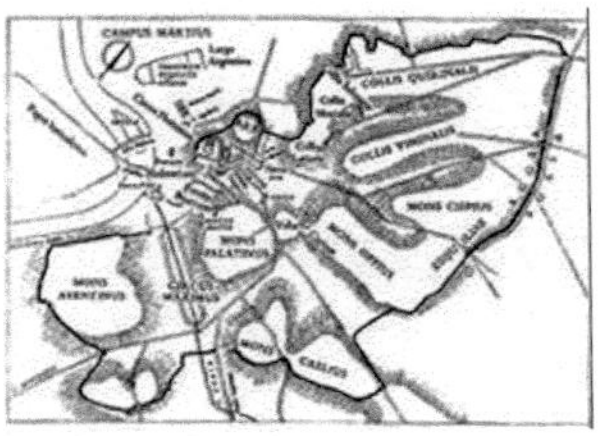 维尔内尔（Averner）湖和库玛（Cuma）之间有900 m长的隧道；19世纪后建设隧道更加频繁（L.贝纳沃罗，2000）	地下空间的利用形态/时间	地下空间规划的第二阶段：地下空间利用的城市初级网状形态——隧道/罗马共和国时期
	特性	整个罗马帝国的版图上城市数以千计。为加强城市之间的联系，打通隧道极大地促进了军事、物质及经济的流动
	对聚落或城市的贡献	地下空间的利用显示出穿越巨大自然阻碍的特性，隧道的开挖也极大地提高了地下空间的开发技术
 19世纪中期巴黎街道剖面图（孙施文，2007）	地下空间的利用形态/时间	地下空间规划的第三阶段：地下空间利用的城市基础网状形态——地下管网设施/19世纪中期
	特性	市政管线地下敷设不以实体的方式示人，建成后也难以随意调整，需要事先协调规划好才能进行建设
	对聚落或城市的贡献	1880年巴黎开始电力供应，九年后市议会制定的《公共道路使用许可命令书》规定电线必须埋于地中，法国的大城市基本实现电线地中化。到19世纪中期，为避免地面或架空带来的与土地和建筑物之间的矛盾以及出于安全考虑，管网设施的建设大部分都通过地下敷设。将一定地区内的各类管网预先进行综合性的统一安排，就需要对城市中的各项相关因素进行全面统一的考虑
—		公园运动，地下空间对城市起美化作用而存在

（续表）

载于1867年《环球画报》杂志的伦敦地下铁道（孙施文，2007）	地下空间的利用形态/时间	地下空间规划的第四阶段：地下空间利用的城市高级网状形态——地铁（伦敦地下铁道）/19世纪中期
	特性	地铁出现在人口聚集的区域，满足人们的出行需求及不影响城市原有建筑及交通，增大运载量和流通速度
	对聚落或城市的贡献	轨道交通及地铁需要固定的线路，因此需要系统性的预先安排。应该说从城市的交通设施和市政公用设施出发的考虑是城市中最早的系统性的考虑
20世纪初巴黎交通枢纽改造方案（孙施文，2007）	地下空间的利用形态/时间	地下空间规划的第五阶段：地下空间利用的城市集核形态——交通枢纽/19世纪
	特性	该系统分五层布置人行、汽车交通、有轨电车、垃圾运输线、排水构筑物、地铁和货运铁路等。所有车辆均在地下行驶，从而大量的城市用地就可以用来布置花园，极大地增加了城市的绿地面积，美化了城市环境
	对聚落或城市的贡献	1906年，艾纳尔针对巴黎的交通枢纽建设问题进行了深入的研究并提出了“地上地下立体交叉、人车分流”的解决办法。此外，1910年，艾纳尔就城市空间日益拥挤、环境日趋恶化问题，提出了多层次利用城市街道空间的设想，设计了一种多层的交通干道系统。交通枢纽的地上地下开发是地下空间开发向城市立体化发展的重要进步

(续表)

	地下空间的利用形态/时间	地下空间规划的第六阶段：地下空间利用的城市立体化发展雏形——带状城市(索里亚·玛塔设计的“线形城市”)/1882 年
19 世纪末索里亚·玛塔设计的“线形城市”(孙施文,2007)	特性	其构想城市应沿运输线呈线性发展,作为线状城市的轴线的铁路线,可以经由地下或者以架空的方式,一直引到点状城市的市中心
	对聚落或城市的贡献	地下空间作为交通的载体,只是在地下的单个层面上负载交通功能,而且地下空间虽然是一个完整的系统,但同时它也是单一的线性单元,城市也只能朝一个线性方向发展,因此具有很大的局限性。这是 TOD 城市发展模式的雏形
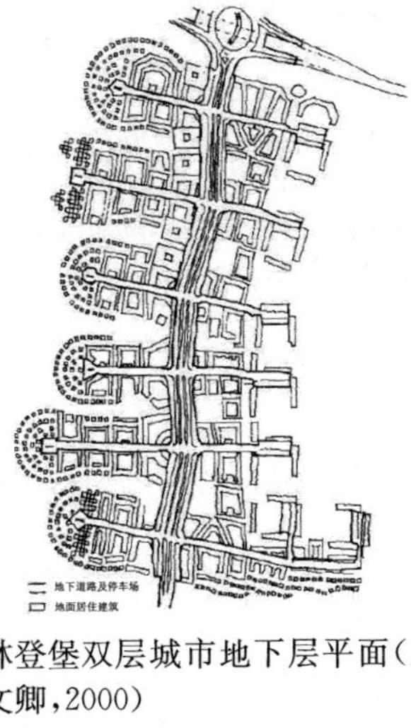	地下空间的利用形态/时间	地下空间规划的第七阶段：地下空间利用的城市立体化发展形态——双层城市/19 世纪 70 年代
	特性	“双层城市”的理论所寻求的是一种新的城市模式,以使城市中心、建筑、交通三者的关系得到协调发展。“双层城市”要求交通在两个平面上分离,即人与非机动车交通在地面,而机动车交通在地下或半地下。通过这种重叠的方法来节省土地,从而产生了一种新的城市形态
林登堡双层城市地下层平面(王文卿,2000)	对聚落或城市的贡献	为了解决私人汽车数量激增导致的城市交通问题和能源问题,20 世纪 70 年代瑞典建筑与城市规划专家汉斯·阿斯普隆德(Hans Asplund)提出了著名的“双层城市”规划理论。它与 20 世纪的新城犹如反转图形一般,改变了新城大量城市用地作为道路使用的做法,节省下来的土地扩大了空地和绿地(Asplund,1983)。汉斯·阿斯普隆德的“双层城市”理论是人们对城市

（续表）

		空间开发认识的飞跃和突破。其与线形城市相比的先进之处就是同时利用主、次交通，扩大交通的辐射范围，促进城市的发展，并在交通枢纽处形成立体城市综合体，成为城市的发展集核
柯布西耶的“明日城市”及城市中心区“垂直的田园城市”（孙施文，2007）	地下空间的利用形态/时间	地下空间规划的第八阶段：地下空间利用的城市立体化发展的高级形态——“垂直的田园城市”/1930 年
	特性	该规划的中心思想是提高城市中心区的密度，改善交通，全面改造城市地区，形成新的城市概念，建筑物地面全部架空，形成公共空间。提供充足的绿地、空间和阳光。柯布西耶特别强调了大城市交通运输的重要性，提出了建立多层交通体系的设想。方案在城市中心区规划了一个地下铁路车站；中心区的交通干道由三层组成：地下用于重型车辆，地面用于市内交通，高架道路用于快速交通，市区和郊区通过地铁及市郊铁路来联系
	对聚落或城市的贡献	该规划的核心是城市的集聚发展。规划重视城市中的交通功能，将交通在垂直方向上形成重叠的不同层面，以提高城市的交通效率。将交通总枢纽设在城市中心，通过车站建筑垂直地与地铁、郊区线、主干线等联系。柯布西耶认为城市必须集中，只有集中的城市才有生命力；而由于拥挤带来的问题则可以通过大量高层建筑和地面、空中、地下多层的高效率交通系统来解决。地下空间在城市中的利用不仅仅是负载了交通功能，而且通过负载城市交通这一重要的功能而带动城市其他功能的发展，实现城市的立体化发展，各功能有机协调

来源：自绘

2.1.2 地下空间利用的系统性

现代城市布局的思考起源于19世纪下半叶的公园运动，公园运动推进了对城市绿化系统及城市布局的思考，地下空间在此阶段的作用仍然是作为基本的遮蔽功能和局部交通功能的补充。而后来地铁和市政管网的地下化，就要求对城市内各类用地、人口分布以及现有的和今后需要发展的交通设施等进行整体性统一考虑。地铁的建设不但要考虑地下空间使用的协调性，也要考虑地下穿越的空间范围以及地下站台与地面建筑之间的联系等。这些交通设施的建设不仅需要进行预先安排的有计划建设，而且需要在多要素综合的基础上作出统筹的谋划。因此，从城市的交通设施和市政公用设施出发的考虑是城市中最早的系统性考虑，这些设施的布置难以运用现场感性认识来对可见实体进行调度的方式进行，而是需要在建设之前就进行充分的协调和安排，要求对城市的各项用地和各项市政设施在整体上进行统一事先安排。这些方法显然不是传统建筑学所能提供的，而更多的是由工程师们有关系统安排的知识体系所赋予的，这恰恰是后来城市规划所继承下来的最核心的思想方法(孙施文，2007)。由此可见，地下空间规划特别是地铁及地下管网规划是产生于现代城市规划的初期，促进了现代城市规划的发展。

2.1.3 “广义建筑学”的空间性及环境性

进入21世纪以来，开发和利用城市地下空间在保护生态环境、扩大城市容量和缓解各种城市矛盾方面所发挥的重要作用已经愈发凸现，世界范围内城市地下空间的学术研究和交流日趋活跃。总部设在加拿大蒙特利尔的国际地下空间联合研究中心(ACUUS)，每两到三年举行一次国际地下空间的学术会议，至今已举办了16届(表2.2)。

表2.2 ACUUS历年会议召开的时间、地点及主题

(届)	召开时间	召开地点	主题
1st	1983.8	悉尼，澳大利亚	具有地球庇护保护的节能建筑
2nd	1986.7	明尼阿波利斯，美国	地下建筑设计的优势
3rd	1988.7	上海，中国	地下空间利用的新发展
4th	1991.9	东京，日本	城市地下空间利用
5th	1992.8	代尔夫特，荷兰	地下空间及地球庇护结构
6th	1995.9	巴黎，法国	地下空间与城市规划
7th	1997.9	蒙特利尔，加拿大	地下空间：未来室内城市

（续表）

(届)	召开时间	召开地点	主题
8th	1999.9	西安，中国	世纪之交的地下空间规划与展望
9th	2002.10	托里诺，意大利	城市地下空间：城市的资源
10th	2005.1	莫斯科，俄罗斯	地下空间：经济与环境
11th	2007.10	雅典，希腊	地下空间：拓展边界
12th	2009.10	深圳，中国	利用城市地下：营造和谐可持续的城市环境
13th	2012.10	新加坡	地下空间的发展——机遇与挑战
14th	2014.9	首尔，韩国	地下空间规划管理与设计挑战
15th	2016.9	圣彼得堡，俄罗斯	地下城市化是可持续发展的前提
16th	2018.9	香港，中国	为紧凑型大城市提供一体化的地下解决方案

来源：http://www.acuus2018.hk/

由以上的会议整理可知，地下空间从产生之初就被誉为"具有地球庇护保护的节能建筑"，但是之后的会议中"地下空间与城市规划"很明显地将地下空间利用划到城市规划的范畴，此时地下空间不仅仅是建筑的概念，而是随着城市的发展，与环境结合异常紧密的广义建筑学概念。所以，"地下空间"的意义运用广义建筑学来解释，是广义建筑学中的地下建筑学。它是综合性和科学性很强的学科，涉及了城市规划、建筑空间技术与艺术、环境物理、历史、城市防御与减灾等多个学科①。地下建筑学②的建立，将改变以往建筑设计的方法，将设计概念引向空间的设计，传统的墙、屋顶等建筑要素将不复存在，能够被设计的主体仅仅只是空间而已。这不但符合广义建筑学的概念，更加可以适应当代城市立体化发展的要求。纵观建筑学的发展过程：从维特鲁威的"实用、经济、美观"实体传统建筑学到"建筑—环境"的广义建筑学，再到"空间立体化"和"建筑—城市一体化设计"，这一进程的改变，使地下空间逐渐融入现代城市空间设计之中，成为城市发展重要的组成部分。

2.1.4 地下空间开发的需求——适应性

1）不同国家地下空间发展的驱动力有所不同

不同国家地下空间开发利用具有不同的驱动因素，欧美国家是近代最

---

① 目前尚未建立地下建筑学，属于探讨阶段。

② 薛华培在《向地下空间延伸的建筑学——对地下建筑学的理论体系和研究内容的探讨》一文中认为，地下建筑具有许多特点及相对独立的学科性内容，因此建立了地下建筑学，其包括地下建筑的规划、设计、技术标准等内容。

早进行地下空间开发的地区。从 1863 年伦敦地铁建设开始，第二次世界大战后，欧美等国利用战后重建的机会，大量进行城市立体化开发，开始利用地下空间，并于 20 世纪 50—70 年代，出现了地下空间多样性的发展与大规模利用的巅峰。这一时期，地下空间在城市商业中心区的利用最为显著，如德国慕尼黑商业中心再开发，加拿大蒙特利尔与多伦多地下城，法国巴黎列·阿莱地区再开发，美国曼哈顿地下高密度空间利用、费城市场、芝加哥商业中心等项目。20 世纪 70 年代中后期至今，由于市区商业中心的改造已基本完成，欧美等国主要以小规模开发为主，大规模的地下街运用则在新建开发项目中；同时，开发目的由提升经济效益、解决交通问题，转为保护地下环境、地铁空间开发利用，如法国巴黎的卢浮宫、美国洛克菲勒中心等(童林旭，2005)。

不同国家由于国情、气候、法律制度、社会形态与城市环境矛盾方面的不同，地下空间的发展政策也有所不同。北欧、西欧、北美、亚洲的区别如表 2.3 所示。

表 2.3　不同地区具有不同的地下空间发展驱动因素

地区		地下空间发展的驱动因素
北欧		(1) 人口密度不高，土地问题不是地下空间发展的主因，地下空间发展是为了保护地面城市环境及永续经营； (2) 克服严寒气候，促进城市中心区发展
西欧		(1) 保护传统城市文化与空间，改造城市环境； (2) 城市内部更新及地铁建设
北美	美国	(1) 土地压力及地价上涨不是城市中心区地下空间开发的主要动力； (2) 地下空间开发的目的是建立地下步行网络，改善及美化城市地面环境
	加拿大	(1) 地下空间的利用是为了克服严寒的气候，让城市全年运作，将多种城市机能与活动移入地下空间； (2) 建立地下步行网络，并运用联合机制，连通地下街与周边建筑
日本		(1) 为了应对国土面积狭小，土地资源匮乏； (2) 保护城市环境，建立紧凑高效的城市； (3) 都市人口集聚导致地下空间的开发及利用
中国		(1) 人口基数大，城市用地缺乏； (2) 改善城市环境； (3) 都市人口集聚

来源：据相关资料综合整理

由表 2.3 可知，各国地下空间开发利用具有不同的发展情况。中国地下空间开发利用的驱动因素与日本具有很大的相似性，其中都市人口集聚及土地资源高度集约利用是中日地下空间发展的主要驱动因素。

2）日本土地利用的高密化及环境整治

地下利用技术的进步和都市空间紧凑利用的现实需要，促进了都市地下空间的利用，从而导致主要道路空间地下设施高度集中设置。而地下空间规划性的缺失致使地下空间的使用效率低下。随着新都市设施的利用，地下空间的开发要求进一步增加，因此道路、公园等公共设施及住宅（私有）的地下规划的必要性日益凸现。

日本城市地下空间利用与世界其他发达国家一样，是伴随着经济增长、城市化进程而推进的，并随着城市土地利用的高密化、设施种类的规模化而增加。城市中心街区土地利用高度集聚化推进了大部分地下设施的调整与配置，其包括：主要道路的地下化，地下步道以及地铁站点设施的调整与配置，以减少使用者不必要的上下转换；干线下水道和干线洞道等的供给设施，深层的地下设施调整与配置等。而各种地下设施的运用导致地下空间利用的不合理情况也越来越多。

地下空间的连通需求促进地下空间的利用及地下空间的规划。一方面，住宅用地被转换成小的分区，地下室附属于高层建筑，由于建筑基准法等对形态的控制，高层对地下空间利用的制约情况越来越多，地下室逐渐用作设备间、停车场、商店、饮食街等。然而，地下街及地下步道需要在建筑的地下室（层）有地下通路的连接，地下通路与建筑地下室的接续出现了很多复杂混乱的情况①。由于缺乏长期的、统一的规划，缺乏公共地下通路和地下室整合一体作为地下交通体系一部分的规划，地下通路具有不连续、上下移动、迷路化和安全性、快适性缺失等特点。加之地下空间一旦建立则很难改变，以及对道路、公园等公共设施和住宅地下空间综合利用的需要，日本进行了大规模地下设施的总体规划。

3）日本大都市商业中心区地下空间开发

日本地下空间开发利用技术走在世界前列，也是地下空间政策管理及立体化、网络化设计方面最为成熟的国家。随着地下利用的现状及都市集聚的关联，日本全国 30 万人口以上的 55 个都市，制定了地下空间利用的指

① 查阅《地下空間の計画と整備—地下都市計画の実現をめざして—》可知，地下通道与地下室的接续需要处理二者之间的高差及彼此之间的距离，如新宿站前地下步道与周边建筑地下室高差约 7 m，距离约 30 m。

导规划(Guide-plan),设置地下停车场及地下街的都市计划。其中,东京都、名古屋、神户、福冈、川崎等地下停车场的面积很大,横滨、大阪、京都、札幌人均地下空间面积较少。

笔者的参考案例以东京都和福冈为主,东京都具有大量的地下空间一体化开发实例,且轨道交通网络极为发达。其城市商业中心区如新宿、涉谷、东京站等地下空间的开发均采用了地下、地面、高空一体式开发的方式,通过交通枢纽这一城市发展集核,将商业、娱乐、交通这些城市重要功能整合在一起,并形成立体的交通网络,达到城市聚集式开发的目的。

2.1.5 地下空间的社会性、经济性、权属性

地下空间和地面空间均是土地的承载,符合土地开发的任何相关理论,如中心地理论、地租理论、城市空间生产理论等,是与地面空间具有同等价值的城市空间。随着城市的发展,我们将“供人们活动的城市基面以下的空间”称作地下空间。地下空间的城市内涵由城市发展决定,它是一种社会产品,既是城市开发行为及城市活动关系的中介,也是最终的产出,它在城市社会关系中逐渐成长,并最终影响社会行为及社会认知,关系着经济、政策、权利等社会发展的多方面矛盾因素。对于地下空间城市属性的认知有利于提高对社会的认知度,并推行文化方面的促进政策。笔者从唯物主义的角度阐释地下空间城市属性的本质意义如下:①地下空间的城市空间性是一种社会产品,是“城市空间”的组成部分,其在社会化和城市发展过程中产生,促进城市空间的发展,并受城市发展的促进。②作为一种社会产品,城市地下空间的开发及利用既是城市开发行为及城市活动关系的中介,也是最终的产出。地下空间的城市属性在城市社会关系中逐渐成长,并最终影响社会行为及社会认知。③城市发展水平和历史意识形态界定了空间行为和社会关系是怎样物质性地构成,以及怎样在地下空间的利用中被具体化。④地下空间开发利用这个具体化的过程具有问题性,充满着矛盾——竞争和斗争。其中关系着经济、政策、权利等社会发展的多方面矛盾因素。⑤空间的二元性(产出—具体化—产品)导致各种斗争和矛盾,地下空间成为城市空间矛盾的转移处,并逐渐参与到城市空间利用的各种矛盾中。⑥地下空间的城市性在于它是社会生产和再生产的竞争场所,目的既在于维持和强化现存的空间性,也在于进行重要的重构和可能的转变。⑦地下空间的利用是城市发展过程中的偶然,也是城市发展的必然,非常类似于社会活动的空间性根植于时间/历史的偶然性,是符合人类发展的一种活动,并将继续在人类活动中得到发展。

2.2 城市地下空间开发的特性

2.2.1 地下空间开发的 SWOT 分析

城市扩张可以同时或单独地发生在三个方向上：水平、垂直向上和垂直向下。在整个 19 世纪至 20 世纪，城市以高层建筑的形式垂直向上扩张。据专家推断，21 世纪的城市会向下扩张形成地下城市（童林旭，2005）。城市向地下发展的趋势一方面是城市集约型发展的需求，另一方面是因为它对传统地上空间城市的发展具有积极的影响。但是其发展也有一定的弊端，具体分析如表 2.4 所示。

表 2.4 地下空间利用 SWOT 分析①

环境	S. O	城市道路网转移到地下空间，改善城市自然环境，促进土地立体化利用，提高土地的利用效益。通过功能复合的土地利用让使用者体验到舒适便捷，与交通的完全分离将减少人与交通网络之间的冲突，缩短市政网线长度，减少能耗，增加城市土地承载力，保护耕地及生态环境
	W. T	密集的土地利用有可能导致交通堵塞，系统化程度增大，彼此影响增大。聚集在地下空间产生的噪声、空气污染程度可能会提高，室内空间需要较高的环境设计及安全需求
经济	S. O	双层土地利用会降低城市土地价格，减缓城市土地价格投机，地下城市所带来的紧凑性会减少基础设施的复杂性及其设计、建设和维护费用，地下空间内部环境具有热稳定性，可以降低空调能耗
	W. T	初期投资费用高，包括地质和土壤的测绘费用，广泛的挖掘可能需要高昂的代价；照明、空调等费用增高，运营、管理费用增高
技术	S. O	大规模地利用地下空间已经被证明具有可行性，并能为将来的发展提供指导；几乎所有传统的地上空间土地利用类型都适用于地下空间，历史上的设计为当代实践的创新提供借鉴
	W. T	历史上的个别案例规范不能作为我们当代的典范，现在城市生活对日照、自然采光和通风有更高要求
心理	S. O	舒适的室内温度使人放松、头脑灵活，宁静可激发创造力、减少压力，大大减少视觉和听觉的干扰
	W. T	封闭的环境可能导致幽闭恐惧，需要克服长期的消极心理

来源：自制

① SWOT 分析法又称态势分析法，是把所形成的机会（Opportunities）、风险（Threats）、优势（Strengths）、劣势（Weaknesses）四个方面的情况，结合起来进行分析。

经过对地下空间的SWOT分析可知，地下空间利用对城市发展具有显著的促进作用，几乎所有传统的地上空间土地利用类型都适用于地下空间[①]，而且对于市政及交通，地下空间更具有优势[②]。因此，地下空间的利用将对传统城市空间具有巨大的改进作用。各个国家在不同地区利用地下空间的目的各有不同，包括以下几个方面：①保护耕地，集约化利用城市用地，缓解高昂地价的压力，获得紧凑的土地利用和城市土地高效利用以应对当代城市扩张，如香港、东京、重庆等大城市；②抵御严酷气候，获得舒适的室内温度，如蒙特利尔、哈尔滨等城市；③整合城市市政管网，建立共同沟，这在许多大城市均得到了利用；④改善地上城市空间的健康和吸引力，创造一个充满绿色、免于机动车干扰的、更加适宜居住的城市。建立地面人行、地下车行的城市分层设计系统。

2.2.2 土地利用的区位性及开发深度

区位是决定土地租金的重要因素。伊萨德(Isard)认为，决定城市土地租金的主要因素有：与中央商务区(CBD)的距离；顾客到该地的可达性；竞争者数量和他们的位置；降低其他成本的外部效果(孙施文，2007)。阿隆索提出的竞租理论认为，地价是土地价值的反映，商业中心区是全市交通网络的汇聚点，具有最佳的交通便捷性及可达性，空间关联度也最好，因此地价最高，随着与商业中心区距离的增加，地价也随之降低。地下空间的开发需要考虑城市区位，商业中心区地下空间的开发具有巨大的经济价值，在商业中心区进行地下空间开发将增加商业中心区的内聚力及吸引力。城市空间的聚集度越高，地下空间的开发价值越明显(图2.2)。虽然地下空间开发初期投资成本较高，但是由地下空间造价与区位的关系图可知，当与城市中心区接近到一定程度时，地下空间开发成本将小于地上空间(吴敦豪，2005)，从而具有更大的经济效益。

另外，决定地下空间利用效果的是深度及功能的分层利用。地下空间的深度越小，空间中人们白天的活动就越密集、越广泛，地下空间与地上城市之间的结合越紧密；反之，地下空间的深度越大，建造成本越高，投入越高，建设面对的问题越多，城市活动则越简单，人们的活动量越少，与地面城市之间的结合越稀疏(表2.5)。

---

① 吉迪恩在《城市地下空间设计》中列举了详细的赞同及反对意见，最后得出建立地下城市具体绝对的优势，且地下城市利用的缺点是可以通过技术手段克服的。

② 经研究发现，地下城市垂直向下扩张，会减少城市基础设施网络的铺设长度。研究结果表明，利用地下空间可以使所有公用事业和基础设施总的组合长度缩短75%，其中包括道路、电话、电视、电力、给水和排水系统。

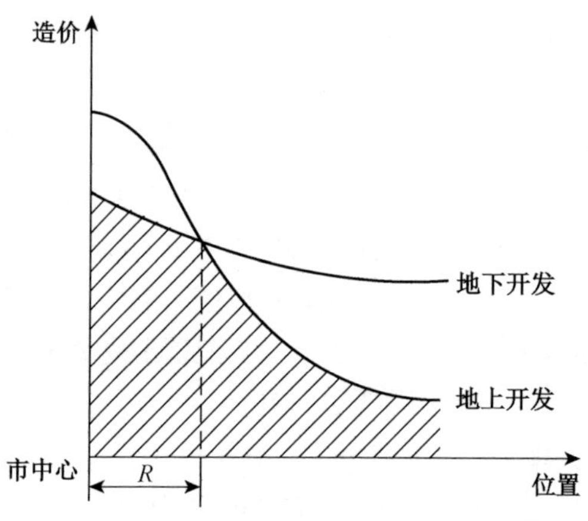

图 2.2　地下空间造价与区位的关系(吴敦豪,2005)

表 2.5　地下空间分层利用原则

<table>
<tr><th colspan="2">层次/深度</th><th>人类活动量</th><th>土地利用模式</th><th>土地利用的功能</th></tr>
<tr><td colspan="2">地上</td><td>白天活动高度密集而广泛</td><td>可选择整体的、混合的土地利用模式</td><td>将地上部分功能转移到地下层:运输网络(尤其是城市中心区),急救通道除外,传输系统,基础设施网络
增加的城市特征:绿色开放空间、自然水体、儿童游戏场、休息场所、露天市场、艺术展览、全步行网络系统,形成一个整体的广泛网络,大多数传统的土地利用保持不变</td></tr>
<tr><td rowspan="3">地下空间层</td><td>浅层深度
0～15 m</td><td>白天活动密集而广泛</td><td>可选择整体的、混合的土地利用模式</td><td>住居(仅用于坡地),步行网络,旅馆(青年旅馆及短期逗留),手术和恢复用房,会议室,轻型基础设施,餐馆,娱乐中心,体育活动中心,教育活动中心,图书馆,宗教活动,轻型交通,停车场</td></tr>
<tr><td>中等深度
15～40 m</td><td>有选择的日常活动</td><td>分离的土地利用模式</td><td>文化中心,博物馆,剧院,办公建筑,地铁,高速公路,停车场,基础设施网络,自动化传输系统,购物中心,公共集会,有限的传输网络,冷藏,能源存储,无污染工业,仓储(短期)</td></tr>
<tr><td>深层深度
40 m以上</td><td>很少的人类活动/高度的自动化技术</td><td>分离的土地利用模式</td><td>快速传输系统(市内),快速自动化网络传输系统,能源储存,特殊仓储,重型基础设施</td></tr>
</table>

来源:吉迪恩·S.格兰尼,尾岛俊雄,2005.城市地下空间设计[M].许方,于海漪,译.北京:中国建筑工业出版社

有意识地在地下层及地面层规划相似的活动可以促进地上空间和地下空间的融合。紧邻地面层的这个浅层区域应与地面完全结合起来。这类综合土地利用的公共活动有商业、娱乐、文化、体育、音乐等。浅层区域将容纳与地面上活动相类似的人口密集的活动。人们活动不频繁的交通、市政设施和传输网络系统应该转移至地下层，这样可以在地面创造更多的绿地空间和良好的自然环境(图 2.3)。

注：地下土地利用的密度随深度的增加而减少

图 2.3 平地的土坡垂直深度和坡地的水平深度划分示意图

来源：吉迪恩·S. 格兰尼，尾岛俊雄，2005. 城市地下空间设计[M]. 许方，于海漪，译. 北京：中国建筑工业出版社

2.2.3 地下空间的多种形式

随着地下空间利用的日益广泛，地下空间的形态也呈现出多种多样的特征。具体有如下几种形态：覆土、半地下、全地下。

1) 覆土的地下空间

覆土的地下空间形态是地下建筑与自然环境有机共生而产生的一种形态，覆土的地下空间形态可以掩饰地下空间的建筑特性，在顶面进行覆土与大地自然环境形成统一的自然背景。另外，城市中心区覆土的地下空间形态一方面可以保证自然的大地景观，另一方面可以利用土壤的恒温性能为地下空间提供优良的室内温度。

2) 半地下空间

半地下空间是指部分建在地下，部分建在地上的一种空间形态。坡地城市中心区为适应地形高差，而产生大量的半地下空间。半地下空间是地下空间利用中一种功能性非常强的空间形态，在坡地城市中心区广泛存在(图 2.4)。

图 2.4　国外某设计竞赛方案

来源：Moughtin C，Shirley P，2005. Urban Design：Green Dimensions[M]. Oxford：Architectural Press

3）全地下空间

全地下空间是位于地面(大地)以下的一种地下空间形态，在商业中心区，一般广场的地下空间属于全地下空间。全地下空间的通风、采光及人们的空间感受都较差，因此需要对入口空间及通风采光进行特别的设计处理。

2.3　山城地下空间开发的立体性

“山城空间结构的生态学研究，力求……，创造山地高密集立体文化特点的空间结构模式，实现城市持续协调发展”，“立体化无疑是山城空间场所最为显著的特色”(董贺轩，2010)，其中包含山城的公共空间，在城市的多数区域，其基面会呈现出相应的立体化特征。由于自身特殊的地形环境，山城在城市发展的过程中与地形相互作用，天然地形成了立体化城市。

2.3.1 城市基面下地下空间的形成

山城的建设基本上是对原有山地地形局部重塑后进行营建城市的过程。地形的起伏为城市实体要素的建造设置了很大的障碍，许多山地建筑不得不采用“天平地不平”的做法，以错层、掉层、吊脚等形式与山地地表发生关系，使建筑根据坡度的陡缓、跨越等高线的数量来调节山地建筑的底面，产生出高低变化、参差错落的不平建筑底面。这必然会引起建筑基面的不定性，一座建筑可能会有几个不同标高的建筑基面（表 2.6），从而产生一系列的连续城市基面，以适应不断变化的山地地形。按照第一章对地下空间的定义，这些与地面或道路相接的城市基面下部的空间均应被称为“地下空间”。

表 2.6 山城多城市基面下的地下空间及基面的流动性

<table>
<tr>
<td>

观音桥地下街广场
地面空间屋顶作为城市基面，与地下空间入口广场形成双层基面，人流自然进入，消除地下空间给人的消极感受</td>
<td>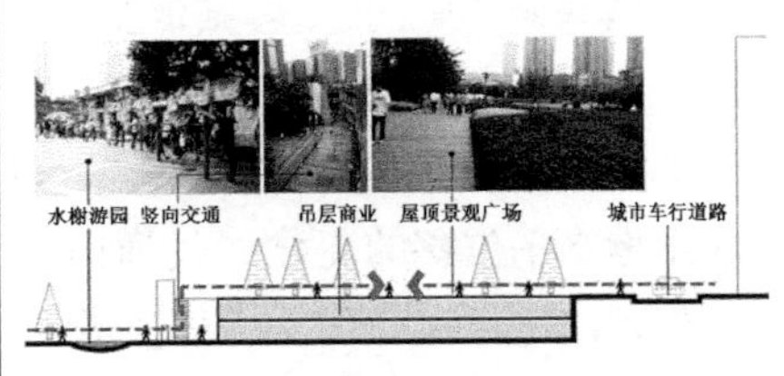

观音桥景观广场
地下空间屋顶与前广场形成流动的城市空间基面。半地下空间的入口景观与广场景观形成连续的景观通廊</td>
</tr>
<tr>
<td>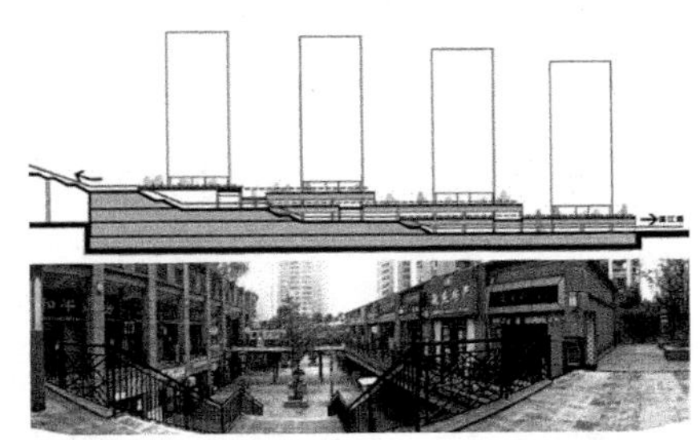
重庆东海湾社区退台式商业步行街
地下空间顶面构成了城市的流动基面，人们可以在城市流动基面上活动，从而形成地下空间</td>
<td>
重庆马戏城概念设计方案
地下空间顶面构成了城市的流动基面，人们可以在城市流动基面上活动，为了形成城市的基面，而产生了大量半地下空间</td>
</tr>
</table>

（续表）

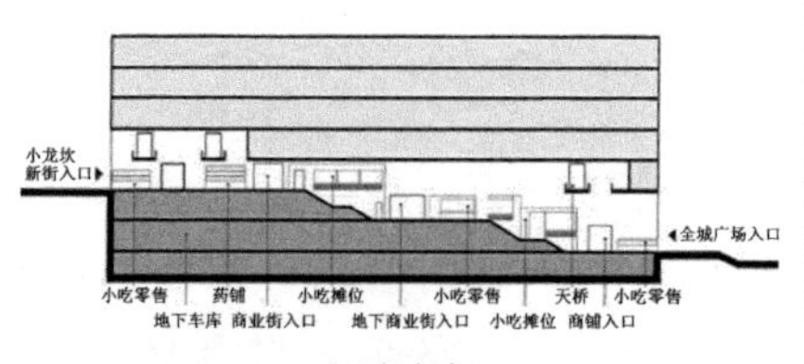 金城广场 地下空间屋顶所构成的城市基面穿越建筑内部，使城市空间贯穿于建筑之中，增强城市空间的流动性及丰富性	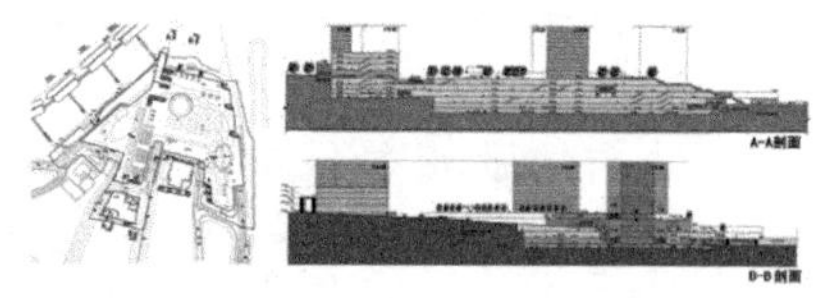 朝天门广场 特殊区位的地下空间设计，需要规模化、规划性的发展，将地下空间与地面空间高效结合，集约发展

来源：据资料自制

2.3.2 城市基面的流动性及地下空间形态的流动性

山城基面不定性的具体态势可分为立体层叠式和立体错位式。立体层叠表示山城基面的竖向连续：城市要在山体之上索取更多的用地空间，山体坡地竖向变化就会迫使城市活动基面随之竖向分布（表 2.6），而形成竖向连续的层叠外部空间形态，其本质则是半地下空间的竖向层叠。立体错位指山城基面随着山地水平位移的变化而呈横向分布状态，而这种分布状态基本上是沿着山体的走向进行变化的。立体层叠与立体错位都是因为受限于山地地形，二者共同存在于山城，综合结果就是一种错落有致的、立体化的、不定的山城基面形态。不论哪一种城市基面形式，其基面以下的部分都应该被称为城市地下空间。所以，山城立体化的建造过程就是地下空间的产生过程。

2.3.3 地下空间利用具有紧凑立体化特性

现代城市立体化的发展，起源于 19 世纪末芝加哥学派对高层建筑的探索。1906 年，艾纳尔针对巴黎的交通枢纽建设问题进行了深入的研究并提出了“地上地下立体交叉、人车分流”的解决办法，设计了一种多层的交通干道系统（图 2.5）。交通枢纽的地上地下开发是城市地下、地面、空间立体化发展的重要进步。地下空间在欧洲和日本的旧城更新过

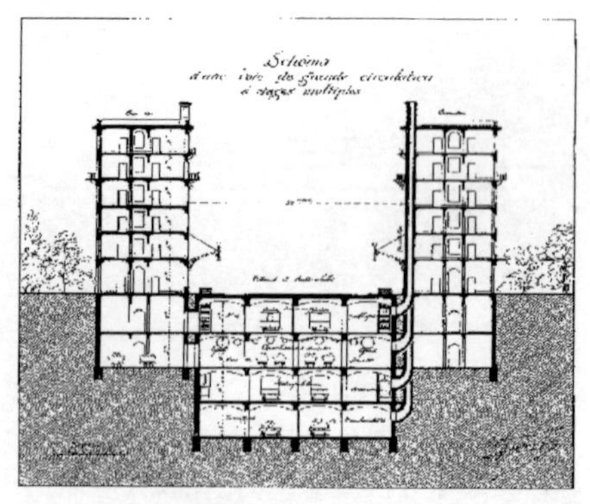

图 2.5 艾纳尔提出的多层交通干道系统（孙施文，2007）

程中，为城市中心区提供了充足的发展空间。“地下空间在扩大城市空间容量和提高城市环境质量上的优势和潜力，形成了地面空间、上部空间、地下空间协调扩展的城市空间构成的新理念，即城市空间的三维式拓展”（童林旭，2005）。在合理的功能组织下，三维立体化的城市形态扩大了城市空间容量，提高了城市运行效率，是解决城市问题、化解城市矛盾的有效途径之一。“集中是城市的本质特征”，“紧缩城市形态是一种可持续的城市发展形态”①。

山城由于本身的地理条件而具备了立体化特征，也是人类在有限土地资源条件之下进行城市营建与发展的典型范例，其显著特征是空间形态与公共活动运作机制的立体化和网络化，山城可以说是集约化城市及立体化城市的空间模型，但它不能包含所有的城市立体化内容。山城是“被动型”的立体化城市，其交通需要立体化的城市公共空间基面组织来化解地形高差对自身的限制，也需要城市公共空间基面立体化来保证自身的连续性与有机性，城市基面的立体态势是地形、地貌立体形态的结果，地下空间在此过程中产生。山城发展为城市立体化的营建提供了可借鉴的模式。山城的立体化再开发，利用自然地形只是立体开发的第一步，而对城市空间基面进行立体化设计才能够满足城市空间发展的需求，城市立体化是山城的二次塑造。

2.4　地下空间的城市认知性及场所感

2.4.1　基于“图式心理”原理构建现代城市地下空间的认同感

哲学意义上的空间，作为客观存在，是物质存在的一种基本形式，表述的是物质存在的广延性。通常我们将表示物质持续性的时间作为空间的对应物，空间和时间一样是物质运动的必然组成部分。地下空间是原本厚实的土地以下空出的那个部分，即在一定边界（希腊语 Peras）内清理和空出来的那块地方。边界，不是事物从此终止，相反地，事物从此于地下开始。1923 年，马丁·海德格尔说过，“空间的存在，是从地点而不是从空无获得其存在的”。城市中的地下空间，其存在来源于“城市”，空间的一切属性都与“城市”这一地点息息相关，它的存在性就是城市属性。

人们在实际生活中所认知的或感觉的城市空间实际上远比三维的空间

---

①　海道清信在《紧凑型城市的规划与设计》一书中反复论证了该观点。

复杂得多，而且，城市空间中所包容的一切直接地影响着我们对空间的感觉与认识。卡西尔在其著作《人论》(*An Essay on Man*)中说，知觉空间并不是一种简单的感性材料，它具有非常复杂的性质，包含着所有不同类型的感官经验成分——视觉的、触觉的、听觉的以及动觉的成分在内。这就是说，空间本身是客观存在的，但在人的世界中，通过人的使用与改造，并在使用与改造的过程中人重塑着空间，人的存在与空间紧密地联系起来。这种联系的实质恰恰是以知觉空间为基础的，它使得空间包括建筑空间或者城市空间。空间不仅仅是为人所使用的，同时也是人所体验的，而且正是这种体验性赋予了空间特质。因此，空间就产生了除三维之外的更多维度，而人类对于空间的感受就建立在这些数量可能是无限维度的基础之上，这也就使我们有了除丈量尺寸之外的空间意义，而这种意义才是空间真正的价值所在(孙施文，2007)。因此，我们可以说，空间是指一切围绕着人而形成的客观存在的物质实体构架，人在空间中的存在和活动作为空间的最基本构成要素。地表下空间的形成，虽然是城市发展过程中的一个偶然活动，但是这一空间随着人类活动的进步而越来越具有目的性和独特的空间意义。它的存在并不是物质性的简单存在，而是被城市赋予了“城市知觉空间”的性质，具有视觉、触觉、听觉、动觉的城市空间内涵。

皮亚热指出：“空间的意识在于结合空间构成亦即结合各种感觉的智能，而不在于感觉所具特性扩展多少。”因此，空间是人类与环境相互作用的产物，是指一切围绕着人而形成的客观存在的物质实体构架，它本身就是以人在空间中的存在和活动作为最基本构成要素。人要认知空间必须依靠一定的“图式”，人依据其社会化的过程和生活的经验，对特定的场所建立起一定的“图式”，并以此“图式”来考察直接面对的空间，然后来决定其此后的行动。如果没有这种图式，人们就不可能认知空间，也无法对空间作出判断。因此，人类确实需要利用图式空间来架构三度空间世界。“我们的空间意识(Space Consciousness)乃基于运作图式(Operational Schemata)，也就是说，空间意识起始于对物体的经验。”人类以往对地下空间的经验是“潮湿、昏暗、低质”，不适宜人类居住，这种印象成为地下空间利用的“先天障碍”。随着地下空间开发技术的进步及室内通风采光技术的进步，地下空间的表现性及美化性可以得到很大的提高。人们对地下空间的“图式”心理得到改善，形成一种良性的认知循环(图 2.6)。所以，倘若地下空间的环境表现和美化程度达到地面空间水平，那么地上地下空间就没有什么区别，而具有相同的空间属性。关于这一点，笔者对重庆五大商圈的人群进行了问卷调查，具体问卷问题为：“如将地下商场同样引进地面商场的环境和商品，您觉得是否可以将地下和地面等同选择?”(问卷第11题)。得到的46份调查结论中,其中29份答案为“是”,17份为“否”,可知当地下空间的室内环境优化到地面空间的程度时,地下与地面的空间感受将趋于一致,人们也将同等利用。再者,由发达国家城市地下空间的环境设计经验可知,根据地下空间本身的特点,创造出其独具魅力的空间形式,将会吸引更多的人停留,并创造良好的空间“图式”心理,最终引导地下空间利用的良性发展(图2.6)。

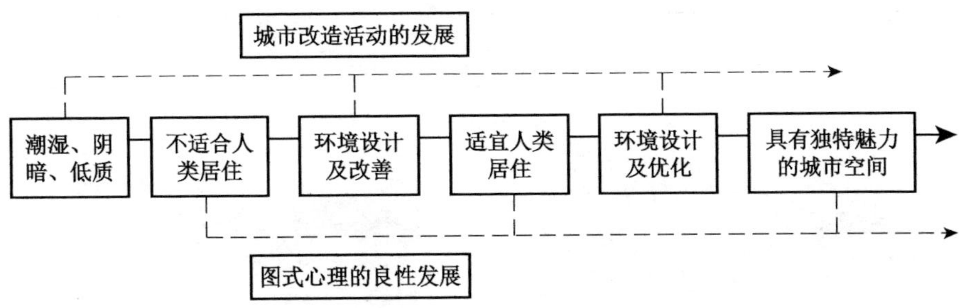

图2.6 城市地下空间发展过程中的图式心理良性发展示意图

来源:自绘

2.4.2 构建城市地下空间集约、高效、生态、科技的场所感

亚历山大在《建筑的永恒之道》中指出:“活动和空间是不可分的。活动是由这种空间来支撑的。空间支撑了这种活动,两者形成了一个单元——空间中的一个事件模式。”在这样的基础上可以判断:人与空间的关系并不仅仅是人与物或主体与客体之间的关系,两者实际上互为统一而且是共同的存在。诺伯格-舒尔茨指出了存在空间的核心在于场所,而建筑师的任务就是创造有意义的场所。场所感强调的是空间的非物质性方面,或者说是带有精神内容的空间。而这种精神内容是由其意义的人与有形空间的关系所定义的,场所的概念则更强调场所中的人的体验和实践,在这样的意义上,我们通常所强调的场所,实际上总是与“场所精神”联系在一起。场所包含着我们的意向、态度、目的、经验,“场所是被融入了所有人类意识和经验里的意向结构”。也可以说,场所的同一性就是场所的意象,即经验、态度、技艺和感觉的“心灵图像”。在场所的概念中,空间、事件、意义是不可能分割的整体。地下空间作为城市中的一个新部分,其发展经历了一个从无到有,再到代表城市中的一种新型生态空间的过程。其“场所感”的建立,随着城市建设技术的发展而发展,地下空间逐渐形成“紧缩、生态、高技”这些方面的场所感,地下空间的利用也将越来越被人们所认同和接受(图2.7)。

早期地下空间的场所感是坚硬的土层下黑暗的空间

城市建设过程中地下空间用于市政建设

地铁的开发在地下空间中引入人类活动

现代城市地下空间场所的创造

居住场所

英国地下生态住宅
设计：英国 Make 建筑师事务所
来源：www. cnmd. net

交通站点

东京涉谷站方案
安藤忠雄设计的“地下漂浮的宇宙船”
来源：地下空间开发研究 Center

商业娱乐

日本地下综合体设施构想
来源：奥村组官网

地下车库

日本地下车库利用构想
来源：奥村组官网

主要站点的超级处理及地下城

日本未来地下商业设施构想
来源：奥村组官网

山城地下城市

日本在山体中建立城市的构想
来源：奥村组官网

图 2.7　现代城市地下空间集约、高效、生态、科技的场所感的建立及发展

来源：据资料自制

2.5 小结:山城地下空间的城市性、立体性、认知性及意义

2.5.1 山城地下空间的城市性、立体性、认知性

在世界所有发达地区中,城市化趋势通常都伴随着大地景观的改变和整个物质、社会和经济环境的改变。地下空间作为一个既古老又陌生的空间形态出现在现代城市之中,其意义也发生了变化。地下空间的利用自史前时代洞穴、储藏室、墓室这种仅具有遮蔽及储藏功能的初级形态,发展到用于供排水、地下市政设施、隧道、地铁等功能的系统形态,由自觉利用转变为有目的、系统规划的利用。随着城市问题的日益突出,地下空间开始朝着与城市功能相结合的三维立体式方向发展,出现了线性城市、双层城市、立体交通枢纽、垂直花园城市的构想,其利用日益与城市功能紧密结合,为城市中心区的再开发提供了巨大的空间资源。由于立体式开发的需要,我们常常已经无法分清地下与地面的明确界限,因此将“与地面或道路相接的城市基面以下的空间”称作地下空间。

山城地下空间不但具有城市地下空间的共同属性,也具有山城的独特性。由于本身的地理环境条件,山城地下空间是人类在山城有限空间资源的条件之下进行城市营建与发展的典型范例,是一种“被动型”的立体化城市。山城需要立体化的城市公共空间基面组织来化解地形高差对自身的限制,保证形态与活动运作机制的立体化和网络化,也需要城市公共空间基面立体化来保证自身的连续性与有机性。在这一系列过程中,地下空间产生在城市基面以下,是地形、地貌、建筑、城市相互作用的结果,成为城市立体化营建及地下空间利用的重要参考。

地下空间的城市空间属性由城市空间发展所决定,其作为城市中的一个新部分,随着城市的发展,摒弃过去阴暗、潮湿、压抑的空间印象,逐渐形成“紧凑、生态、高技”的场所感,其利用将越来越被人们所认同和接受。城市地下空间是一种社会产品,它既是城市开发行为及城市活动关系的中介,也是最终的产出。它在城市社会关系中逐渐成长,并最终影响社会行为及社会认知,与经济、政策、权利等社会发展的多方面矛盾因素相关。其产生和利用同样伴随着一系列的矛盾:首先是地区管理层面的各自为政。其次是国家层面缺乏相应的法律法规。最后,因地下空间是土地的承载,具有区位性、商品性、价值性等特征。城市空间中的经济利益竞争,导致地下空间利用存在开挖混乱、管理多头、权利分配不均等各种社会矛盾。

2.5.2 地下空间城市属性分析的意义

1) 确定地下空间在城市空间中的作用与地位

目前,地下空间利用仍然存在许多争议。由于传统认识观的局限性,地下空间开发始终成为城市建设难以涉足的领域。通过本书的研究,可使人们对地下空间形成科学的认识观:地下空间是城市空间的重要组成部分,是土地的重要承载,是城市紧凑立体化开发的重要方式,对未来的城市发展具有重要意义。

2) 提升地下空间的空间认知感及创造优越的空间场所感

地下空间在现代城市发展的过程中,具有自身的城市属性及场所感,这是传统地下空间所不具备的。设计师应该通过设计提高地下空间品质,丰富地下建筑的建筑性格(如增强入口形态设计、室内设计,景观环境设计、加强城市意象要素的表达等),运用"图式"心理良性循环,建立地下空间的科学认识观①。

3) 促进地下空间利用专业体系的建立

国内地下空间利用在建筑及城市规划领域基本属于盲区,一直以来按照人防工程的设计标准,没有自身的专业设计体系,在建筑设计、城市设计、规划设计、管理政策等方面均处于地方自主摸索开发的阶段。地下空间城市属性的探讨,可以明晰地下空间在城市中的作用,促进我国地下空间利用专业体系的建立。

---

① 由于文化影响的缓慢性,认识观的改变可能是几代人才可能达到的结果。正如现在的日本及部分欧洲城市的地下空间基本被人们所接受,甚至有的人非常喜欢在地下空间进行活动,地下空间已经变成城市空间中必不可少的组成部分。

3 重庆商业中心区地下空间开发利用调查分析

上一章以世界城市地下空间发展为背景，进行了城市属性的探讨，并研究了山地城市地下空间开发的特殊性。以城市发展的视角理论分析地下空间在城市紧凑立体化发展中的重要作用，及山地城市地下空间利用的开发特性。这一章对重庆商业中心区进行实地调查，研究山地城市地下空间开发利用的问题及发展规律。

3.1 适宜发展的地形、地质、水文条件

重庆主城位于长江、嘉陵江交汇地带。其中渝中区为半岛状河间地块，沙坪坝区、江北区、南岸区、九龙坡区、大渡口区等沿两江呈分片集中式布局。各主城中心区分布在四山之间的平坝地区，地形条件复杂。

重庆都市区地势起伏较大，南北两侧均向长江河谷逐渐倾斜。其地貌类型有平坝、台地、丘陵和山地，低山是都市区的主要地貌类型(图 3.1)。主城核心区坐落在中梁山和铜锣山之间的丘陵地带(图 3.2)，长江和嘉陵江由西南和西北向东穿插切割，构成了沟槽峡谷、山峦起伏的地形地貌景观，使重庆市具有独特的“山城”“江城”风貌，具有低山、丘陵、平坝的地貌组合特征。

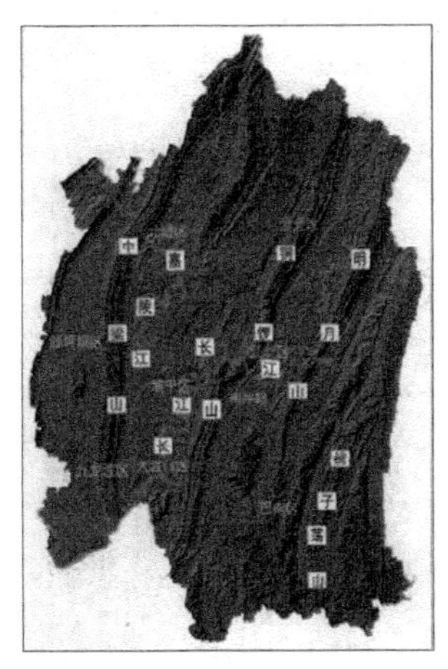

图 3.1 重庆都市区地形模拟示意

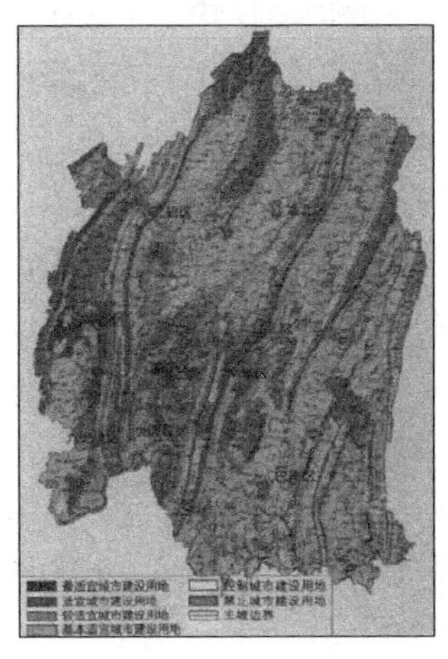

图 3.2 重庆都市区土地适宜性评价示意

来源：何波，刘利，黄文昌，2009. 重庆都市区城市空间发展战略研究[J]. 城市规划，264(11)：83-86

3.1.1 地形条件

由于地形高差，山城地下空间开发较之平原城市有更多优势。出入口设置是地下空间设计中最重要的空间组成之一。平原城市构筑地下空间，出入口一般需要进行深挖：一方面人们使用起来有颇多不便，若设计不合理，还会使人产生反感情绪；另一方面工程和管理费用很高。由于开挖和出滓比较困难及地下空间要求的出入口数量较多，因此平原城市地下空间的出入口造价一般需要占土建总造价的10%左右（徐思淑，1984）；同时还需要增设上下输运和抽排水等设施，这也增加了管理费用。但在山城重庆，由于地势起伏，相对高差大，能比较方便地利用其高低错落的台地、斜坡、陡坎，地下空间的出入口完全可以采用水平通道的方式直接进入，还易于与地面道路、建筑物连接，既节省造价，又方便使用，使人们不知不觉进入地下空间，增加心理上的随意自然感。

3.1.2 地质水文条件

重庆市主城区内分布最广的为较坚硬—软弱的中—厚层状砂、泥岩互层岩组，以砂岩和泥岩为主，两者常呈互层出露，该岩组主要分布在四山之间的丘陵、平坝地区，适合进行地下空间的开发建设（重庆市规划局，2005）。商业中心地带的地表覆盖层主要为第四系人工素填土，下伏侏罗系中统沙溪庙组基岩，局部基岩出露。侏罗系基岩为沉积岩，主要为泥岩、砂质泥岩和砂岩（长石砂岩），含少量呈过渡状态的粉砂岩和钙质岩，岩层为交替状分层沉积，呈现出互层状和局部韵律状。主城区岩层产状一般比较平缓，多在10～20度。由于侏罗系基岩的年代相对较新，受构造运动影响较小，多发育1～3组构造裂隙，裂隙发育程度不明显，多为一般发育或不发育，岩石的完整度普遍较好，异常地质情况很少，适合修建地下建筑。同时，山城地下水贫乏，且水位较深，浅层岩体中通常含水量不丰富，一般为附近地面降水补给，较易排除。所以只要在选址时避开山谷或低洼的地方，并注意减少地表水的渗漏，对地下工程就比较有利。

导致开发地下空间费用较高的原因在于工程中大量的土石方开挖、支护结构、防排水的衬砌等基本造价，重庆的地质地貌条件为利用地下空间节约了大量的基础费用。根据工程实践，在重庆砂岩、泥岩中开凿的洞室，其造价在相同条件下仅为在沿海软土中开凿洞室造价的1/6左右（包括支护费用）。另外，工程中开挖出的岩石，经过适当加工，就可以出售，以抵偿部分工程造价费用。这方面，重庆的一些科研单位也早有研究。开挖出的石滓还有另一种利用方式，就近填筑不可用的河滩地、陡坡地等，这样在进一步扩大城市可用空间的同时，可进一步节省工程费用(徐思淑，1984)。

3.2 地下空间开发历史悠久、经验丰富

3.2.1 下水道的利用及防空洞室的建立

1) 抗日战争前重庆城市的下水道利用

重庆城市地下空间利用的渊源应该追溯到地下水道的利用。重庆城区的排水设施始建于明初洪武年间，历经400余年仅修修补补而未全面进行改造，早已是联络沟通紊乱，“时有淤塞，雨时则溢流街面者有之，积潴成河者有之”。由此可见，重庆地下水道的建设历史悠久，是重庆城市地下空间利用的原始形态(图3.3)。

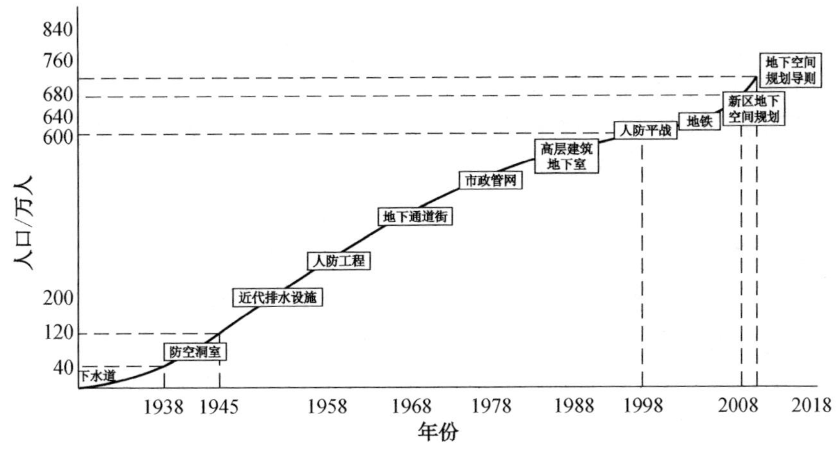

图3.3 重庆地下空间利用情况

来源：自绘

2) 1946年重庆下水道的建设

重庆近代的排水设施修建于1946年，是全国最早建设新型下水道的城市。当时全市市区范围内有沟道40 km，流经104条街巷，有16个主要出口。1946年，《陪都十年建设计划草案》制定完毕，提出将下水道、两江大桥、北区干路列为第一期的三大工程，以修建下水道为改善市民卫生的当务之急，美国顾问毛理尔也向国民政府建议迅速修建重庆市的下水道工程。1946年10月，工程正式开工。下水道工程主干道有20条，总计完成沟道55 km，经过207条街巷，共设计有16个出水孔，城市污水经下水道可分别排往长江和嘉陵江。

3）抗战时期防空洞室的修建

重庆在近代史上与其他内陆城市的巨大不同之处就是曾经作为南京的陪都。1939—1945年，日本侵略者对重庆进行了长达6年之久的大轰炸，为抵御当时严酷的空袭，国民政府在重庆修建了大量的防空洞室，也是重庆最早的一批人防工程。新中国成立以后，重庆人民政府非常重视人防工程，把它作为一项重要的民生项目，在每个区的商业中心区设置了人防工程①。

3.2.2 地下市政设施及高层建筑地下室的发展

1）新中国成立后地下市政设施的建设

新中国成立后，城市供排水设施不断发展，供水管网由数十公里增加到18 429.93 km，污水管网增加至5 044.68 km（其中主干管1 061.3 km），即主城区1 476.68 km，其他区县3 568 km。

2）重庆地下人防工程的平战结合利用

20世纪90年代初，重庆城区人口在200万以上，市中区面积为9.3 km^2，建筑密度高达85%，人口密度5.54万人/km^2，人口密集程度超过了日本东京等世界著名人口密集区。城市人均道路面积仅2.2 m^2，比全国30大中城市的平均值低30%，比世界平均数低80%。市内公共汽（电）车，平均每日运客量约219万人次。城市建设及公共设施不足要求城市必须开发地下空间，结合城市总体规划建设一批平战两用的地下公共服务设施，并充分利用现有人防工程，将人流及车流吸引到地下，成为当时缓解城市用地紧张状况的首要办法。据重庆人防办1988年的统计资料，山城已开发利用人防工程30余万平方米，年产值或营业额近亿元，促进了山城商品经济的发展（李有国，1988）。

3）地下过街道建设及市政管网统一规划的设想

（1）在交通要道建设地下过街道商场

20世纪90年代，重庆在繁华的交通要道口建设了许多地下过街道。地下过街道可以疏散交通，适合当时重庆多雨炎热的天气，且维护费用较低，游客可以在地下街休息漫步及购物，且一般的地下过街道都具有平战结合功能，为城市建设节约了投资。当时的地下过街道商场在城市商业、城市景观方面都具有积极的意义，成为当时适应城市发展的一种重要形态（李有国，1988），从而形成了现在重庆城市中心区诸多地下街道、地下通道的情况。

（2）城区道路下的方格管线网通道

重庆旧城区上下水管网、煤气管网、通信线网等的建设尽量利用已建的人防

---

① 李有国在人防部门电视访谈中的讲话。

工程，还提出统一规划建设综合管线网通道的设想，从根本上逐步改变城市基础设施落后的现状，改变城市管线网安装敷设各自为政，道路反复挖填的现象。

3.2.3 人防工程及地下室作为地下商场

重庆城市化进程加快，商业中心的形成促进了城市聚集发展。城市规划者开始有意识地利用地下空间，将人口密集区（如商业中心区、交通中心区等）的人防工程作为平战结合利用。

1）商业中心的形成促进城市集聚

"九五"时期，城市建设飞速发展，房地产开发投资132亿元，超过历史上任何时期。1997年重庆直辖后，市、区政府为改变重庆的商业面貌，建立解放碑中心购物广场。此后，在解放碑商业中心区的示范和带动下，发展了重庆沙坪坝、观音桥、杨家坪、南坪等其他四个商业中心区，形成了重庆现代商业发展的格局。商业中心区的形成促进了"多中心组团式"格局的发展，且使城市以这五个商业中心为中心区呈聚集发展的状态。

2）高层建筑地下室及人防地下街的利用

城市商业中心区的建立导致车流、人流急剧增加及商业繁荣发展，原有"闲置"的地下室被开发利用起来，用作地下商场、地下超市和地下车库，地下人防平战结合的商业街也得到了发展。

3.2.4 地下空间的初步系统利用

2005年以后，伴随着重庆新城区的建设，重庆市城市规划设计研究院制定了《重庆市主城区地下空间总体规划及重点片区的控制性详细规划》。2015年，江北新城基本建成地下空间达112万m^2，虽然地下空间的规划没有得到有效实施，但是却是重庆地下空间利用规划的一次有益尝试。

1）快速城市化时期地下车行道的利用

2005年开始，重庆主城区地下空间开发随城市建设进入蓬勃发展期，随着交通流量的增加，设计者考虑将城市中心区的交通道路采用地下方式，在道路上面加盖或者将道路改成下穿，运用路面步行街连接道路两侧原有的商业空间，使之变成一片整体区域，增大商业面积、提升商业氛围，增加城市商业中心区的竞争力，如沙坪坝南开下穿道、观音桥下穿道、南坪下穿道、小龙坎下穿道的建设，以及解放碑地下环道的构想（3.3.2节详述）。

2）利用地形进行地下空间规模开发

2008年以后，《重庆市城乡规划地下空间利用规划导则（试行）》标志着重庆地下空间的系统化利用思想基本成熟，地下空间利用开始进入系统规划、与城市地面协调发展的新阶段，但是在实施和规划技术层面还存在很多问题。

随着城市化进程的加快及房地产事业的繁荣，城市中心区的商业面积开始出现供不应求的状况，商业地产价格稳步上升，商业地产的需求导致城市中心区的扩张。根据山城的地形情况，地下空间开发可利用地形高差，对沟壑和凹槽进行“加盖”，创造人造基面及地下空间，如沙坪坝火车站的扩建。

3）串联地下商业空间

2008 年以来，新建的地下空间开始考虑与原有地下空间连通，如 2011 年 3 月开业的沙坪坝地下城，其设计就是与煌华新纪元、沙坪坝电影院以及其他地面建筑相连，同样，佳茂地下商场与华宇广场地下超市也进行了连通。这种连通表现出未来地下商业发展的一种趋势。

总之，主城区地下空间的利用随着都市人口增长和集聚而发展，不断从低级形态向高级形态转变。

3.3 地下商业空间开发初具规模、形态多样

3.3.1 地下商业空间发展的历史

随着城市建设的快速发展，重庆商业市场一片繁荣，地下商业的崛起为繁荣市场等起到了积极的推动作用。在整个发展历程中，地下商业经历了四个阶段，与城市人口聚集、城市建设及经济同步发展，如图 3.4 所示。

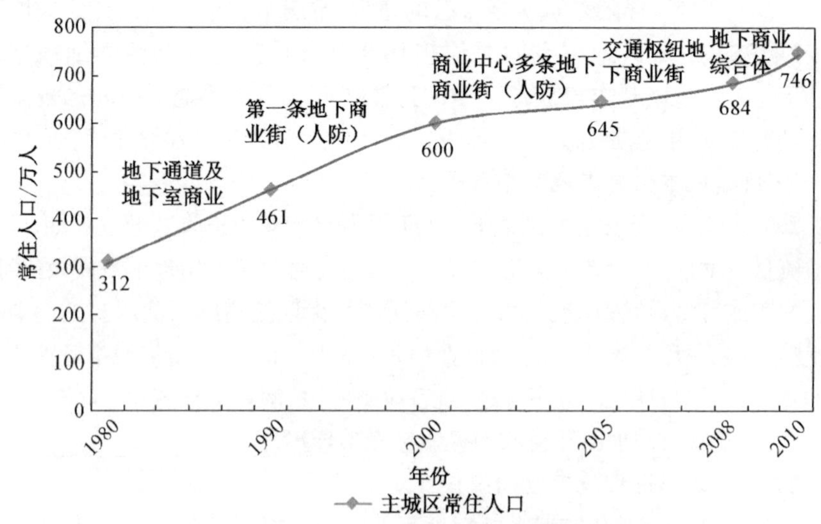

图 3.4　重庆地下空间发展与人口集聚的关系

来源：据资料自绘

1）第一阶段（1980—1990 年）：地下通道及地下室商业

20 世纪 80 年代，最早的地下商业分布于用于方便行人安全行走的地下通道，由零散的自由个体经营自然形成地摊式经营。地下通道商业是地下商业最初级的商业形态，档次低、随机性大、灵活性高，具有很强的适应性，至今仍然是地下商业利用的一种典型形态。另外，商业中心高层建筑地下室也投入商业化的使用。

2）第二阶段（1990—2000 年）：第一条地下商业街的形成

20 世纪 90 年代，随着人防工程的改造建设，出现了第一个统一规划、统一经营管理，且较为集中的地下商业街——杨家坪地下商业街。同时，北京、上海、南京也有许多地下人防用于地下商业街，这是那个时代地下空间利用的主要特征。重庆在这个时期的发展中充分利用了地下人防的平战功能，在五大商业中心区中将地下人防工程用于商业。建成后的商业街改变了以往地下脏、乱、差的购物环境，但经营业态均为档次较低的商品，成为低端消费场所。

3）第三阶段（2000—2005 年）：人防工程作为地下商业空间

随着重庆各商业中心区的建立，商业中心的发展及城市人口的集聚，导致对商业空间需求的扩大，商业中心区内多条人防工程作为平战结合利用，成为商业中心区的补充，如南坪西路地下街及观音桥佳侬地下街（图 3.5、图 3.6）。

图 3.5　南坪西路地下街
来源：自摄

图 3.6　观音桥佳侬地下街
来源：自摄

2000—2002 年，南岸区、九龙坡区、沙坪坝区在大力发展城市基础设施建设的同时开始重视地下空间的利用。仅两年间有 4 个地下商业出现，其中就有当时堪称西南片区最大的地下商城——三峡地下购物广场。这个时期是地下商业的快速发展期，地下商业开发量急剧升高，但是在购物环境、经营业态上却没有太大的突破。

2004 年至今，随着城市开发建设步伐的加快，重庆房地产市场繁荣，地下商业也进一步发展，涌现了 7 个地下空间开发项目，其中最具代表性的是总建筑面积 4.5 万 m^2 的“金源不夜城”。在地下商业量不断扩张，新项目品质不断提升的市场环境下，地下商业经营市场出现了优胜劣汰的局面。这个时期地下商业的购物环境、经营业态等方面有了质的突破，引进了时尚、个性品牌商品，且增加了丰富的经营业态，除了满足人们的购物需求，还融入了观光、体验、休闲、娱乐等元素。

4）第四阶段（2005 年至今）：轨道交通的利用促进地下商业的发展

2005 年，重庆第一条轨道交通二号线开通，开始出现了站点地下空间的开发，如临江门轻轨站、较场口站。2006 年上半年，主城区地下商业达到 19 个，总面积逾 20 余万平方米，地下商业迎来了鼎盛时期。随着地下轨道交通开发的利用，出现了多个交通站点的地下交通利用设计，以及将新的高层建筑地下室与地铁站的地下空间相连。地下空间利用呈现出综合化、连通化、集约化的特点，如日月光广场（图 3.7）。

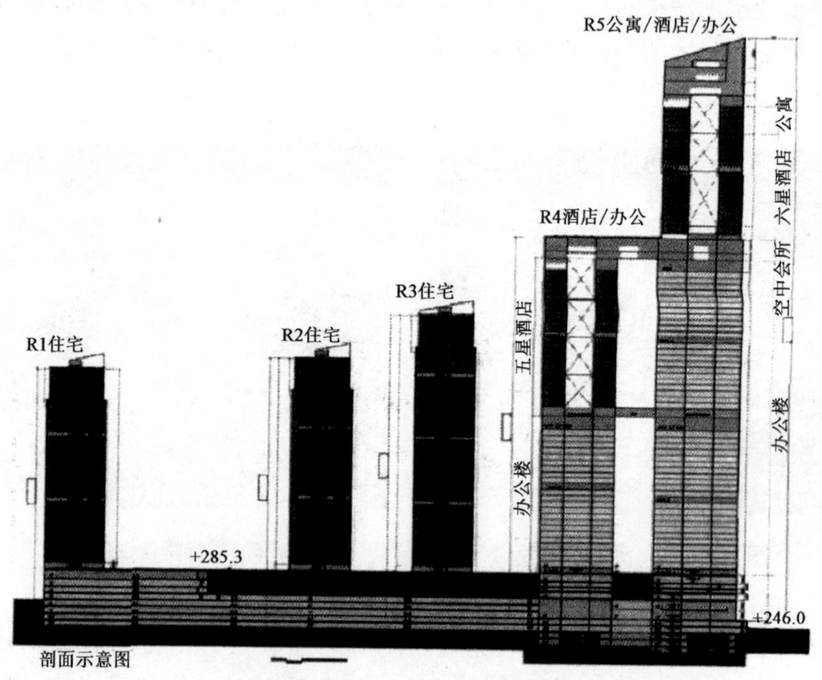

图 3.7　解放碑日月光中心剖面及立面

来源：张陆润，2012. 重庆市日月光中心广场设计[J]. 重庆建筑(6)：10-13

3.3.2 地下商业空间来源及特点

1) 人防平战结合地下街

这是商业中心区地下空间最普遍的形式，几乎每个商圈都有人防平战利用的地下街，如三峡广场地下城、沙坪坝人防地下城、观音桥佳侬地下街、南坪地下街等(3.3.3 节详述)。

2) 交通枢纽地下空间开发

(1) 轨道站点开发

重庆日月光中心广场项目位于重庆市渝中区解放碑 CBD 地区，是渝中半岛城市设计中“民生城市之冠”所在地，地理位置显要。项目地块面积 3.6 万 m^2，地块东西向长约 320 m，南北向最大宽度约 170 m，地块最大高差约 18 m。总建筑面积 72 万 m^2，由 5 栋呈螺旋形上升的超高层建筑组成，包括两栋 5 星级 5A 级写字楼，三栋中央豪宅和大型的时尚购物中心。裙房地上 7 层，地下 2 层(局部 5 层)，高 33.3 m。负二层与轨道站点相连，人流可以通过电梯直接进入日月光中心。利用地块周边道路处于不同标高的特点，在不同的楼层设计“主出入口”，配合不同交通系统的进出口及上下客区，结构性形成“立体化交通”设计，不但促进人流在室内空间穿梭，而且成为城市公共活动路径的一部分。项目四周设多个人流出入口，贯通周边道路，为行人提供快捷的出入口(张陆润，2012)。

(2) 交通枢纽与地下商业的结合建设

随着相关规划的实施，南坪地区将形成“两纵＋两环、过境交通下穿道”的路网结构，道路网络结构得到显著完善(图 3.8)。南坪中心交通枢纽工程实施下穿道和南坪商业中心区环道的改造，实现“过境交通下穿道”，过境交通与南坪内部交通混杂的局面得到彻底改观(图 3.9)。结合商业中心区环道的改造和国际会展中心二期工程的实施，在南坪中心区形成商业中心区环道和会展环道两个环行道路交通，两者有机结合。一方面，改造南坪转盘和农机路口等节点，使节点交通拥堵得以有效缓解；另一方面，增设配套人行设施使人车争道的矛盾得以解决。

另外，南坪交通枢纽工程形成地面步行街、负一层地下街、负二层轨道站点、负三层地下车道。地下街的形成为南坪商业中心区形成巨大的商业休闲空间，负一层地下街与南坪西路地下街及南坪老商业街地下街相连通，形成商业通路，使南坪地下街全部串联起来，显著提高了南坪地下街的商业性(图 3.10、图 3.11)。

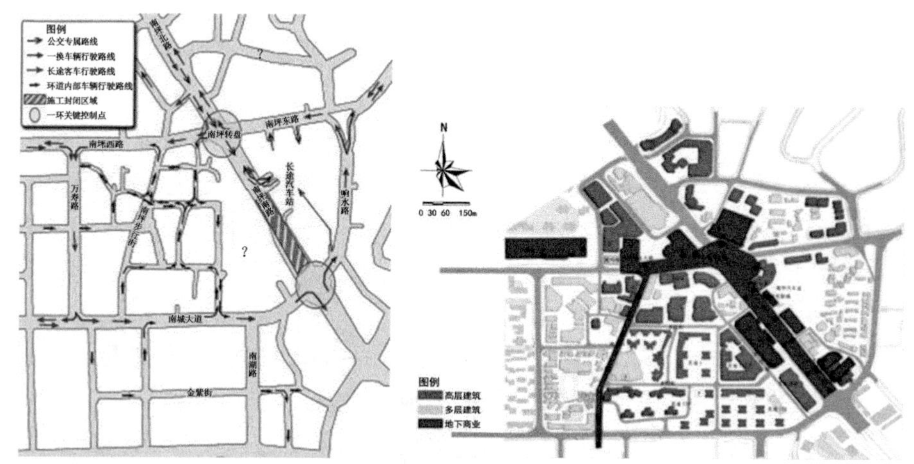

图 3.8　南坪交通枢纽改造前(左)后(右)示意图

来源:自绘

图 3.9　南坪交通枢纽改造前鸟瞰

来源:互联网

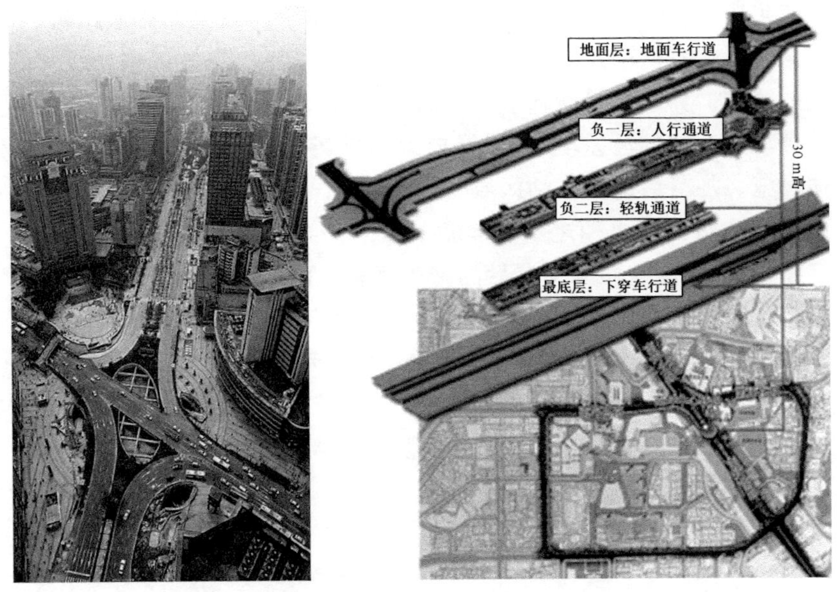

图 3.10　南坪交通枢纽改造鸟瞰及站内结构图

来源：互联网

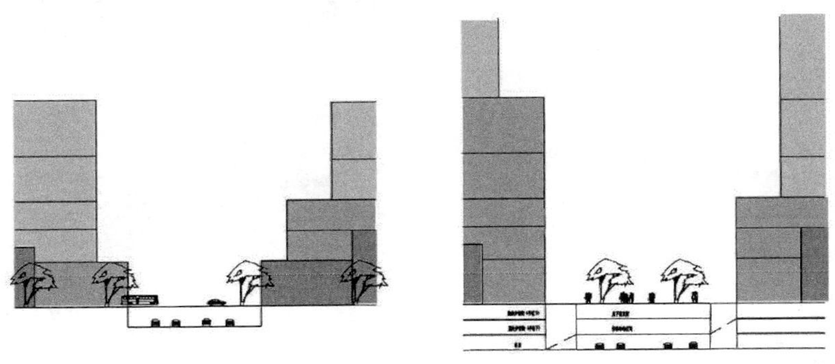

图 3.11　南坪交通枢纽改造前后剖面变化

来源：自绘

(3) 沙坪坝火车站地下空间开发

长期以来，商业中心区的扩张方式都是以建设高层建筑向高空扩张，以及地理区域的平面扩张。由第一章的数据分析可知，目前各商业中心已建用地比例均在 80%左右，发展基本饱和，因此，水平面的扩张是重庆未来城市中心区扩张的主要方式。在此过程中，伴随着在垂直方向上的向上及向下扩张。城市中心区的扩张过程是将沟壑和凹槽加盖而形成新的城市商业区，如沙坪坝火车站加盖工程。三峡广场商业中心区仅有0.23 km^2，面积还不足江北观音桥商业中心区的 1/4，正是由于位于广场南部的铁路阻挡，使商业中心区失去向南扩张的可能性，制约了商业中心区的提档升级和商业形态的改善。为了满足沙坪坝区的商业需求，沙坪坝火车站的改建方案是将沙坪坝火车站的高差填平，以形成地面广场、地下高铁站的三层地下综合体设施。加盖后的火车站区域变为三层——火车铁路降到负一层，现在的站东路和站西路也随之下沉至负一层，公交车及私家车将全部实现地下。此外，停车场也将与下沉后的站东路和站西部打通，增加新的停车场，解决三峡广场商业中心区停车难的问题。下沉后的站东路和站西路上方，成为商业中心区向南部扩展的一部分；而在负二层，是轨道交通九号线。相关部门介绍，沙坪坝火车站加盖后，三峡广场商业中心区面积将拓展 4 倍，达到 1 km^2，带动整个三峡广场形成囊括周边面积为 6 km^2 的“泛三峡广场商业中心区”。

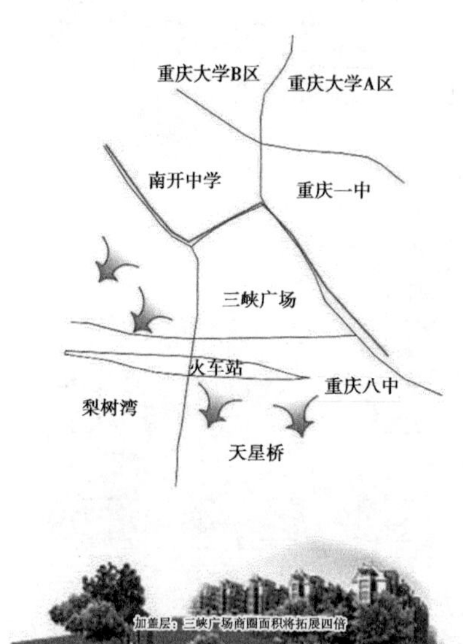

沙坪坝火车站总平面

沙坪坝火车站综合体总平面

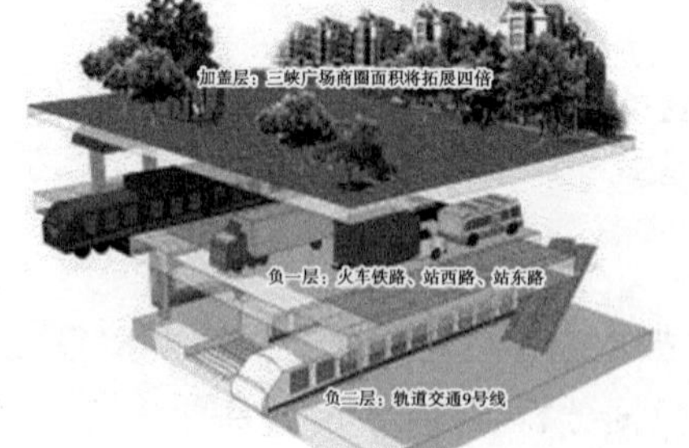

沙坪坝火车站设计鸟瞰效果图

图 3.12　沙坪坝改造工程示意图

来源：自绘

沙坪坝铁路枢纽综合枢纽工程位于重庆市沙坪坝中心区，车站位于上盖平台，上盖结构以上结合周边城市布置不同功能城市组团，包括：车站、城市广场、大空间商业空间，商业、商务、酒店和住宅等构成的高层建筑群。地上总开发规模约50万平方米。平台以下地下空间综合利用部分为8层，分别布置铁路进出站交通层、换乘厅和出站通道以及城市开发停车库等，建立立体换乘体系。城市综合体的布局拓展了空间容量，“从下到上”层叠式、立体化的设计创造出了不同层面的城市公共空间。

3）广场地下空间

随着城市建设的发展及对城市绿地的需求，重庆近年来开始大量修建城市广场。2012年前，重庆主城区将建设27个城市广场，每个面积至少在1万m^2。届时主城区广场将达46个，如若广场下面设置停车场及商场，则会极大地丰富地下空间的利用形式。如江北嘴聚贤岩景观广场下设置了近200个停车位，成为江北嘴的重要公共停车空间，以满足未来江北嘴中央商务区的停车需求（图3.13）。

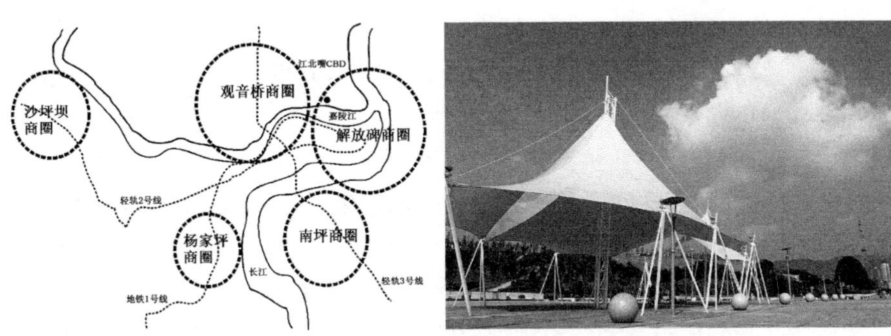

图3.13　江北嘴CBD聚贤岩广场区位（左）及现状（右）

来源：自绘（左）自摄（右）

世纪金源投资集团利用嘉陵公园地下空间建设面积5万m^2的中国西部最大地下特色商业街，不夜城首创园林景观与拉斯维加斯建筑风格的完美融合，是目前重庆市规模最大，融娱乐与餐饮为一体的地下不夜城（图3.14）。

4）商业综合体地下空间开发

南坪地下空间开发的又一特点是商业综合体地下空间的大规模开发，如百盛、万达广场、上海城等地下室均为4层左右，作为大型商场、超市及地下停车库，极大地扩展了地下空间的利用，但是在连通性上却处于各自为政的局面。这种局面的产生，一方面是由于管理的原因，另一

图 3.14　世纪金源不夜城内景(左)及外景(右)

来源:自摄

方面是由于目前人防地下街的档次较低无法与这种大型地下商场相连接。因此,对原有人防地下街进行空间改造对重庆地下空间的网络化具有重要意义。

5) 交通设施下的地下空间利用

杨公桥立交是重庆最复杂的立体交通之一,其发展是出于提高城市速度与增加城市容量的双向原因。它是沙坪坝的重要门户,连接着三峡广场商业中心、主要高校和西永工业区。立交区域由地下通道与桥下空间两种空间形态组成,桥下空间利用率较低,废弃面积达到 8 000 m^2,多为块状空间,占地面积较大,活动人数的比例只占总数的 25%,而活动形式也仅限于零星游商和不定时的棋牌娱乐,对于小商贩有一定的吸引力(表 3.1)。但是高架桥所带来的压迫感和噪声污染导致桥下空间可介入性差,利用率不足,自发改造性强,安全性缺失,夜晚犯罪事件高发(图 3.15)。

表 3.1　杨公桥立交桥下空间现存活动统计表

活动	出现时段	人群	出现位置及人数比例
通道内小商铺	9:00—21:00	附近居民	占两个地下通道;50%
通道内书店	9:00—18:00	附近居民	占一个地下通道;25%
桥下游商	9:00 以后 (不定时收摊)	附近菜农、 居民等不详	集中出现在广场,零星出现在废弃绿化带;20%
棋牌娱乐	一般在午后	周边从业人员	废弃绿化带;5%
自发性活动 (熏腊肉)	白天(仅 12 月)	附近居民	桥下锐角空间

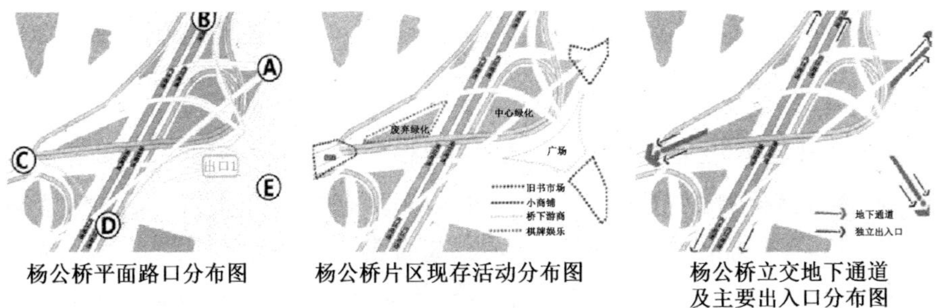

杨公桥平面路口分布图　　杨公桥片区现存活动分布图　　杨公桥立交地下通道及主要出入口分布图

图 3.15　杨公桥立交入口分布及活动情况

来源：叶茜，王聪，张惟杰，2010."三环"策略下的杨公桥立交步行空间概念性改造——城市车行高速化背景中的人本思考与设计对策[J].中外建筑(10)：109-112

重庆轻轨道及其他交通设施的空间利用是由于地形高差引起的一种极为特殊的形式(图 3.16)。这种形式的来源，主要是因为构筑物下的地下空间可以提供低廉的使用价值，用作住宅及临售商业，目前重庆已考虑在高架桥下建公共停车场。

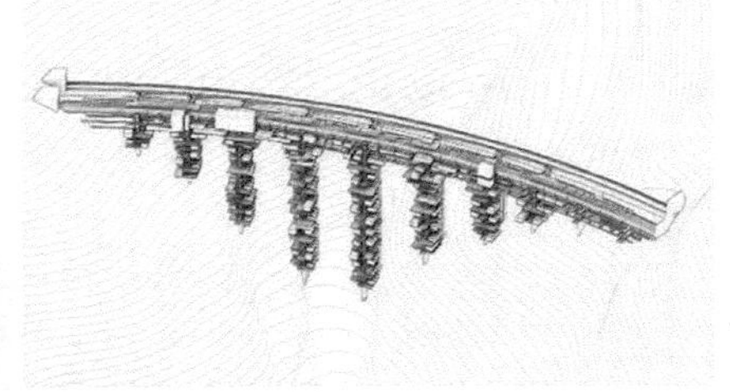

图 3.16　重庆地区交通道路下部空间的使用现状(左)及国外桥下利用设计构想(右)

来源：自摄(左)、网络(右)

交通设施下地下空间的利用是山地城市地形高差的存在及重庆经济发展状况共同作用的结果，地下空间的形态各有千秋，铸就了山地城市利用空间的诸多方式。笔者建议政府可以积极利用这些非正常使用的空间、半地下空间，运用公私共同投资管理的方式，改造轨道、高架桥下部空间及废弃的人防洞室等，将其作为地下公共车库或者用于商用、居住等。一方面可以解决低收入人群的居住问题，另一方面也可以对他们的居住环境进行卫生及安全的保障，促进社会公平、和谐发展。

3.3.3　地下商业空间类型及特点

目前重庆地下街主要是由人防工程改建。地下街建设年代的早晚及室内设计手法的不同，导致地下空间的品质区别较大。地下街的层高一般约 5 m，但被加以运用的只有 3 m 左右高的空间，以上部分作为设施空间。地下街按照形态的不同,可以做以下的划分:独立式地下街、通道式地下街、通道连接式地下街、混合式地下街、地下商场五种。

1) 独立式地下街

独立式地下街,是具有单独经营场所,独立经营管理,不受其他商业空间影响的独立地下街。独立式地下街的特点是具有统一的营业时间,有独立对外出入口,有准确的界面(边界),不与其他商业空间连通,如三峡广场钻酷地下商城、金鹰女人街等传统人防工程改建的地下街。独立式地下街的优点是可独立经营管理,在管理上比较方便,在安全上有保障;缺点是连通性不够,管理和流通上容易形成封闭的形态,不利于商业业态的发展,商业业态的改变只能通过整个市场进行调节,而不能够通过受其他商业的影响而发展。如三峡广场地下街、金鹰女人街自对外经营以来一直就是出售低端的衣物及饰品,基本没有改变;而嘉茂地下商场,由于其地下与塔楼部分相连,商业业态随塔楼部分商业的变化而变化,更新发展较快。

2) 通道式地下街

通道式地下街是指设置在人行通道的地下商业空间,营业时间比较随意。利用通过地下通道的人流产生商业价值,商业业态比较低下,大部分属于人防设施,如连接干道两侧的过街人行通道(图 3.17)。

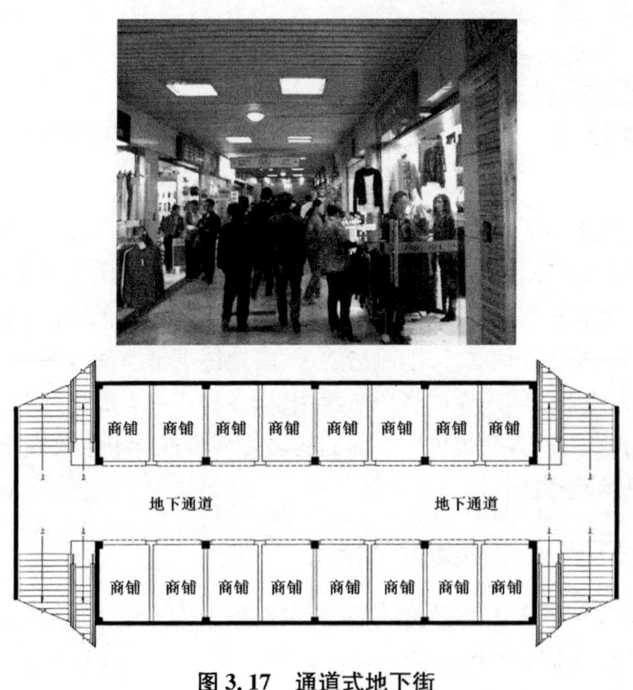

图 3.17 通道式地下街

来源:自摄(上),自绘(下)

3）通道连接式地下街

通道连接式地下街(图 3.18)，是指地下通道与其他地下街相连的一种商业形态。地下通道是人们必须经过的一个功能空间，将地下街与地下通道相连接可以借通过地下通道的人流而活跃地下街的商业氛围。但是这种地下街因其不具有商业的确定性，商业运营情况常常不尽人意。

4）混合式地下街

混合式地下街是通道与地下街相混合的方式，地下街与地下通道平面相交，利用通道的人群，将人群引入地下街(图 3.19)。

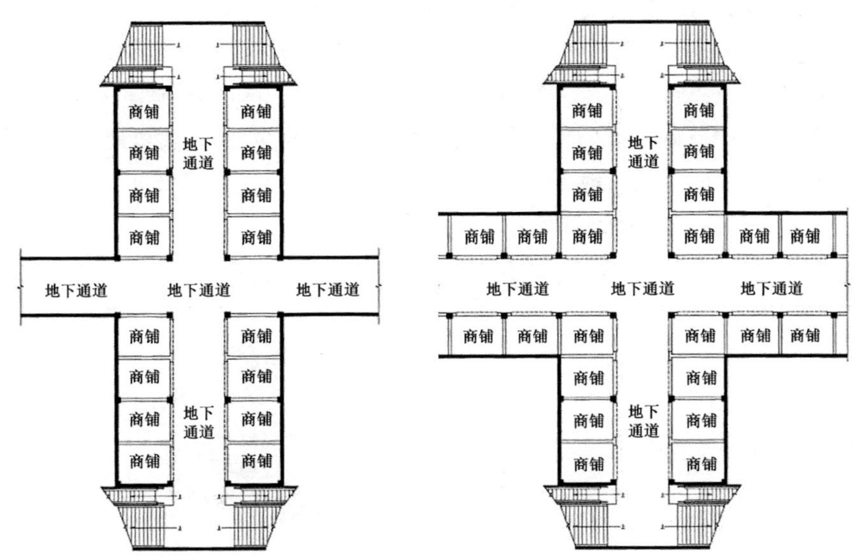

图 3.18　通道连接式地下街
来源：自绘

图 3.19　混合式地下街
来源：自绘

5）地下商场

重庆地下商场(超市)主要分布在高层建筑的地下室或广场地下，分为独立式地下商场和联通式地下商场两种。独立式地下商场是独立对外营业的地下商场，如王府井地下商场(超市)，与高层建筑上部功能空间相协调。联通式地下商场是地下商场与其他地下空间相连通，将两个以上地下商场进行连接和利用的一种形式，如永辉超市与嘉茂地下商场的连通。

3.3.4 地下商业空间形态及特点

1) 地下商业空间分布及入口形式①

(1) 地下商场的分布及入口形式

主城区四个商业中心区地下商场呈散点式分布，彼此之间几乎没有联系。地下商场主要分布在负一层，其入口方式有两种：①从商场入口层进入，而后到达负一层地下商场；②入口直接设在地面步行街及广场上，顾客通过自动扶梯直接进入地下商场。

(2) 地下街的分布及入口形式

地下街一般分布于地面步行街或地面车道对应的地下部分，地下步行街的空间形态与地面空间形态基本对应，如三峡广场地下城商业街(表 3.2A)、解放碑临江门地下街(表 3.2B)、南坪西路、江南大道地下商业街(表 3.2C)、观音桥佳侬地下商业街(表 3.2D)。入口分布于地面步行街，人们可以方便进入，地下街与周边建筑几乎无联系。

表 3.2　各商业中心地下商业分布及入口分布

A. 三峡广场地下商业分布：主要为三峡广场地下城及沙坪坝人民防空地下城。其余部分为华宇广场地下商业部门及丽苑移动商城，以及分散的高层建筑地下负一层	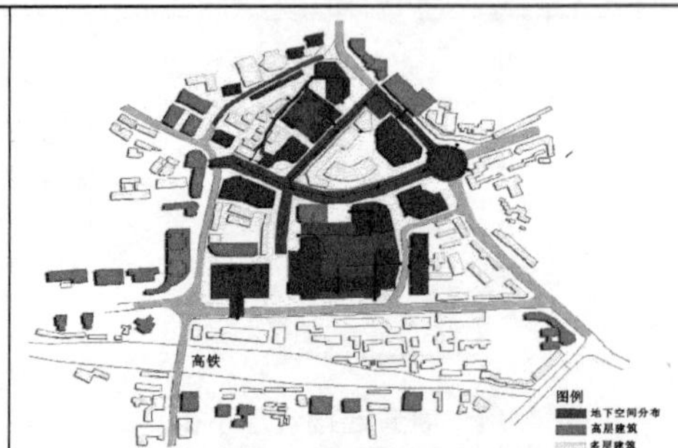 A. 三峡广场地下商业及入口分布
B. 解放碑地下商业分布：轻轨名店城商业街、较场口日月光广场、得意世界地下娱乐城及部分建筑地下负一层	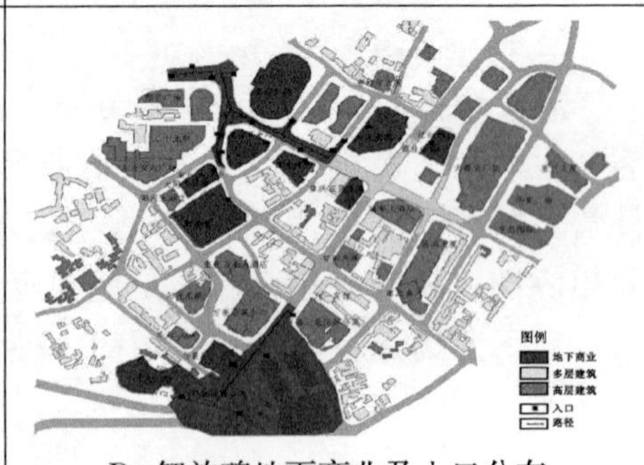 B. 解放碑地下商业及入口分布

① 由于杨家坪地下商业量较少(4.5 万 m^2)，在此不对杨家坪地下商业空间做形态分析。

(续表)

C. 南坪地下商业分布:南坪老步行街地下街、南坪西路地下街、江南大道南坪交通枢纽商业街、万达广场室内步行街及部分建筑地下负一层	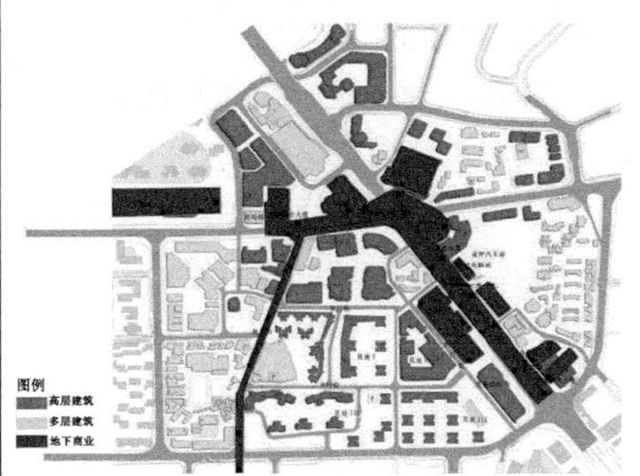 C. 南坪地下商业及入口分布
D. 观音桥地下商业分布:金观音地下街、金源不夜城、佳侬地下街、地下通道商业及部分建筑地下负一层	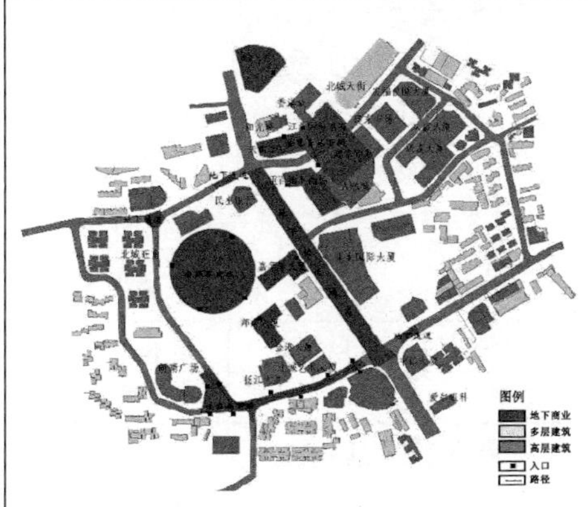 D. 观音桥地下商业及入口分布

来源:自绘、自制

2) 地下商业空间的连接性

(1) 景观连接度概念移植

由商业中心区发展的特性可知,流通性是商业中心区发展的主要影响因素,因此地下商业的连通性最终影响地下商业的发展。连接度一词来源于生态学领域的"景观连接度"一词。景观连接度(Landscape Connectivity)是对景观空间结构单元相互之间连续性的度量。景观连接度包括结构连接度(Structural Connectivity)和功能连接度(Functional Connectivity)。结构连接度是指景观在空间结构特征上表现出来的连续性。它主要受需要研究的特定景观要素的空间分布特征和空间关系的控制,可通过对景观要素图进行拓扑分析加以确定。功能连接度比结构连接度要复杂得多,它是指以景观要素的生态过程和功能关系为主要特征和指标反映的景观连续性。也有人将景观结构连接度称作景观连通性(Landscape Connectedness),而用景观连接度专指景观功能连接度,并严格区分了两者的概念和属性。景观连接度对研究尺度和研究对象的特征尺度有很强的依赖性,不同尺度上景观空间结构特征、生态学过程和功能都有所不同,景观连接度的差别也很大,同时,结构连接度和功能连接度之间有着密切的联系(陈利顶、傅伯杰,1996)。

(2) 地下空间的连接度与商业效率的关联性

根据景观连接度概念,笔者在此将地下空间连接度定义为相连接的地下商业与总体地下商业的比值。地下空间的连接度与景观连接度同样具有研究意义,可以表征连接度对地下商业发展的作用。笔者将连接度一词用于地下空间商业的分析中,将地下空间连接度定义为:两个或两个以上不同商业地下空间连接,相连接的地下商业空间面积与整体地下商业空间面积的比值。

连接度=相连接的地下商业空间面积/整体地下商业空间面积

当然就结构连接度而言,连接的方式对最终连接的效果也具有很大的影响。但是由于研究过于细微,笔者的研究中不能对因连接形式而导致的地下空间连接度的效果进行详细的解释与分析,而仅从数量上进行分析。通过对各商业中心区地下商业面积的分析可以得到如下数据(表 3.3):

表 3.3 各商业中心地下商业连接度

	三峡广场	南坪	观音桥	解放碑	杨家坪
连接度	23%	74%	6%	58%	3%

来源:据调研数据自制

如表 3.3 所示,南坪商业中心区的连接度最高达到 74%,由于其建设起步较晚,并依托轻轨建设的契机,地下空间的开发借鉴了发达城市的经验,在建设伊始就对地下空间的连接进行了控制,因此连接度较高。解放碑商业中心区的地下室商业较少,站点地下商业所占比例较大,由于轨道经济的巨大吸引作用,许多地下商场都与轨道站点建立了联系,因此连接度高达 58%。三峡广场商业中心区的地下室商业占商业整体份额最大,地下室呈散点式分布,早期(2009 年以前)建立的地下街与地下室几乎没有连接,2009 年新开业的沙坪坝地下城考虑与地下室的连接,取得了较好的连通效果,整体连接度达 23%。根据商业的流通性,商业中心区连接度越高,地下空间的商业效果越好,提高地下商业的连通性对各区域地下空间开发利用具有重要意义。地下商业连接度还具有更深的研究价值,地下商业的连接度与景观的连接度一样具有复杂特性,是笔者未来研究的课题之一。

3) 地下商业空间环境

(1) 室内装修风格简陋

地下建筑的内部界面装修风格设计是营造地下空间环境的重要方面,

但是目前地下街的内部界面装饰设计水平低下，或无装饰，地下商业环境极为拥挤混乱。

(2) 地下街的指示性系统匮乏

重庆主城区人防地下街长度一般在 300～500 m(表 3.4)，有的地下街长度甚至达到 1 km(如南坪三条地下步行街相连)。如此长度的地下封闭空间，顾客一旦进入，如果指示系统匮乏，加之地下街内部装饰界面的杂乱(图 3.20至图 3.22)，人们很容易因此而迷路，这一点结论可以由对各商业中心区的调查问卷得到①。

图 3.20　南坪地下街指示系统

来源：自摄

图 3.21　三峡广场地下街指示系统

来源：自摄

---

① 详见附录《重庆商业中心区地下空间调查问卷》。

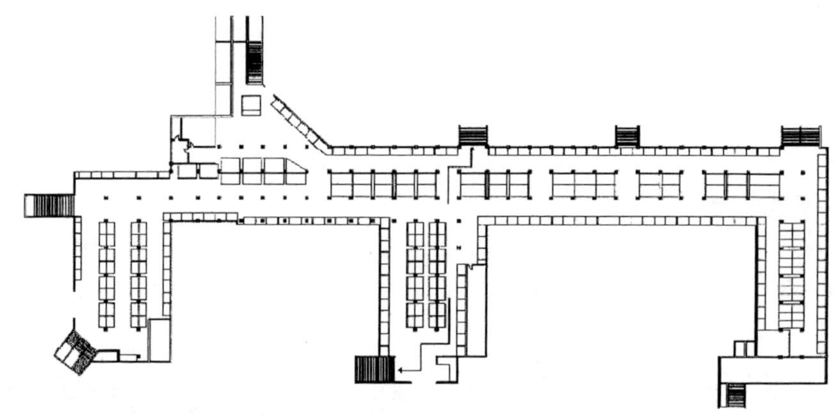

图 3.22　南坪地下街平面示意图

来源：自摄

表 3.4　重庆主城区各地下商业街长度

	三峡广场地下街	南坪地下街	杨家坪地下街	观音桥佳侬地下街
长度	约 600 m	约 1 000 m	约 150 m	约 300 m

来源：自制

4）地下商业空间的三种物业形态

商业中心区主要商业形态为独立人防工程的平战结合利用、高层建筑地下室及地铁站点地下商业街三种形态。具体特点如表 3.5 所示。

表 3.5　地下商业空间的商业形态

物业形态	特　征
独立人防	由独立的人防工程改建，其经营管理均由人防部门独立承担，不与任何其他商业形态的地下空间结建
高层建筑地下室	高层建筑地下室的商业空间，与地面建筑同属于一个公司管理，而且与上部的商业有一定的联系，其中部分可能仍然是人防工程
地铁站点的地下商业	在地铁站台层或地铁步道建立地下商业，这种形态是国外发达国家利用地下空间的主要方式，但是在重庆由于权属分割问题，地铁商业未得到充分的发展

来源：自制

5）地下商业空间的档次

自 1997 年直辖开始，重庆城市急速发展。由于重庆市城市发展历时短，发展速度快，人口城镇化高于城市建设城镇化，城市基础设施落后，城市发展严重不平衡，地下空间利用档次多元。为便于研究，在此将其分为高档、高中档、中档、中低档、低档、极低档六个层次（表 3.6）。

表 3.6　重庆各商业中心区地下空间档次及特征

<table>
<tr><th>档次</th><th>特　征</th></tr>
<tr><td>高档</td><td>高档地下空间主要指商业综合体地下空间，是 2005 年后开发起来的业态空间类型，形态丰富，运用了现代建筑设计手法处理山地城市地形高差，使建筑与地形相契合，如万达广场半地下步行街

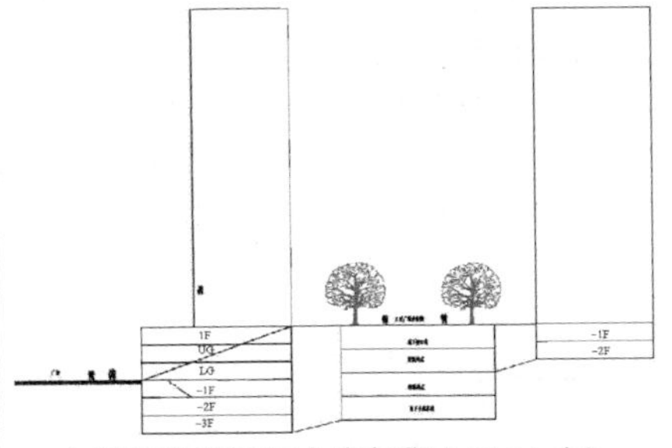
南坪万达广场室内步行街入口(上左)
鸟瞰(上右)剖面(下)
来源：自摄(上左)自绘(上右、下)</td></tr>
<tr><td>高中档</td><td>高中档地下空间主要是指开发商运用一定经营模式打造的地下商业形态，如观音桥金源不夜城及观音桥大融城地下娱乐城，这种地下空间引入了一定商业主题，且定位明确，室内装修风格突出主题，营造了场所感</td></tr>
<tr><td>中档</td><td>中档地下空间主要是 2005 年后由人防工程改建的地下街或者高层建筑的地下室。此种地下空间位于高层商业建筑的地下负一层，由步行街入口直接进入，或者由临街层通过入口门厅进入。典型的例子如金鹰女人街、三峡广场嘉茂地下商场、家乐福地下商场等
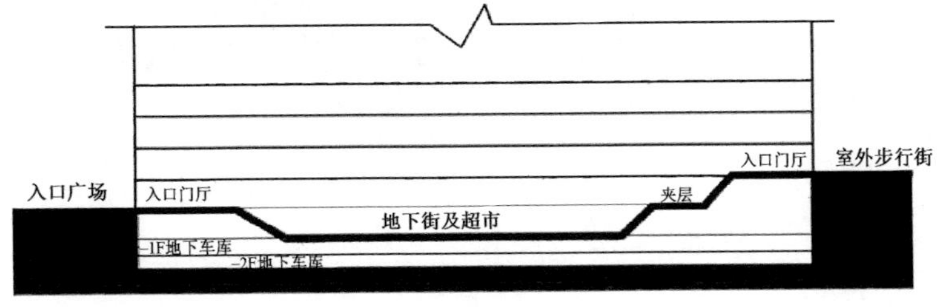

家乐福商场剖面示意图
来源：自绘</td></tr>
</table>

（续表）

档次	特　　征
中低档	中低档地下空间是指 2005 年以前原有的地下人防工程改建的地下人防商业街，其内部装修较差或无装修，地下街的界面由商品本身构成。地下街的剖面形态 $L:D=1:1$，或 $L:D=1:2$，内部灯光昏暗，环境压抑，如三峡广场钻酷地下商场剖面 约1.5m　设备　轻质顶棚及隔断 约3m　商铺　步行街　商铺　商铺　步行街　商铺 $L:D=1:1$　$L:D=2:1$ 钻酷地下街剖面示意图 来源：自绘
低档	低档地下空间包括大部分的地下通道，该类地下空间本身只具有交通功能，由于人群通过引发商业功能的发生。重庆很多地下通道具有固定商业形态或者临时商业形态。这种商业形态规模较小，且具有不稳定因素，商品种类主要集中在日用杂货、箱包、饰品、简单服饰等几种单一的类型
极低档	极低档地下空间是指在交通设施如立交桥或者轻轨道下的地下空间，以及废旧的地下通道等。由于城市化速度过快，常住人口构成复杂，这类地下空间成为低收入人群的消费、工作或者居住的场所。其利用缺乏规范管理，卫生、安全等得不到保证，影响城市风貌，需要进行统一整治  观音桥道路下地下空间的使用 来源：自摄

来源：自制

根据目前存在的六个档次的地下空间，可知目前重庆市场对地下空间的不同需求，这具有三个方面的启示：第一，以政府为主导对极低档地下空间利用进行整治，以使其满足基本的卫生及安全需求，为低收入人群提供消费及娱乐的场所。第二，低档地下通道部分应加强对流动商业的管理，流动商业将引起商业中心区人群的滞留，影响城市流通性及城市景观。第三，通过管理及整治，将地下商业档次提升为高档、中档两个层次，减少公共空间环境的等级差异，维护社会资源公平共享。

3.4　地下交通空间设施不足、联通度差

3.4.1　地下环道

解放碑地下快速路方案是希望将整个解放碑的交通放入地下，以减少进入解放碑商业中心区的车流，为人们提供一个通畅且舒适的全步行空间(图 3.23)。地下交通与地面交通采取有限连接的方式，经环道进入解放碑地区长久停留的车辆可快捷进入各地下停车库，缓解地面交通压力；地下环道与各大型地下车库的连接方便，可有效缩短驾驶员寻找停车库的时间；经地下环道进入解放碑地区短暂停留的车辆，上下环道并驶离解放碑地区；“环道方案”与“重庆两江隧道工程”连接便利，平纵线型指标高；根据对停车位的需求，新建地下停车库，促进交通可持续发展。

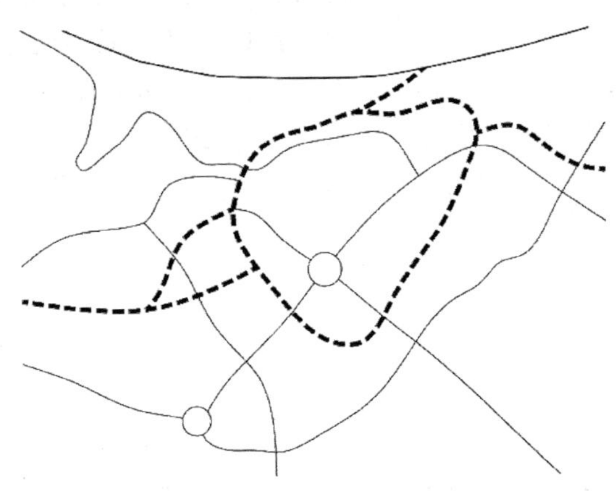

图 3.23　解放碑地下环道方案示意图

来源：改绘

3.4.2　地下车道

1) 沙坪坝南开步行街下穿道

2005 年，三角碑转盘以北的小龙坎新街虽为双向四车道，其路宽却仅为

14 m。小龙坎新街作为连接重庆大学到古镇磁器口的城市次干道，随着近几年来该区域的迅速发展，道路两侧早已布满了各种大型商场、酒店、银行，人流和车流量逐渐加大，道路已远远无法满足发展的需要，同时也成为制约三角碑地区交通的瓶颈。南开步行街地下通道的建立，大大缓解了核心地区的拥堵现象，为该片区带来了新的商业价值(图 3.24)。

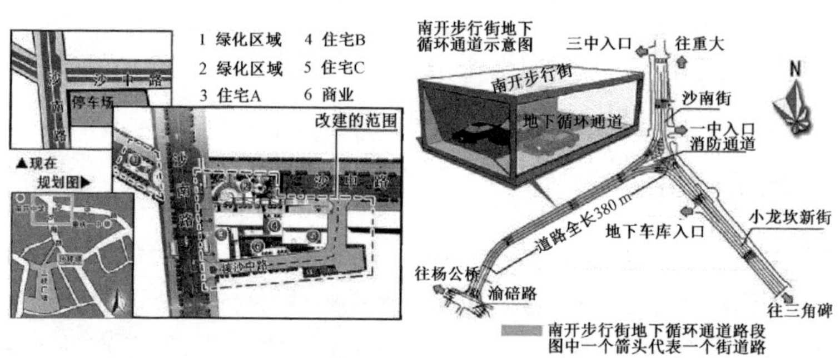

图 3.24　三峡广场南开步行街地下通道

来源:新浪新闻

2) 观音桥下穿道

江北观音桥于 2004 年 12 月建成长 2.11 km、宽四车道的观音桥商业中心区环道和长 760 m、设计车速达城市快速路标准的建新北路下穿道，构成观音桥地区独特的“地下直行＋地面环行”的交通格局。这种交通格局既提高了观音桥地区的车辆通行能力，又消除了原建新北路将观音桥地区劈为两半对该地区商业发展产生的不利影响。地面步行街将原来的两部分商业地块连接在一起，步行商业街为观音桥商业中心区提供了步行休闲空间，极大提升了商业活力(图 3.25)。

a. 观音桥商业中心区改造前状态

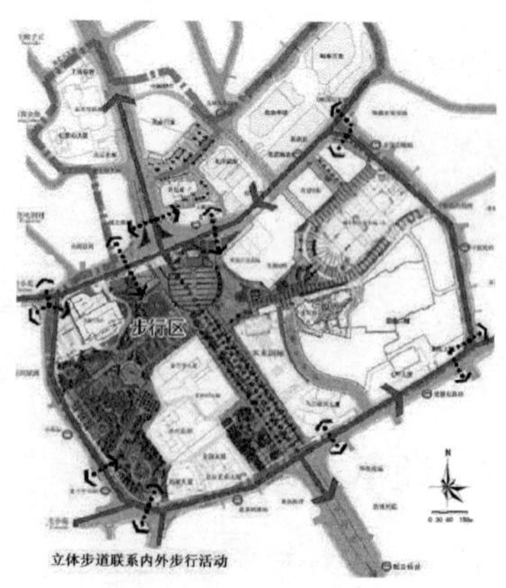

b. 观音桥商业中心区改造后状态

c. 观音桥商业中心区改造后实景图

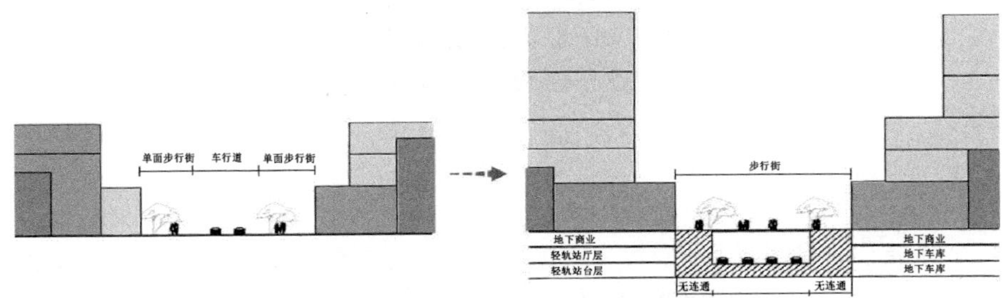

d. 观音桥商业中心区发展演变剖面图

图 3.25　观音桥地下通道开发示意图

来源：a、b 来源于李明燕(2010)，c 为自摄，d 为自绘

3) 沙坪坝小龙坎下穿道

小龙坎片区汇聚了三个方向的车流：从石碾盘到石小路、从沙坪坝到石小路、从沙坪坝到石碾盘，导致该地区长期拥堵。丁字形下穿道建好后，这三个方向的车流互不交会，都在地下运行，地面为广场步行街及绿化工程，将小龙坎广场和八中后门片区相连通，加之沙坪坝高铁站的建立最终连通三峡广场，形成整片步行区域。小龙坎广场地下一部分是地铁，一部分用作商场和停车库，预计有 308 个停车位，建成后将缓解小龙坎及三峡广场的停车问题，并完成商业中心的对外扩张(图 3.26)。

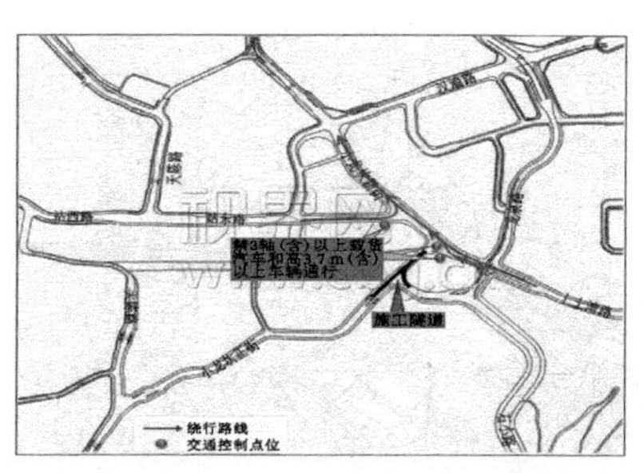

图 3.26　沙坪坝小龙坎下穿道

来源:网络及自摄

3.4.3　地下车库

由重庆市沙坪坝区、南坪中心区及解放碑中心区车库分布图(图 3.27 至图 3.29)可知,地下车库均呈散点式分布。地下车库竖向上主要分布在高层建筑的地下室负二层和负三层,其入口方式有两种:①入口设置在地面步行

图 3.27　解放碑地下车库入口及车流

来源:重庆大学城市规划设计研究院

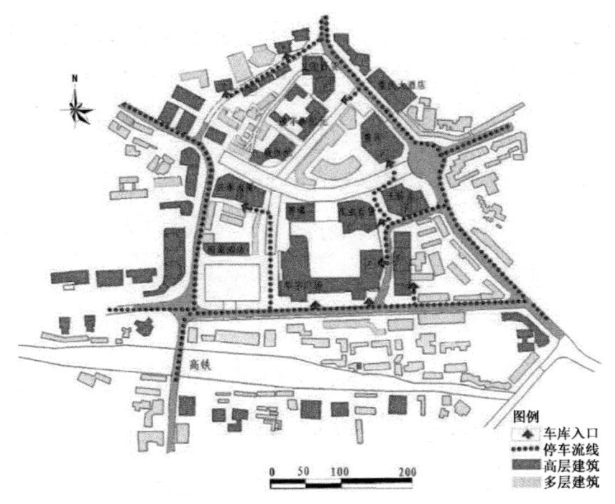

图 3.28　三峡广场地下车库入口及车流

来源:自绘

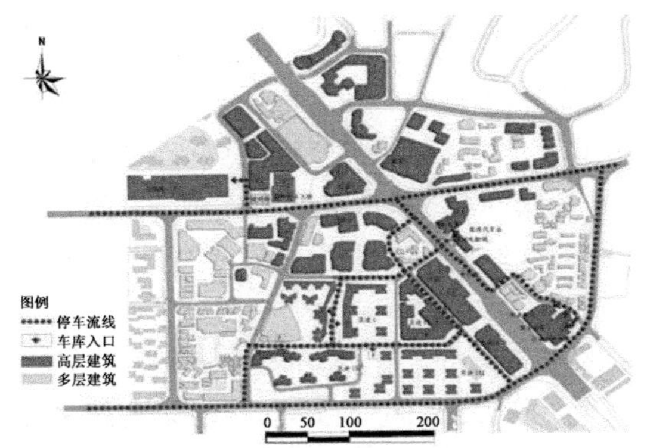

图 3.29　南坪地下车库入口及车流

来源:自绘

街上,或者与步行街相邻的通道上(如南坪江南大道步行街沿街大厦的地下车库),机动车进入地下车库时必须通过步行街,造成地面步行系统人车混杂的状态。②分布在交通干道边缘的建筑地下室,车流可以直接进入地下车库。据统计,沙坪坝地区约有 1 700 个停车位,停车数量供小于求,其中分布在步行商业街地下车库的面积约占总车库数量的 79%,是目前地下车库的主要来源,而直接与主干道连接的车库面积为 21%,导致人车混行的局面极为严重。

1) 商业中心区车库的连通方式

由对中心区车库的调研可知,地下车库的连通方式可以分为“车库与车库连通”及“车库与商场连通”两种方式。车库与商场的连通主要是竖向上的连通,也存在部分商场与地下车库在同一层的方式(如嘉茂地下停车库)。但是,不同车库间的连通目前在中心区范围内仍然属于少数现象，由于管理方面的不便，许多原本可以连通的地下车库不能连通，导致停车效率低下。商业中心区的车库连通可以有效地解决步行街人车混行的问题。通过对车库的连通，将主要入口与主要交通干道或者与轨道交通站点连接，可以有效解决停车及换乘问题。另外，在商业中心区范围内进行车库的整合连通需要对车库的标高进行测量和整合，以及在管理上面进行沟通和协调，需要政策层面的支持与帮助。

2）地下车库的数量

由调研数据可知，目前主城区各大商业中心区地下车库的总车位达到 12 600 个，各商业中心区地下车库的数量如表 3.7 所示。

表 3.7　各商业中心区地下车库停车位数量

	沙坪坝商业中心区	观音桥商业中心区	解放碑商业中心区	南坪商业中心区	杨家坪商业中心区
地下车库停车位数量/个	约 1 700	约 3 500	约 3 400	约 2 000	约 2 000

来源：据调研数据自制

各商业中心区地下空间停车位对商业中心区的满足度有所不同，沙坪坝、解放碑、观音桥、杨家坪商业中心区的人流量巨大，因此停车位紧张。而南坪则由于人流量不足，地下车位量丰富，经常出现未满停的状况。

3）地下车库内部环境

重庆商业中心区的地下车库的内部环境整体较差，灯光昏暗，可见度较低。层高 2.6～3.6 m 不等，没有天花吊顶的处理，直接暴露梁、楼板及管道。地面以水泥铺地为主，停车环境差，通风环境差，整体给人以压抑、沉闷、昏暗，且气味难闻刺鼻的感觉(图 3.30)。

图 3.30　三峡广场地下停车库内景

来源：自摄

3.5　地下空间利用特点及规律

3.5.1　开发量大、散点分布

重庆商业中心区地下空间的开发利用是城市功能从地面向地下的延伸，是城市空间的被动向下拓展。地下空间的利用不但反映了城市对空间的需求，也反映了建筑设计对山地空间的运用。在这种被动式的地下空间利用下，形成了城市中心区新的城市空间格局，使其更具立体性、复杂性。根据对重庆城市中心区地下空间的调查研究，将地下空间基本形态做如下分类。

1）点状

点状地下空间即独立式地下空间，强调它的独立性和分隔性。其主要是指建筑地下室及广场地下商场、地下停车场这种分离的空间形态，不与周边任何相邻的其他地下空间相连，独立经营、有独立对外的出入口，是商业中心区的重要组成部分。点状地下空间形态主要来源于高层建筑的地下室，用作超市、商场、车库等，由统计数据分析可知，点状地下空间（高层建筑地下室）形态是商业中心区地下空间形态中所占比例最高的一种形态（图 3.31）。

2）线状

重庆城市中心区的线状地下空间主要是地下街、地下车道、地下通道。地下街一般位于地面步行街及道路地下，与之形态一致（如三峡广场地下街、观音桥佳侬地下商场）。目前各个城市中心区地下街的线状形态连接度不一，总体而言新建地下街连接度比旧地下街连接度好。地下车道及地下通道是人流通行的功能空间，地下车道是因疏解城市中心区的交通拥堵的需要（如下分析图）而产生，地下通道则是为了连接被道路分离的商业地块（图 3.32）。

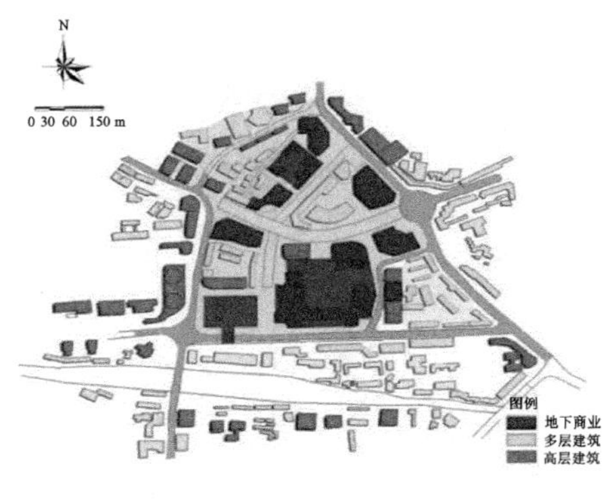

三峡广场地下商场分布

解放碑地下商场分布

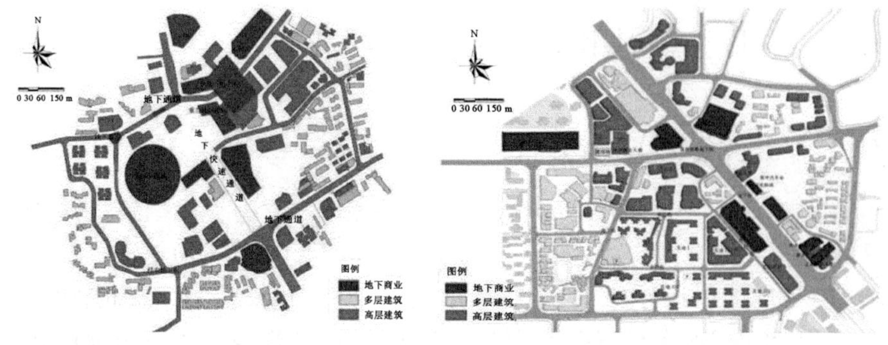

观音桥商业中心区地下商场分布　　　　南坪地下商场分布

图 3.31　各商业中心区点状地下空间(地下商场)分布情况示意图

来源:自绘

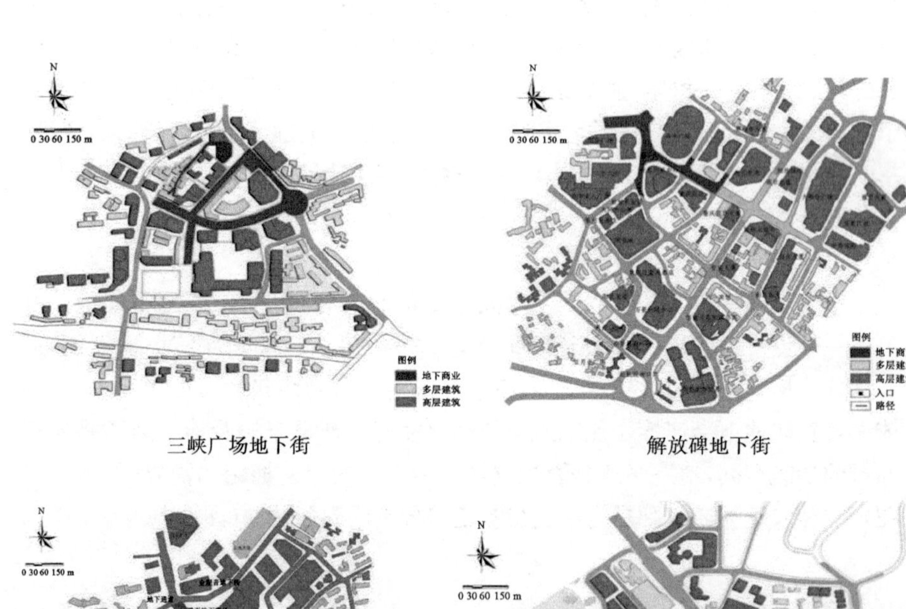

三峡广场地下街　　　　解放碑地下街

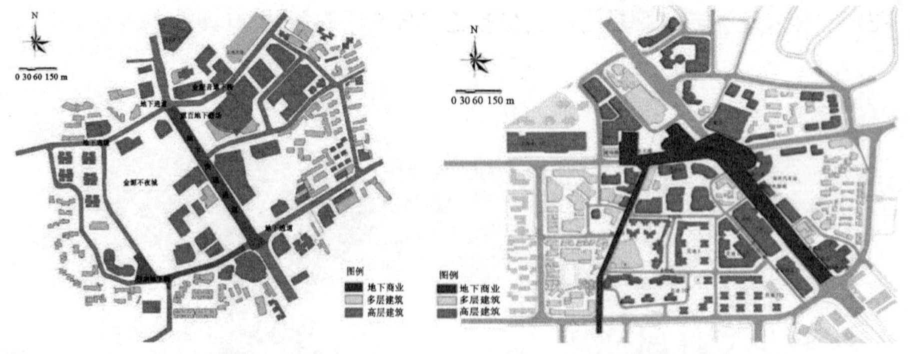

观音桥地下街及地下通道　　　　南坪地下街

图 3.32　各商业中心区线状地下空间(商业街、地下车道)分布示意图

来源:自绘

3）面状

面状地下空间强调功能的综合性和连通性(图 3.33)。其主要是指大型地下商场、交通枢纽(地铁站、轻轨站)、连通的地下车库等功能综合的地下空间形态，由若干点状地下空间设施通过地下联络通道互相联系而形成。其主要特点如下：①功能综合性高，一般包括交通、商业、休闲、餐饮等多项功能。②面积大，一般连接两个或两个以上的点状空间。③一般都涵盖了交通功能，面状地下空间的连通离不开交通，否则连通也就失去了意义，包括静态交通(停车场)和动态交通(交通枢纽及换乘)，交通功能及流通特性是面状地下空间的重要特点。

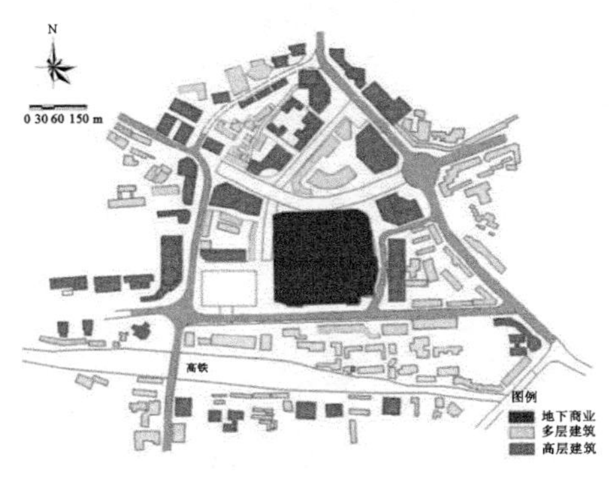

三峡广场面状地下空间

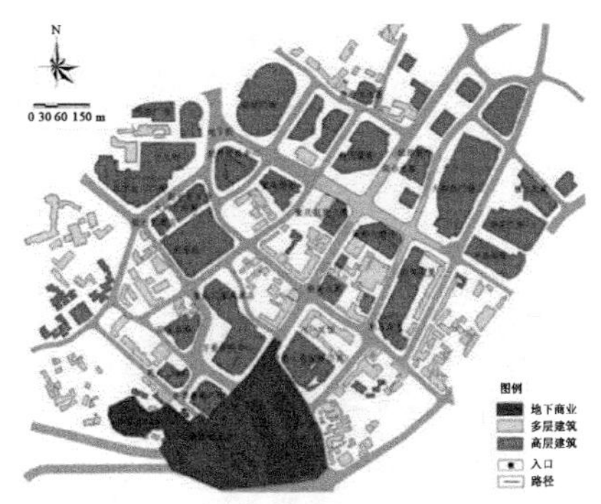

解放碑面状地下空间

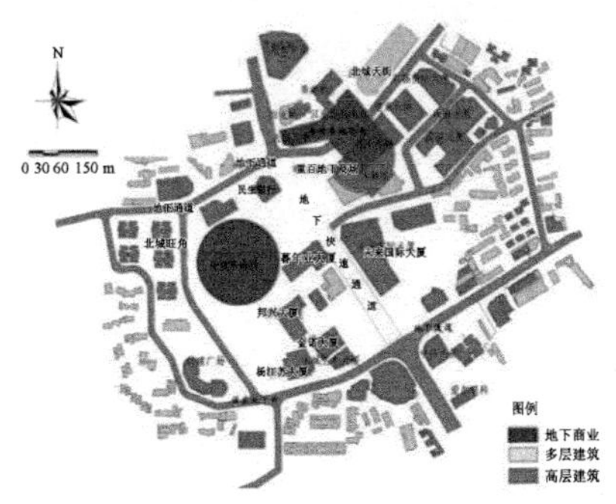

观音桥面状地下空间

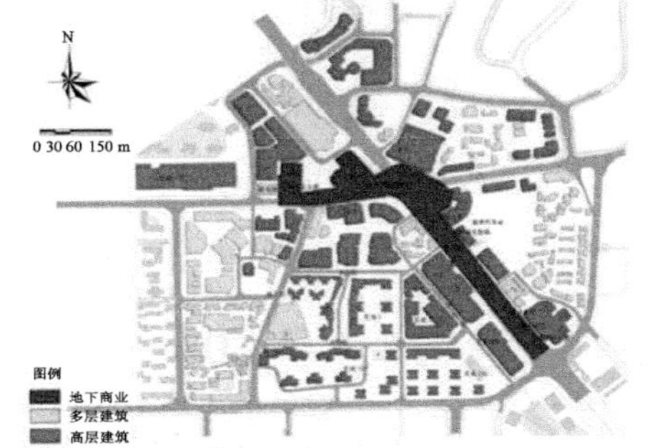

南坪面状地下空间

图 3.33　各商业中心区面状地下空间分布(连接的商场及地下街)示意图

来源：自绘

4）“源”

地下空间“源”指地铁站点空间，地铁站点的巨大人流量是商业中心区发展的动力“源”，可以激活整个地下空间的运营与利用，有效促进商业中心区聚集发展。重庆商业中心区地下空间分布较为分散，各个区的地下空间基本上都没有形成系统(图 3. 34)，没有与地下站点相连接，地铁站点的聚集作用没有得到发挥。

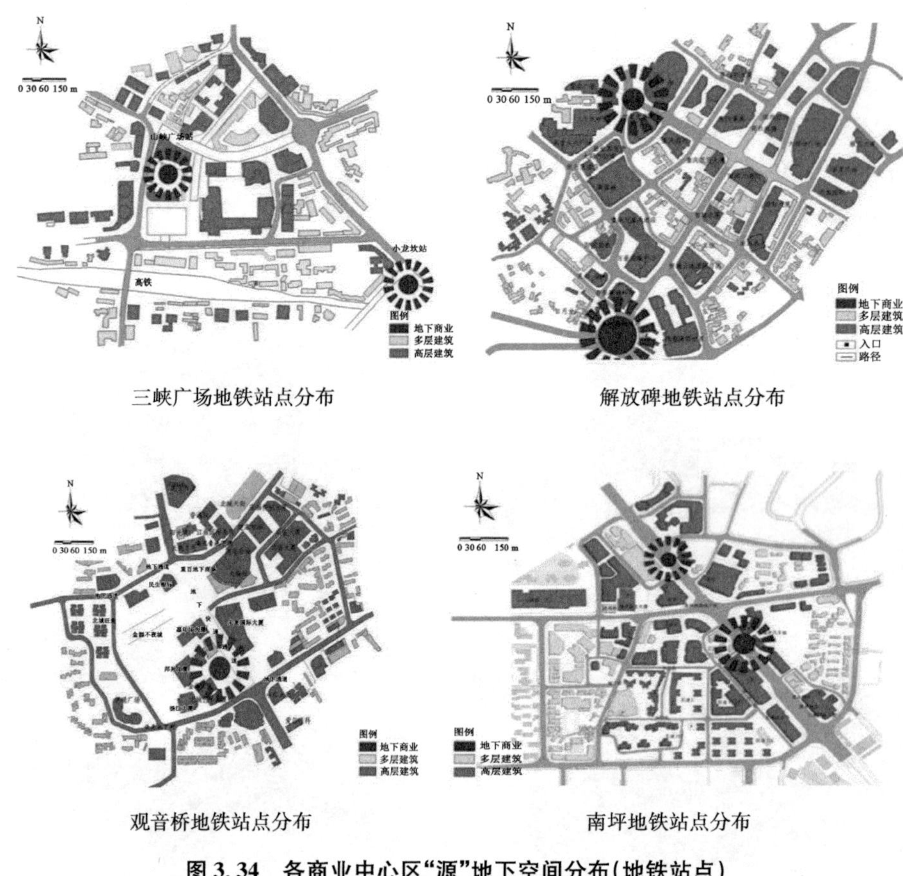

三峡广场地铁站点分布　　解放碑地铁站点分布

观音桥地铁站点分布　　南坪地铁站点分布

图 3. 34　各商业中心区“源”地下空间分布(地铁站点)

来源：自绘

3. 5. 2　地下商业与城市化发展有正相关性

重庆主城区地下商业与总体商业规模基本上成正比分布。其中，发展比较成熟的三个商业中心区——三峡广场商业中心区、解放碑商业中心区、观音桥商业中心区地下商业所占比率也基本上集中在 13%～15%，间接表明目前这个比率较适合重庆市商业中心的发展。重庆各商业中心区地下商业空间现存量，依次排列为解放碑、观音桥、南坪、沙坪坝、杨家坪。这个排序与重庆目前各商业中心区的发展情况相适应，但按照投入使用的地下空间百分比来看，由于解放碑地下空间有近 5 万 m^2 未投入使用，因此观音桥地下商业所占比例最大为 26%，其次是解放碑和沙坪坝，其分别达到 25%、21%（图 3.35）。

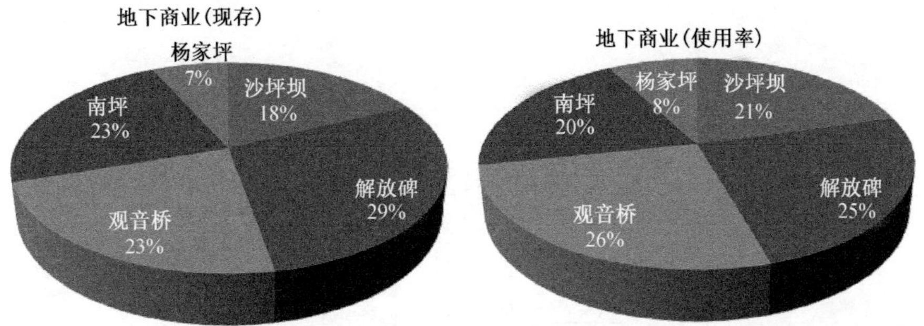

图 3.35　现存各商业中心区地下商业比例及各商业中心区使用地下商业比例

来源：据资料整理自绘

由图 3.36 可知，1990 年至今地下空间的开发利用主要集中在 2001 年以后这十年间，其中 2001—2005 年的开发量占总开发量的 59%，2005 年至今占 34%，同时这一阶段也是重庆城市化进程最快的时期。由图 3.37、图 3.38 可知，城镇化率增长的峰值正好与年度地下商业量峰值所对的区间相一致。这说明重庆地下空间开发与城市化发展具有正相关性，城市化促进了地下空间的利用。

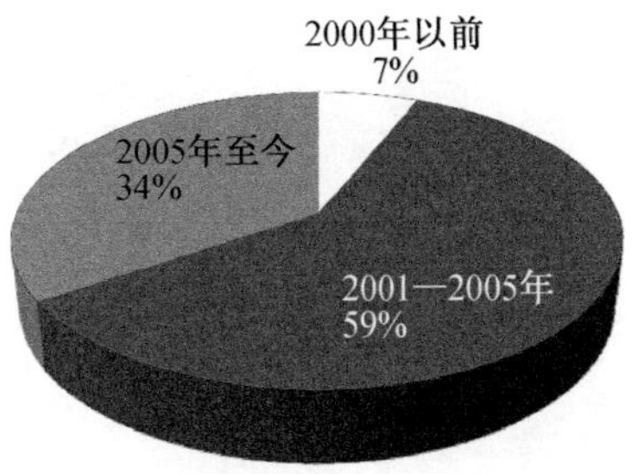

图 3.36　地下商业各阶段发展百分比

来源：据调研数据自绘

3.5.3　需求性利用及被动开发

对比图 3.37 和图 3.38 可知，2001—2005 年重庆的城镇化率及地下商业开发量均呈现出巨大增长，而在 2005 年以后开始缓慢增长，重庆商业中心区地下空间的开发与整个城市化发展进程相对应，是一种需求导向的开发利用，与城市发展基本相适应，无过度开发及过量开发（解放碑除外），处于被动式利用阶段，即"需求导致开发"的模式。但是这种"按需供应"的模式，没有经过系统的规划和设计，导致地下空间利用的小规模化，散点分布、连通性差、综合性差等，为后期的地下空间开发带来许多隐患。

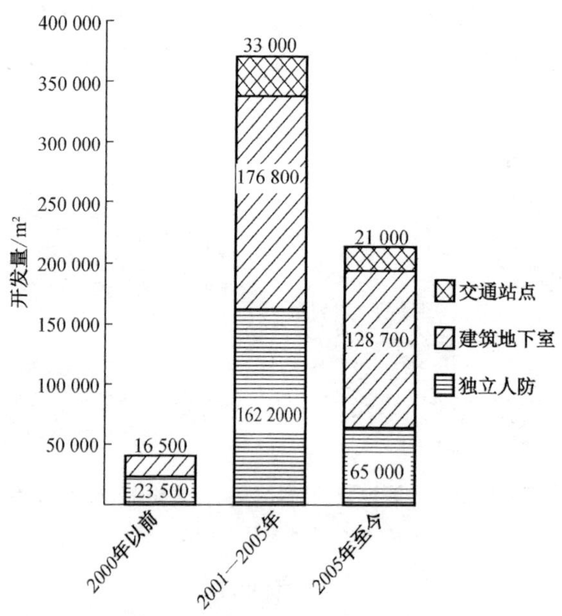

图 3.37 重庆五大商圈地下商业开发量年度变化

来源:据调研数据自绘

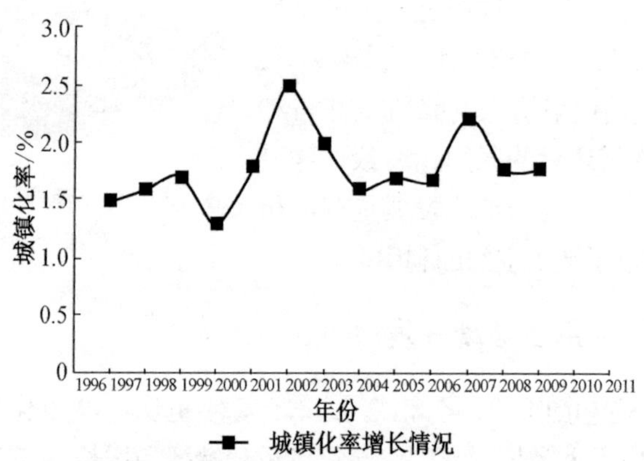

图 3.38 1996—2011 年重庆城镇化率增长情况

来源:据《重庆统计年鉴》自绘

3.5.4 "将坡变平—高空扩展—地下扩展"立体循环发展规律

2000 年以前的地下商业主要是人防系统的平战结合利用。当时重庆及国内许多大城市均将人防系统用于地下商业街,节约了城市建设成本,满足了商业需求,这符合当时低建设成本商业扩张的需求。2001—2005 年,地下人防与建筑地下室所占份额相当，随着城市化进程的加快及商业中心的建立，商业中心区的人防系统均被开发用于地下商业，高层建筑的地下室也被大量用于超市和其他设施。

整体看来，2001—2005 年是地下商业发展最为迅速的 5 年，而 2005 年至今，由于商业中心区人防系统已被开发殆尽，兴建高层建筑亦不可能，地下商业的开发出现减少的状态。商业中心区已经完成了“从水平到竖向”扩张的一个循环过程，发展只能寻求向外水平扩张的形式，导致 2005 年至今地下商业开发量降低。由此，笔者推测商业中心区的扩展是一个“将坡变平—高空扩展—地下扩展”的循环过程(图 3.39)，而当城市化水平达到一定程度后，城市扩张(平面和竖向)开始停滞，城市开始进行内部再开发及更新，地下空间在一定区域内联结成网状，如三峡广场局部地区及南坪商业中心区。

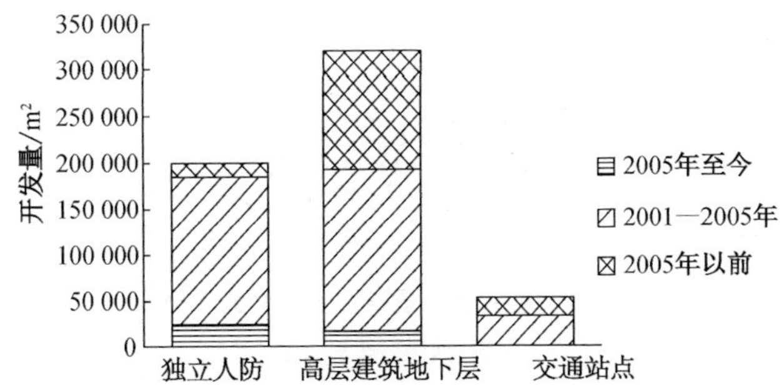

图 3.39　地下空间形态不同时期的开发量比较
来源：据调研数据自绘

虽然 2005—2010 年这 5 年内地下空间的开发相比上一个 5 年有所减少，但是这并不代表地下空间的开发就会因此进入缓慢发展期。经过分析，笔者认为 2001—2005 年是地下空间开发利用的一个高峰期，而 2005—2010 年，由于商业中心区本身的发展限制，地下空间利用处于过渡平和期。1997 年，各大商业中心区相继建立，商业中心区的发展在平面上并未有太大的扩张，而仅仅是各种商业大楼拔地而起，商业中心区进行竖向扩张。与其他平原城市(上海、南京等)单一的平面扩张模式不同，重庆的山地地形格局对城市扩张的形态具有重要影响。商业中心区最初的建立都是在克服地形高差的情况下建立人造城市基面，商业中心区在人造基面上发展。由于地形的限制，原有商业中心区区域很难向外扩张，而只能进行垂直扩张，这块“人为平地”得以高效利用。经过近 10 年的发展，各商业中心区发展几乎饱和，不得不进行平面的扩张，从而导致新一轮的“将坡变平—高空发展—地下发展”的循环。如三峡广场商业中心区的扩容，随着沙坪坝高铁站的建立，克服原始地形的高差将会出现大规模的地下空间，在商业中心区扩容后，中心区内坡地变平地，新一轮扩容开始。地下空间将会随着商业中心区及新区的建立不断经历发展期、高峰期、平缓期，且峰值会越来越高，直到城市化进程趋于平稳，城市建设基本停滞，地下空间的开发利用也趋于平稳。发展变化峰值图如图 3.40 所示：将地下空间开发利用的增量设为 Y，开发时间设为 T，m 为城市发展的一个循环。2001—2005 年，作为重庆地下空间开发的第一个高峰期($m=5$)，经过多个循环，最终可以达到地下空间开发利用的饱和期。地下空间的开发利用随着城市化进程速度的减慢而减慢，如同现在部分发达国家的地下商业空间利用基本处于后期维护，及新形态地下空间的利用。

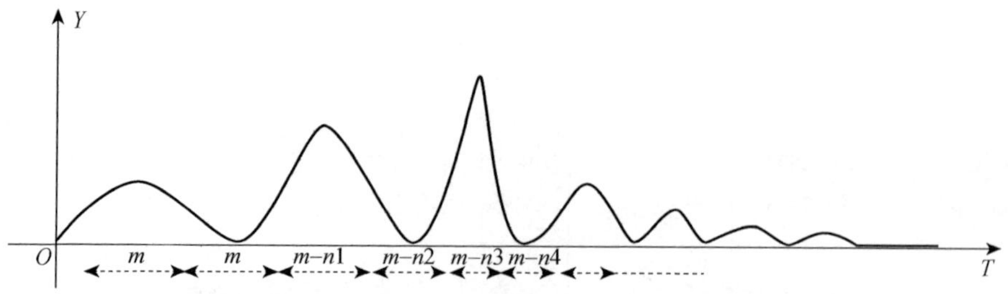

图 3.40　地下空间循环式发展模式示意图

来源：据调研数据自绘

3.5.5　商业综合体地下空间开发趋向

商业中心的集聚发展一方面是商业集聚性质本身的需求，另一方面是城市集聚发展的缩影——集聚发展促进地下空间的利用。由地下空间各形态所占百分比(图 3.41)可知，建筑地下室利用占 51%，是地下空间的主要来源，其次是独立人防系统占 40%。而许多高层建筑地下室，尤其是大面积的“地下室”几乎都是人防结建工程，如金源不夜城虽然属于金源大酒店的地下室，但还是来源于嘉陵公园广场下部的地下人防工程。由于目前重庆的轨道交通线只有两条，且轨道公司没有开发周边地块的权力，因此交通站点的地下商业空间利用仅占 9%。

1990 年，自杨家坪商业中心区出现第一条地下商业街以来，地下商业利用主要以地下人防的平战结合为主。由图 3.37 可知，伴随着各商业中心区的建设，几乎所有高层建筑的地下室都被用于商业。2001—2005 年，地下空间开发利用随着城市建设出现了一个高潮期，总开发量达到 37 万 m^2。且

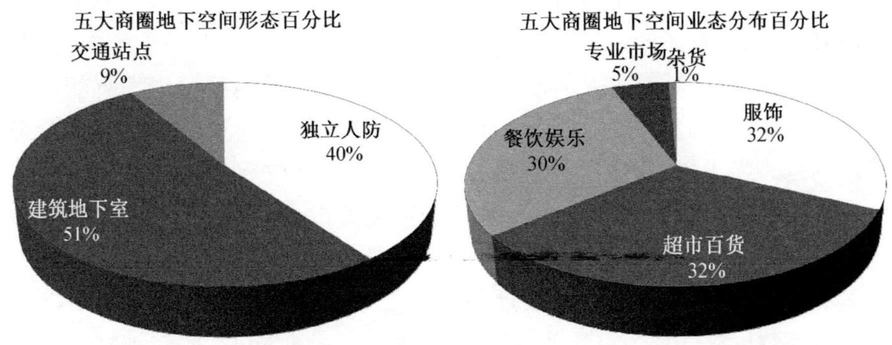

图 3.41　五大商圈地下空间形态比例(左)和地下空间业态分布(右)

来源:据资料自绘

在这个阶段,独立人防及建筑地下室开发量大致持平,分别为 17.68 万 m^2 和 16.22 万 m^2。2005—2011 年,随着现有商业中心区范围内开发量的饱和,几乎所有的地下人防工程都用于平战结合的地下商业街,高层建筑建设及翻新也接近饱和,商业中心区内地下空间的开发趋于平缓,总开发量仅为 2001—2005 年的 1/2,高层建筑地下室开发量达到了人防工程地下商业的 2 倍。随着建筑技术的提高及地下空间利用技术的提高,高层建筑地下室的开发具有更大的技术支持(如灯光、电梯、室内环境设计等),成为近几年来重庆商业中心区地下空间开发利用的主要方面。这些大型地下空间尽量与轨道交通相结合,逐步发展成为连通性高、单个项目面积大、综合性强的地下综合体设施,如解放碑日月光广场就是这类开发类型的典型代表。

3.5.6　多中心集约式地下空间开发的需求

由重庆市 1996—2009 年的建成区面积变化情况(图 3.42)可知,重庆城市化的快速发展期自 2002 年国家实施西部大开发战略开始,建成区面积急剧扩大。1997 年直辖后,重庆市首次建立解放碑商业中心区,而后建立沙坪坝、南坪、杨家坪、观音桥商业中心区。从各区土地出售的量值分析,各区土地出售曲线基本正常。从价格曲线看,江北区及南岸区的价格波动最大,这主要是由于这两个区均为新区。且随着新区的发展,商业中心区也同步得到发展,并且各商业中心区开始辐射次一级区域。由于沙坪坝及杨家坪在城市发展格局上较江北和南岸更加平稳,因而显示出平稳的价格趋势。从土地出让的情况看,全市及各区的土地出售受市场杠杆的影响很大。各区及总计的土地出售量均呈锯齿状变动,证明土地出售处于新区扩张的过程中，土地出售量及出售价格每年差异较大，但整体呈现增长趋势。就土地出售量来看，仅渝中区处于下降状态，这是由于渝中区作为重庆市的核心，发展几近饱和，无法对外扩大因而土地出售量收紧，而其他区域均设有新区以满足城市发展土地扩张的需求。可是对于城市发展来说，所有区域的发展目前仍是扩张式的，到达一定程度后，就会形成城市扩张的收紧，如同渝中区的发展过程一样。城市扩张发展只是重庆城市发展目前的一种状态，最终将达到瓶颈——耕地的上线。纵观世界城市的发展，从分散的田园城市到聚集的紧凑城市，这是城市发展的必然规律。西方国家走过了这个艰难的过程，面对过城市空心化、环境污染、能源短缺这些问题，他们当时没有更高级的城市形态发展作为借鉴，在漫长的发展过程中，最终确定了紧凑城市形态是可持续发展的城市形态，是适应现代化城市发展的城市形态。对中国而言，城市发展刚刚起步，应该有效借鉴西方发达国家城市发展的经验，走紧凑集约型城市发展道路。

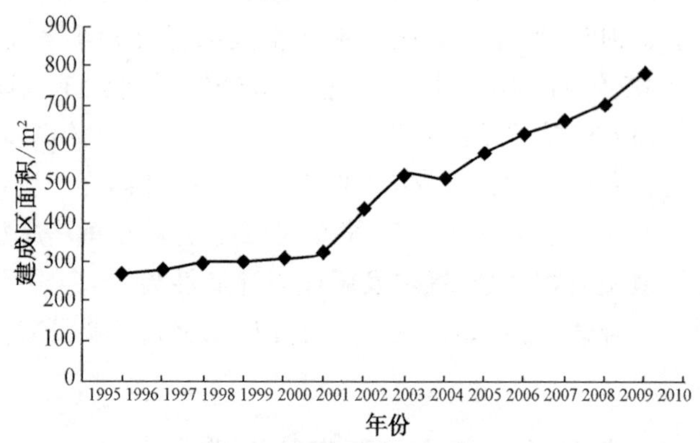

图 3.42　重庆主城区建成区面积变化情况(1996—2009 年)

来源：据《重庆统计年鉴》绘制

综上所述，重庆城市发展目前仍然在走扩散式发展的道路，但是需要在扩散的同时考虑以轨道枢纽为生长点的集约型发展。由图 3.42、图 3.43 可知，各区土地开发由于政府主导，具有很大的政策引导性，政府应发挥控制作用，引导城市走集约发展之路。地下空间开发与土地利用的关系，在整体格局上应该属于正比例关系。从五大区域目前的土地价格来看，地下空间应该在土地价格上扬的区域进行开发，而在土地价格下降的区域减少开发，如图 3.44 所示。

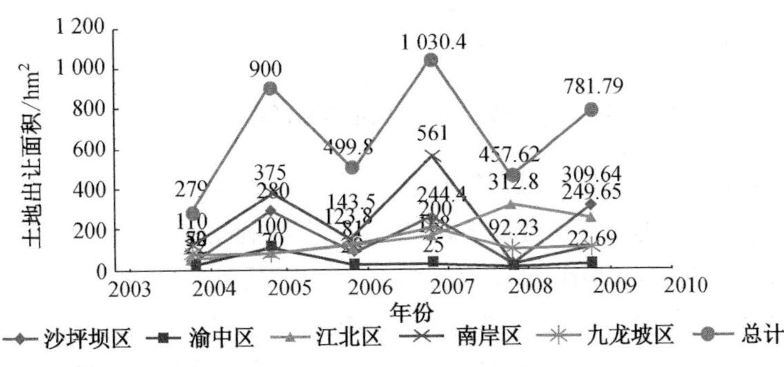

图 3.43　重庆主城区各区土地出让面积情况(2004—2009 年)

来源:据重庆国土局资料自绘

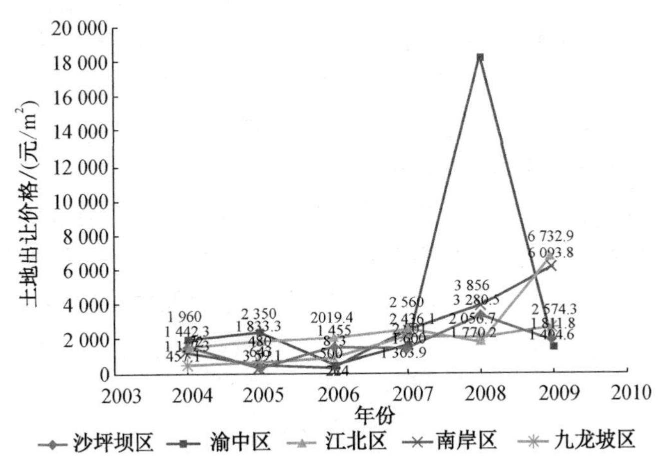

图 3.44　重庆主城区各区土地出让价格(2004—2009 年)

来源:据重庆国土局资料自绘

3.6　小结:形态多样、系统性差、优势及劣势并存的现状

3.6.1　地下空间形态多样、开发混乱、系统性差

自 1980 年第一条人防地下街的建立,发展到现在交通枢纽地下综合体。地下商业空间主要来源于人防工程、建筑地下室及轨道站点三个方面,总体呈散点分布,连接性差、室内环境不佳。地下交通空间设施不足,连通性差。

商业中心区地下空间呈散点分布,彼此之间连接度差,与轨道站点连接不佳,未发挥出轨道站点的聚集作用。车库数量不足,其出入口分布影响地面人行，引起拥堵。地下空间业态包括服饰、超市、餐饮、专业市场、生活用品这五类，总体档次低，使用效率低。

3.6.2 重庆商业中心区地下空间利用的优势

1）具有悠久的开发历史、丰富的开发经验和空间资源

自抗日战争建立下水道以来，重庆地下空间利用经历了防空洞室、市政设施、人防平战结合利用、过街商场、地下车道、地铁、地下交通枢纽等发展过程。目前，地下商业空间开发已经初具规模，自1980年第一条人防地下街的建立，发展到现在交通枢纽的地下综合体；地下空间利用随着商业中心区城市人口的聚集而发展，出现了地下交通枢纽地下空间、广场地下空间、商业综合体地下空间及构筑物地下空间等多种开发方式，开发总量巨大。由于现在城市化水平较低，没有形成地下空间网络，发展优势并没有得到体现。随着地铁的建设，以及商业综合体的开发，对其地下通道的整合连通，地下空间资源将得到利用而被大规模纳入城市发展系统之中。

2）具有适宜的地形、地质、水文条件

重庆主城区内分布最广的为较坚硬—软弱的中—厚层状砂、泥岩互层岩组，以砂岩和泥岩为主，该岩组主要分布在四山之间的丘陵、平坝地区，适合进行地下空间的开发建设。山地城市的多基面及立体化特征，可以使建筑在顺应地形的过程中产生大量的半地下空间，同时地下空间的利用也可以扩大城市基面，创造更多的平面用于公共空间。多层次的出入口将极大促进人的流动，推动商业中心区的聚集发展。

3）地下空间利用规律的启示

商业中心区地下空间利用与城市发展具有正相关性，需求导向式开发导致其发展与商业中心区发展总体相适应，但是却具有无系统、散点利用的弊端。商业中心区的扩张遵循“将坡变平—高空扩展—地下扩展”的规律，地下空间开发利用应该在“将坡变平”第一阶段与地面城市同步进行立体式开发，以减少后期开发的隐患，规划及城市设计就显得尤为重要。未来地下空间利用的主要趋势是与商业综合体同步开发，并尽量加强与轨道站点的联系，利用轨道站点的巨大交通流推动商业中心区的聚集发展。

4 重庆商业中心区地下空间城市设计方法

由第三章的调研可知，重庆商业中心区地下空间利用是伴随着城市内部更新产生的，随着轨道交通的发展，在中心及副中心确定相应地下空间开发的重点区域。商业中心区地下空间整治及设计的目的是协调地面空间与既存地下空间的关系，达到网络化、立体化利用；地下空间的发展是以“交通功能”为主，带动“地下商业、休闲、娱乐”功能发展的一种重要城市公共空间①。

4.1 山城商业中心区地下空间城市设计的目标及策略

霍伍德和博伊斯提出商业中心核心区具有以下几点特征：“在步行范围内②(≤1 英尺)进行高度集聚立体式发展”，“白天人口集中”，“对公共空间的需求量大”，“设施之间的步行和人际联系决定水平向的发展”，“具有城市中的主要交通(mass transit)的换乘中心”和“对公共交通的依赖阻碍了步行范围外的扩张”。经分析，这些特征的适应性空间形态如下：“步行范围内的全步行空间”，“高度聚集、复合、垂直的空间利用”，“高度可达”和“步行网络化”。地下空间城市设计的目的是针对商业中心的特点创造适应的空间形态，其既需要与地面相协调服务于地面城市，又需要具备自身的系统性③及空间的舒适性(表 4.1)。另外，由于地下空间处于封闭环境之中，一旦发生火灾，封闭的地下空间具有疏散、救援、排烟和灭火困难等问题，地下空间的城市设计应更加注重“地下空间安全设计”。地下空间具有潮湿、阴暗、封闭的特性，因此地下空间利用的通风、采光、空气净化、环境塑造设计对改变地下空间利用的消极心理、增加人们在地下空间的心理舒适感具有重要意义。“人性化设计”是创造地下空间场所感的重要方面。

---

① 地下市政设施不属于城市公共空间范畴，亦暂不纳入城市设计的内容。

② 这个范围与 4.2.3 节的站势圈范围(≤800 m)一致。

③ 系统性表现为新区地下空间与地面同步进行城市设计；旧区地下空间城市设计一方面需要协调与地面的关系，另一方面需要协调与既有地下空间的关系，建立自身的系统结构。

表 4.1 根据霍伍德和博伊斯 CBD 核心区特征提出的适应性空间形态

要素	特征	适应性空间形态
密集的土地使用	多个商店集中在同一幢大楼内，单位土地面积上最高的零售业生产力；土地使用方式主要是办公、零售商品、从事消费者服务业以及开办旅馆、剧院和银行等	聚集化、 功能复合化
扩张的垂直向规模	从空中观察很容易进行分区，通过电梯的行人联系，垂直增长而不是水平增长	空间垂直增长
有限的水平向规模	最大的水平向规模很少有超过 1 英里（约 1.6 km）的；适合步行规模	舒适的步行空间
有限的水平向变化	只有微小水平向变化；在相当长时间内，只有很少的街区被吸引进来或被排除出去	以垂直向发展为主，平面扩张缓慢
白天人口的集中	步行交通高度集中的区位；缺少常住人口	可达性、公共活动空间的舒适性
市内公共交通的焦点	整个城市中的主要交通的换乘中心	便捷的换乘及 疏散
专门化功能中心	以管理和决策功能为主的办公空间的高度集中，专门化的专业和商务服务中心	空间品质的高端化
内部条件边界	设施之间的步行和人际联系决定了水平向的发展；对公共交通的依赖阻碍了侧向的发展	步行网络系统

来源：根据霍伍德和博伊斯 CBD 核心区特征推导

4.1.1 建立环境舒适的全步行商业区

重庆山城格局呈“多中心组团式”布置，商业中心区呈“块状”分布，表现出面积狭小、人车混杂、空间混乱的空间特征，通过交通地下化建立人车分离的全步行空间是地下空间利用的首要目的。目前，解放碑地区已提出建立地下机动车环道的方案，并将地下停车库进行串联，所有机动车交通放入地下促进全步行商业空间的形成。例如巴黎拉德芳斯新城商业中心将全部交通设施置于地下空间，地面上完全绿化和步行化，对地下空间实行整体开发，上面盖上一层整块的钢筋混凝土顶板，形成所谓的“人工地基”，在人工顶板下面，布置了高速铁路、机动车车道，并与大都市圈内圈外形成交通网络，构成一座大型交通枢纽。这种地面人流、地下车流完全分离的双层城市，成为现代大城市中再开发的重要手段(图 4.1)。

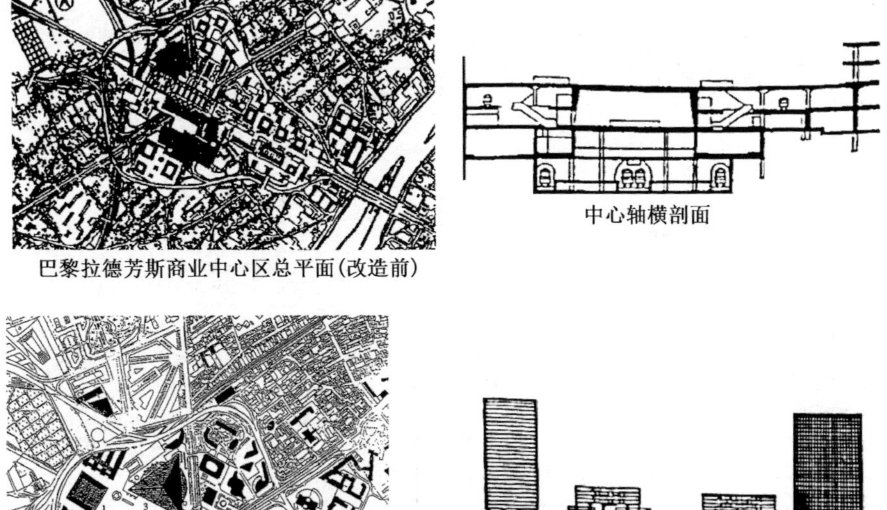

图 4.1　巴黎拉德芳斯新城总平面(改造前、后)和中心轴横剖面、纵剖面图

来源：童林旭，2005. 地下空间与城市现代化发展[M]. 北京：中国建筑工业出版社

4.1.2　构建片区化、网络化、立体化、简洁化空间形态

商业中心区是人流、信息流、交通流、经济流聚集的地方，地下空间利用需要建立网络化、立体化、区域化、简单化的空间形态，以保证空间的流通性、聚集性、便捷性，提高城市空间的利用效率。区域化是根据商业中心区在步行范围内聚集发展的特点，地下空间形态利用应在以交通枢纽为核心的步行范围内发展；网络化主要是交通的网络化及连通性；立体化指地下、地面、高空空间的立体式开发；简洁化要求空间的衔接，尽量采用直接的方式，地下空间形态也尽量选用方形等简洁的平面，以便地下空间疏散及识别。具体分析如表 4.2 所示。

表 4.2　促进商业中心区高效发展的地下空间利用形态

区域化的地下空间形态	网络化的地下空间形态
美国九大 CBD 核心区平面 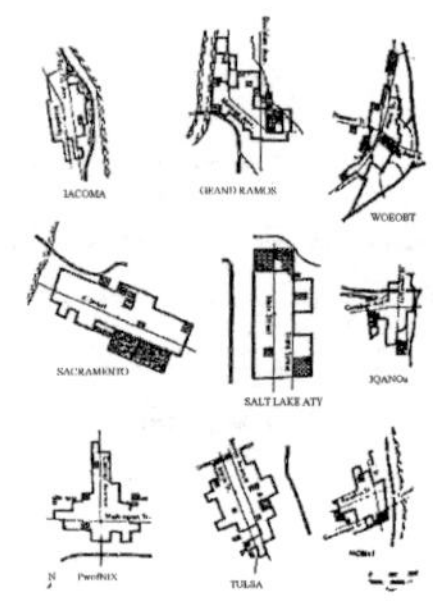 来源:(Raymond E. Murphy, 1974)	加拿大多伦多地下人行网络系统 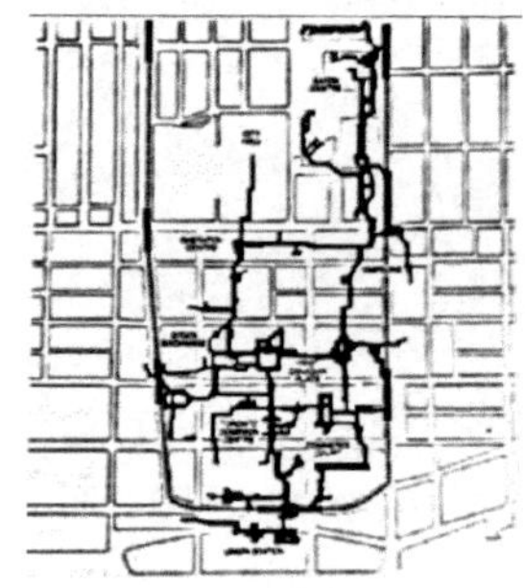 来源:(王文卿,2000)
商业中心区在步行范围内(≤800 m)聚集发展,地下空间形态利用应在以交通枢纽为核心的此范围内发展,形成步行通道及地下街。如美国九大 CBD 核心区面积基本一致,对外扩张较难,发展主要依靠垂直方向的空间拓展	以某站点为核心发展片区化地下空间形态。由于商业的扩散作用,其最终将导致相邻站点片区地下空间之间相连接,从而形成地下空间网络。如加拿大多伦多地下城网络形态的连接是经过多站点地下空间连接而成
地下空间的立体化形态	简洁化的地下空间形态
香港中环地区地下、空中步道系统 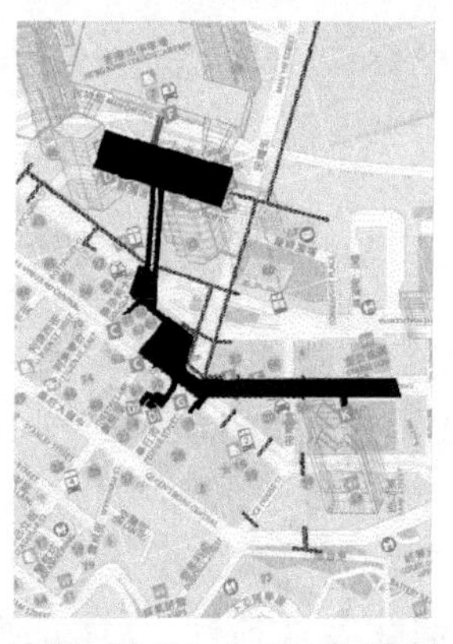 来源:据 Google Earth 绘制	日本地下街形态 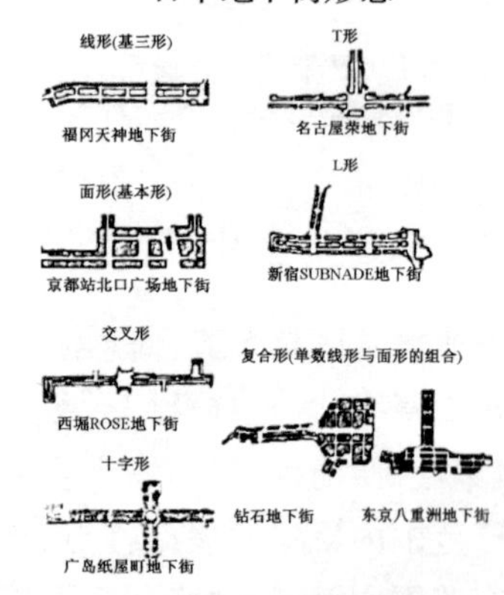 来源:(刘皆谊,2009)
商业中心区功能复合及垂直空间的发展,要求地下空间作为"发展源",需要其与多个层面的连接,多垂直、多水平层次地与地下空间系统的连接,从而构建地面上下的立体化形态。如香港中环片区的地下、空中步道及建筑内部交通所构成的立体连接系统	地下空间处于封闭的空间中,识别性差、难以疏散,因此要求地下空间形态简洁,如日本地下街基本形为"一"字线形或面形,其他发展形态为"T"形、"L"形、"十"字形、"工"字形、交叉形等

来源:自制

4.2 TOD 模式导向下“轴—源”式空间拓展

TOD 是“以公共交通为导向”的开发模式。这个概念最早由美国建筑设计师哈里森·弗雷克提出，是为了解决“二战”后美国城市的无限制蔓延而采取的一种以公共交通为中枢、综合发展的步行化城区。其中，公共交通主要是地铁、轻轨等轨道交通及巴士干线，然后以公交站点为中心，以实现各个城市组团紧凑式开发的有机协调。

TOD 的概念就是将公共运输(主要指轨道交通)系统的车站与城市发展的活动核心区相结合，以 400～800 m(5～10 分钟步行路程)为半径建立集工作、商业、文化、教育、居住等为一体的城区，并通过城市设计的手段创造适宜步行的环境。

作为 TOD 模式下的城市地下空间开发利用体系的节点，是城市地下空间利用形态的基本功能单元，是城市功能在地下空间的延伸与映射，也是功能最为复杂的部分。具体而言，节点就是以地下公共交通站点为核心，通过交通连接与功能扩散，将其他分散的城市地下空间利用形态组织起来，进而构成多功能混合的地下空间子系统。

以城市 TOD 为依托的地下空间系统，一方面与地表空间相配合，通过地下交通网络，连接相对分散的点块状地下空间，改善传统中心区的交通状况，缓解其基础设施的压力；另一方面同时充分扩展地下空间的容量，将有可能转移至地下的设施尽量转移至地下空间，为高密度土地集约利用的城市中心创造极具价值的公共设施用地、开敞空间等，从而改善中心区的环境质量。

4.2.1 以轨道交通为“发展轴”

以城市 TOD 为依托的地下空间系统，包括连接地下交通干线的公共交通站点、地下交通支线、地下通道、下沉式广场、地下商业街区以及各种地下公共文化设施等。以城市 TOD 为依托的地下交通系统，是以连接地下快速交通干线的公共交通站点为核心，地下交通支线——地下通道、室内交通走廊为脉络，延伸至城市 TOD 的各个功能区域并与之形成快捷、方便联系的地下交通系统。TOD 模式的推广将使得城市地下空间形成以轨道交通为“发展轴”、枢纽站点为“发展源”的发展模式，建立“中心—副中心”的地下空间开发利用体系(表 4.3、表 4.4)。

表 4.3　地下空间利用以轨道交通为“发展轴”的空间复合发展

东京轨道交通发展状况及商业中心分布 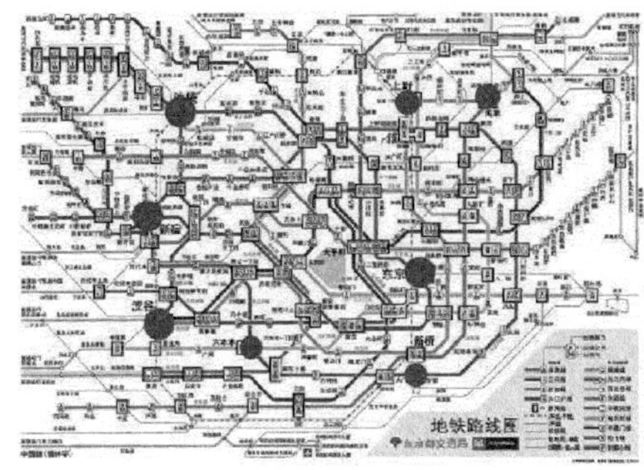	重庆地下空间核心区地下空间利用规划 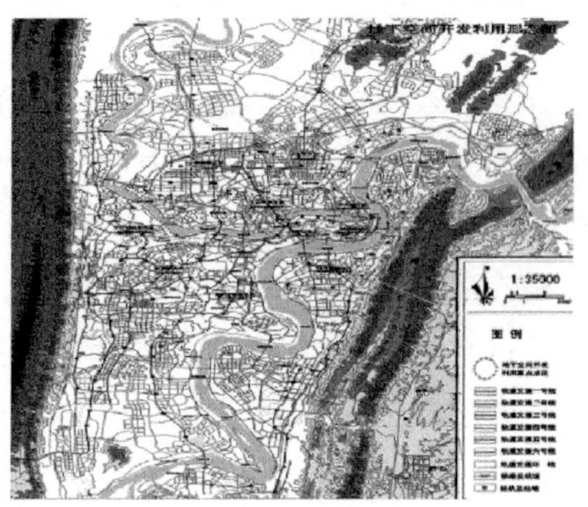
轨道交通枢纽均为东京的重要中心区、副中心区及商业中心	重庆在中心区及副中心区规划的地下空间利用的重要区域
北京市地下空间总体规划示意图 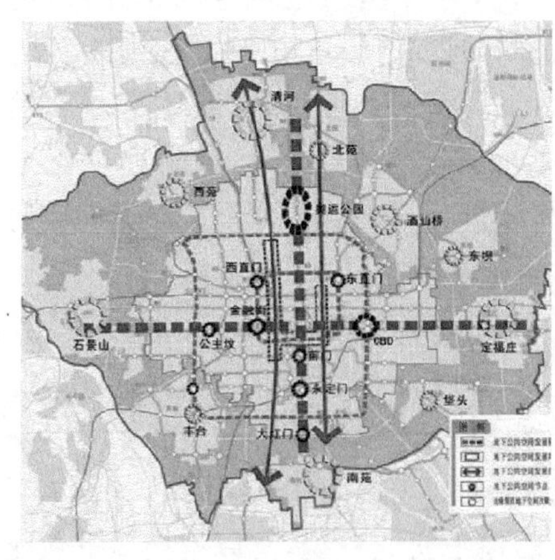	天津市地下空间总体规划 
轨道交通的枢纽地区为规划的城市中心区或副中心区或地下空间开发的重点区域	轨道交通的重要枢纽地区为城市中心区或副中心区或地下空间开发的重点区域

来源：自制

表 4.4　地下空间利用以枢纽站点为“发展源”的空间复合发展

<table>
<tr><td>东京三轩茶屋轨道站剖面
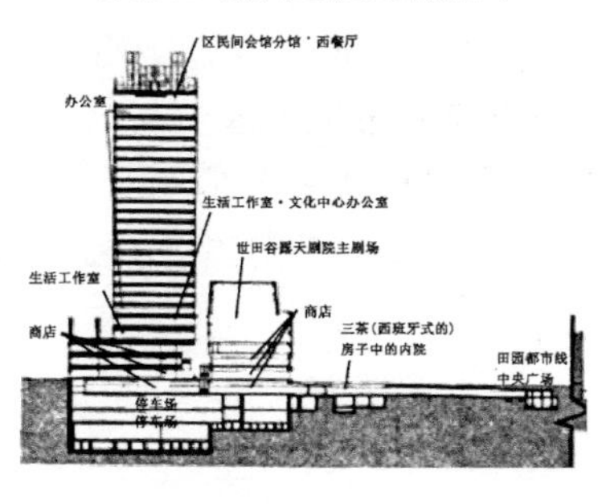

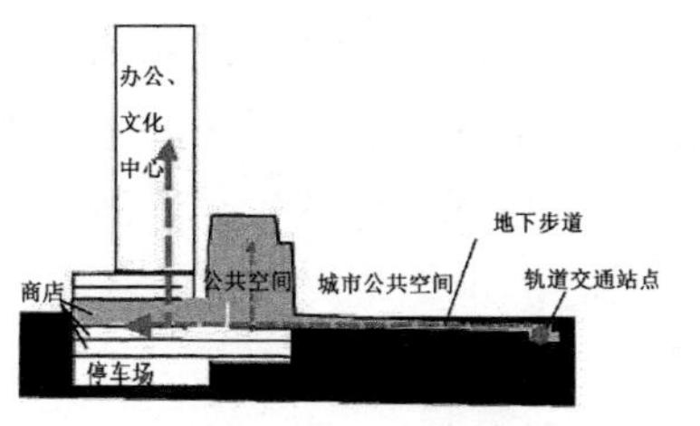
</td>
<td>香港九龙超级交通城

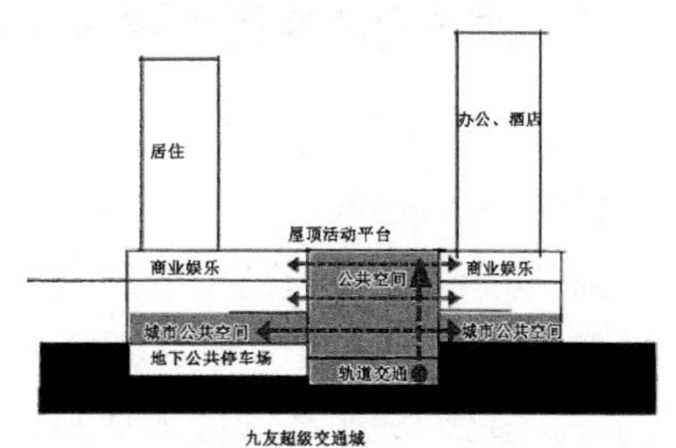
</td></tr>
<tr><td>东京三轩茶屋片区的旧城改造中，利用地下通道与都市田园站点连通，站点人流自然引入地下公共空间、建筑公共空间、商业空间，并向文化、办公空间扩散，构成功能复合的空间系统</td>
<td>香港九龙超级交通城包括联合广场综合体及九龙机铁站两个部分，以轨道站点为动力源，人流向中庭公共空间、城市公共空间、商业办公空间扩散，构成功能复合的利用</td></tr>
<tr><td>加拿大多伦多地下城剖面
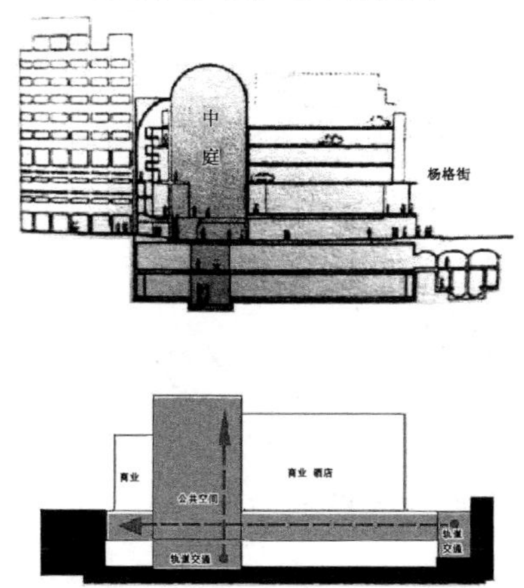
</td>
<td>美国费城市场东街
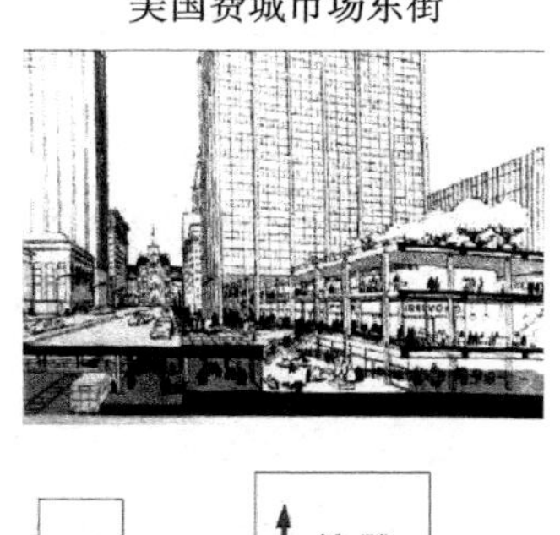
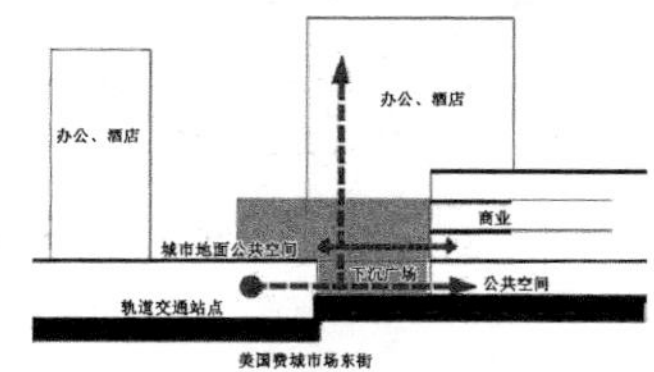
</td></tr>
<tr><td>多伦多地下城地下两个交通站点与公共空间、中庭空间、商业酒店空间功能相复合</td>
<td>轨道交通站点为动力源，人流向下沉广场、公共空间、城市广场空间扩散，构成功能复合的空间系统</td></tr>
</table>

来源：自绘

4.2.2　以枢纽站点为“发展源”

TOD 模式中枢纽站点将成为区域的核心和“发展源”，在垂直方向开发上盖物业（包括商场、娱乐、办公等），水平方向通过地下通道与其他功能空间相联系，促进空间功能的复合发展，空间布局形式一般是“交通空间→公共空间→商业空间→娱乐空间→办公空间”这样一个层级关系，交通空间与公共空间的融合是设计中的关键环节。

4.2.3　站势圈的空间发展演变预测及模型

由福冈市天神地区商业设施的聚集情况，以及东京都市圈、关西都市圈中心区最高地价（2001 年公示地价）可知，中心站点 500 m 以内的范围聚集度最高，属于商业设施高密度聚集区。另外，根据深圳地铁 1 号线运用局部线性回归分析对轨道交通的影响半径进行研究，可知距离地铁站 800 m 范围内，住宅地价随距离的增大而显著下降，并在 300 m 及 800 m 处产生明显突变，且在 300 m 半径内样本地价均保持在较高水平（郑贤、庄焰，2007）。再则，根据以上两个地区对轨道交通站点的势力影响范围的分析，可大致得到以下结论：＜300～400 m 的站势圈为核心站势圈；＜500～600 m 范围为站势圈层；＜800～1 000 m 范围为次级站势圈，影响范围最弱（图 4.2）。当然，对于站势圈的划定，也基本上处于一个大致的范围，为满足研究的方便，没有完全的精确性，可以有部分上下浮动。

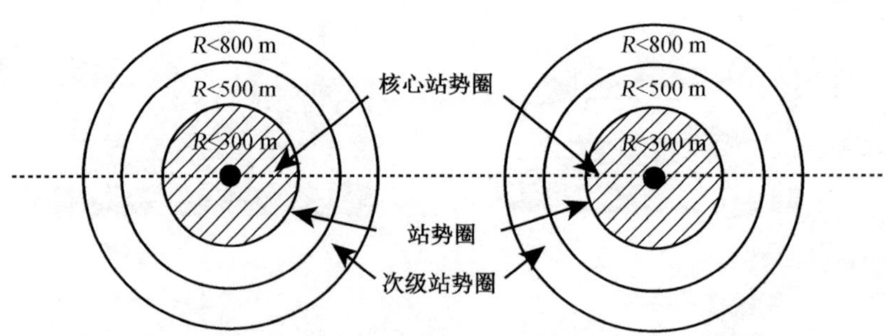

图 4.2　轨道站点站势圈作用范围

来源：自绘

城市轨道交通是公益性、经济外部性很强的大型城市公共基础设施，由于其高度的可达性，可对其站点周边物业进行刺激开发，以达到商业聚集的作用（王德起、于素涌，2012）。随着城市化的推进，各站势圈发展具有互相连接的作用，最终形成一个整体的商业发展区域，典型的实例是蒙特利尔及多伦多地下城的建立(图 4.3、图 4.4)。初步推测，重庆商业中心区目前的发展还处于 300～400 m 核心站势圈圈层内，随着商业中心区的再开发，站势圈将逐步连接，形成连片的商业区，地下空间也将同步连接，如小龙坎站将与三峡广场站连通。但由于地形高差，这种连通只能在地势平坦、高差不大的区域内存在(表 4.5)。

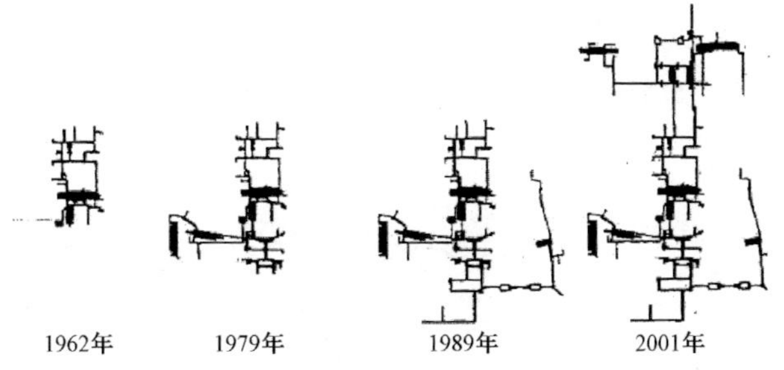

图 4.3 蒙特利尔地下城发展演变过程

来源：埃德蒙·N. 培根，2003. 城市设计[M]. 黄富厢，等，译. 修订版. 北京：中国建筑工业出版社

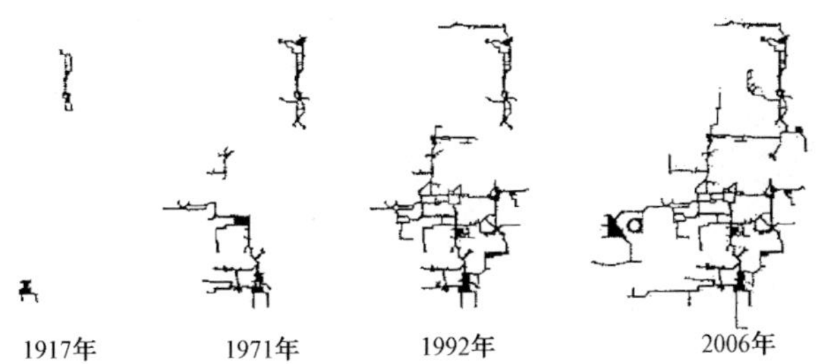

图 4.4 多伦多地下城发展演变过程

来源：童林旭，2005. 地下空间与城市现代化发展[M]. 北京：中国建筑工业出版社

表 4.5 各商业中心站势圈范围

	R<300～400 m 核心站势圈	R<500～600 m 站势圈	R<800～1 000 m 次级站势圈
三峡广场	长江 重庆大学 重庆大学 重庆师范大学 中梁山	长江 重庆大学 重庆大学 重庆师范大学 中梁山	长江 重庆大学 重庆大学 重庆师范大学 中梁山

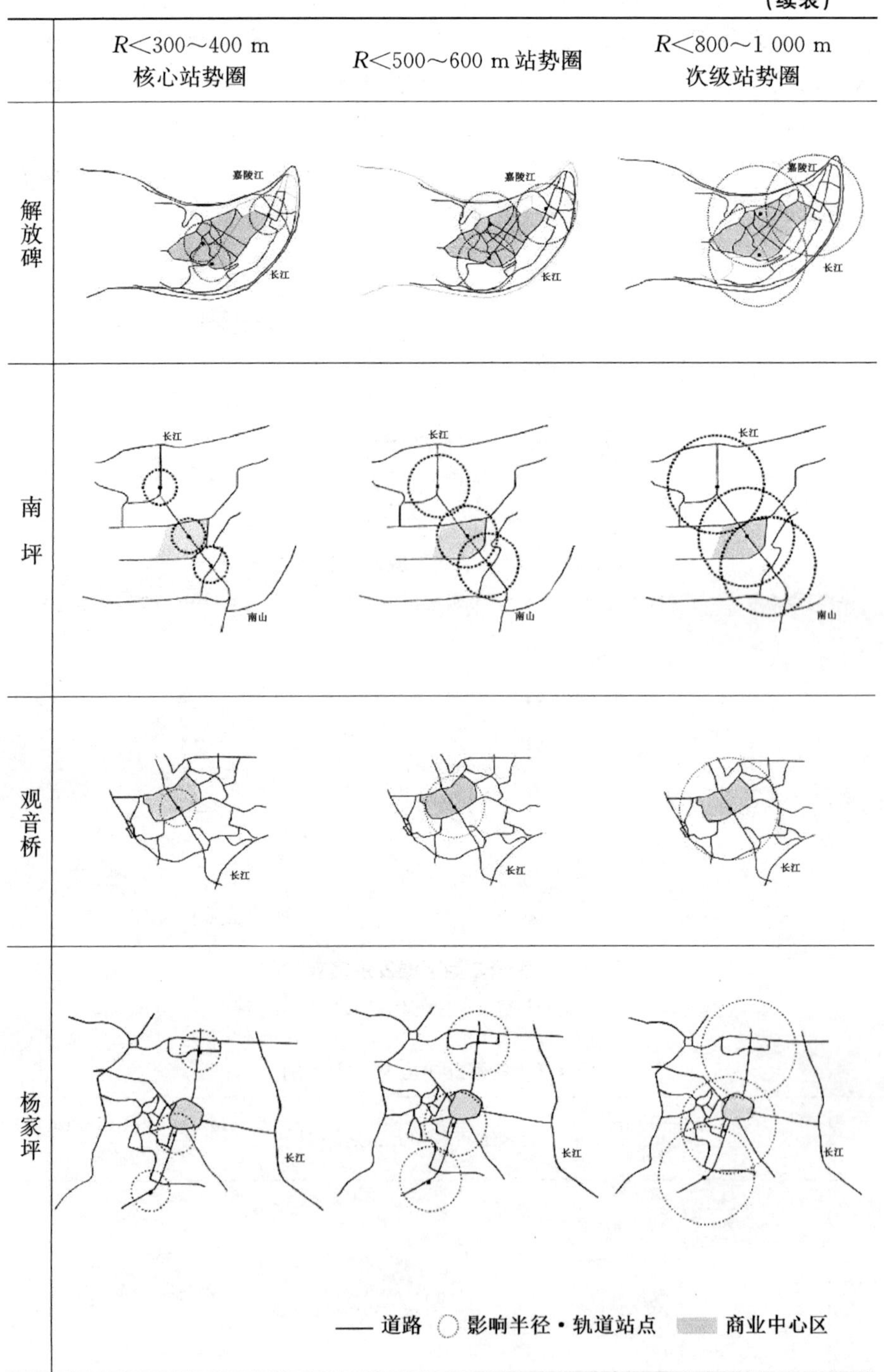

（续表）

	$R<300\sim400$ m 核心站势圈	$R<500\sim600$ m 站势圈	$R<800\sim1\ 000$ m 次级站势圈
解放碑			
南坪			
观音桥			
杨家坪			

来源：自绘

4.3 商业区内部紧凑发展

4.3.1 以“地下交通空间”为“发展流”促进功能复合利用

商业中心区地下空间的利用被许多著名案例证明是整合城市空间的一种有效形式①,而要达到城市空间的高效利用,以“地下交通空间”为核心进行复合利用才是地下交通促进城市发展的根本意义所在。地下空间利用的实质是利用交通空间增强空间之间的联系,使之达到功能混合、高效利用的目的。交通空间是功能复合利用中最重要的元素,其他城市功能空间均以此为“发展流”②(如轨道站点、高铁站点、公交车站点、步行通道等),带动地下商业、娱乐、服务业的发展。地下空间利用,无论是竖向还是平面布局,功能的紧凑布局可以促进地面上下、地下片区之间的协调发展,减少流线的干扰及混乱,最终达到商业中心高效运作的目的。

4.3.2 平面“一核三环”式功能分布

重庆商业中心发展过程中地下空间的整合作用

根据第三章地下空间开发与商业中心发展的规律可知,重庆商业中心区的形成都伴随着地下空间的产生和发展。通过分析四个商圈的扩容过程(图 4.5、图 4.6),可知重庆城市中心区地下空间产生的首要驱动力来自交通与商业扩张的需求。

将以上四个商业中心的发展过程抽象归纳为以下六个步骤(图 4.7):①商业中心区的道路两旁产生商业街;②道路两旁的商业街扩张成为商业区,同时跟随建筑一同产生地下室;③道路两旁的商业区得到扩张;④道路放入地下,地面形成商业街,道路两旁的商业区联系起来;⑤商业区开始辐射周边地区,形成更大的商业区,所有机动车交通被自然地排斥在外围;⑥随着商业区或者商业中心区的进一步扩张,外围的交通再一次放入地下,形成外环地下车道。重庆主城区五大商业中心区扩张的进程不同,仅解放碑商业中心区即将经历第六个阶段(目前已提出解放碑外围地下车道的构想),其他商业中心区几乎都处于第五个阶段。

---

① 如波士顿大道、拉德芳斯新城商业中心地下交通枢纽等。

② 发展流包括“动力轴”及“动力源”,除此以外还包括区域层面的地下步道、车库、换乘点等。

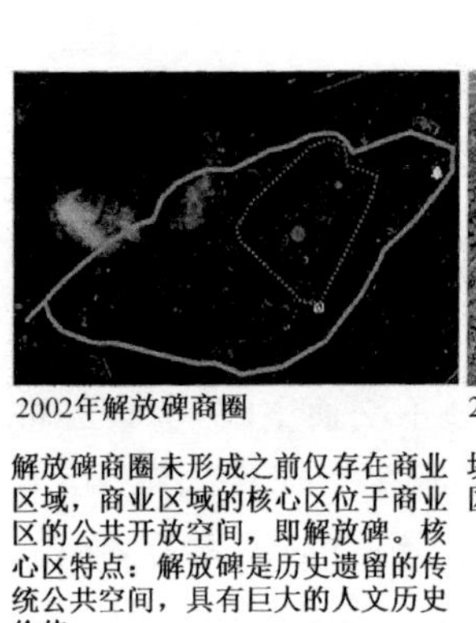

2002年解放碑商圈

解放碑商圈未形成之前仅存在商业区域，商业区域的核心区位于商业区的公共开放空间，即解放碑。核心区特点：解放碑是历史遗留的传统公共空间，具有巨大的人文历史价值

2005年解放碑商圈

块状商业区向外扩张，核心区位置不变

2010年解放碑商圈

块状商业区继续向外扩张，核心区位置不变并形成次级核心区，次级核心区位于轨道换乘枢纽

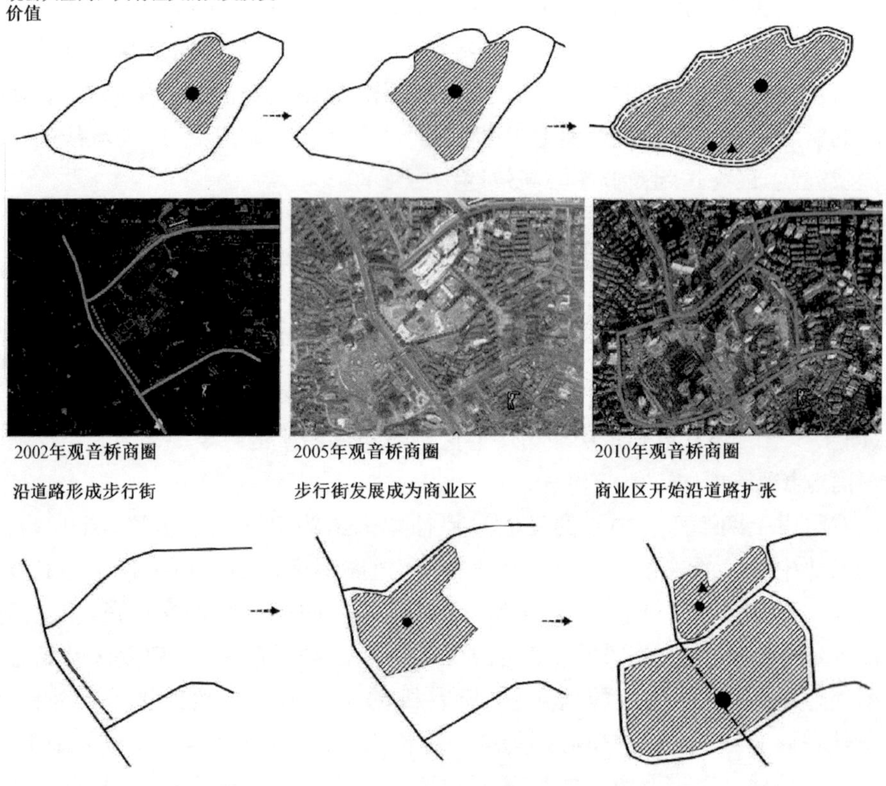

2002年观音桥商圈

沿道路形成步行街

2005年观音桥商圈

步行街发展成为商业区

2010年观音桥商圈

商业区开始沿道路扩张

图 4.5　解放碑及观音桥地区商业中心的扩容过程

来源：自绘

2002年南坪商圈

在两条具有巨大高差的道路之间形成商业街

2005年南坪商圈

商业发展自发集聚在车站周围，形成商业区

2010年南坪商圈

用现代城市规划手段对商业地块进行规划设计，将原有阻隔两个商业区的车道置于地下，形成整体的商业区，并在新的步行商业街及广场形成新的商业核心区

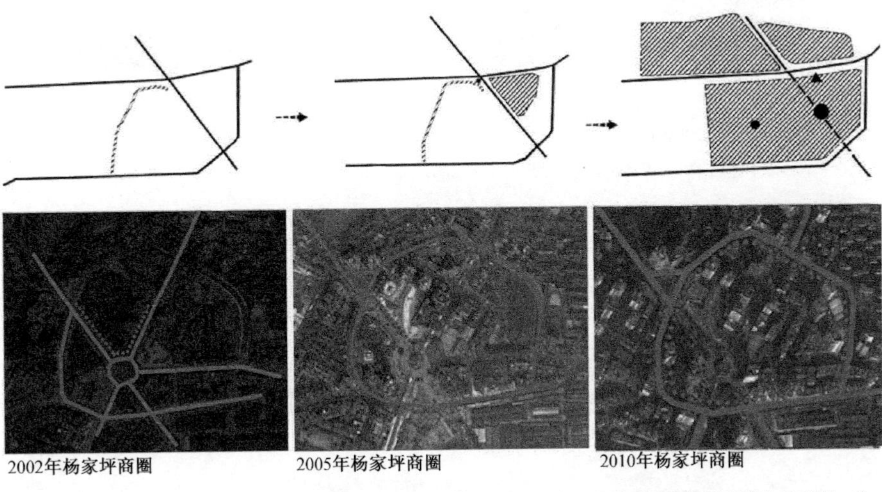

2002年杨家坪商圈

沿道路形成带状商业街，未形成核心区

2005年杨家坪商圈

带状商业街扩展为片状商业区，商业核心区位于公共的步行街空间

2010年杨家坪商圈

现代城市规划手段设计的商圈，片状商业区扩展为更大区域的商业区，并形成商圈，商业核心区位于开敞的交叉公共广场空间

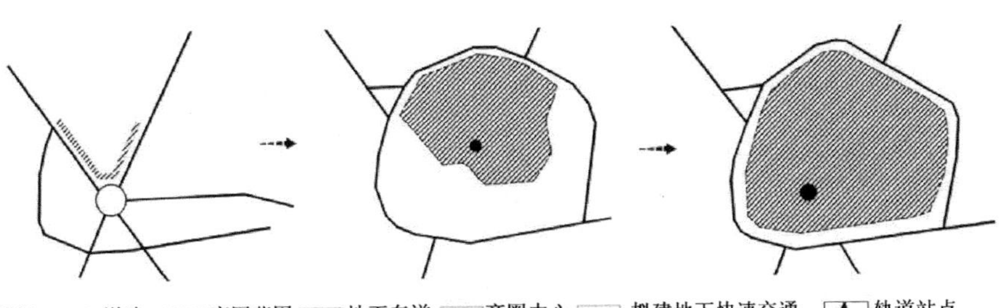

图 4.6　南坪及杨家坪地区商业中心的扩容过程

来源：自绘

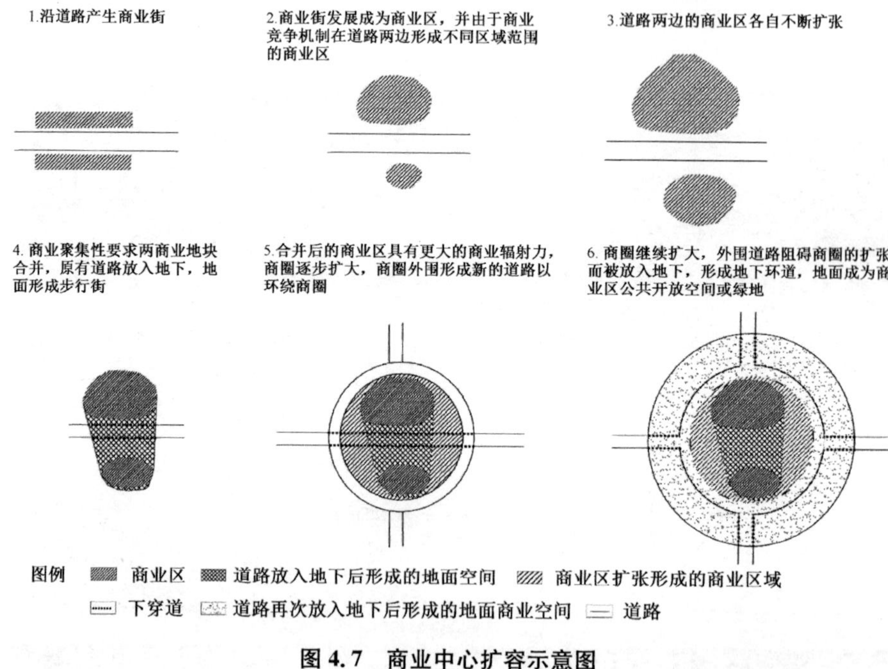

图 4.7 商业中心扩容示意图

来源：自绘

4.4 空间立体化设计

4.4.1 地面上下整体开发、功能复合及协调

地下空间的利用是整合城市空间的一种形式，如重庆观音桥商业中心区下穿道的利用及三峡广场高铁站的建立等，其实质是增强空间之间的联系使之达到功能混合、复合利用的目的。由商业中心扩张的演变可知，山城中心扩张遵循“将坡变平—高空扩展—地下扩展”的循环扩张模式，地下空间开发以公共交通站点为“发展源”与其他功能空间进行复合化利用。竖向及平面方向，均遵循“交通空间→公共空间→商业空间→娱乐空间→办公空间”这样一个层级布置原则，以达到功能的复合及协调。日本福冈天神地区的发展以轨道站点为“源”，运用地下步行系统连接天神地区的各种城市功能，促使城市功能的复合协调(图 4.8、图 4.9)，建立紧凑的城市中心区。具体分析如下：

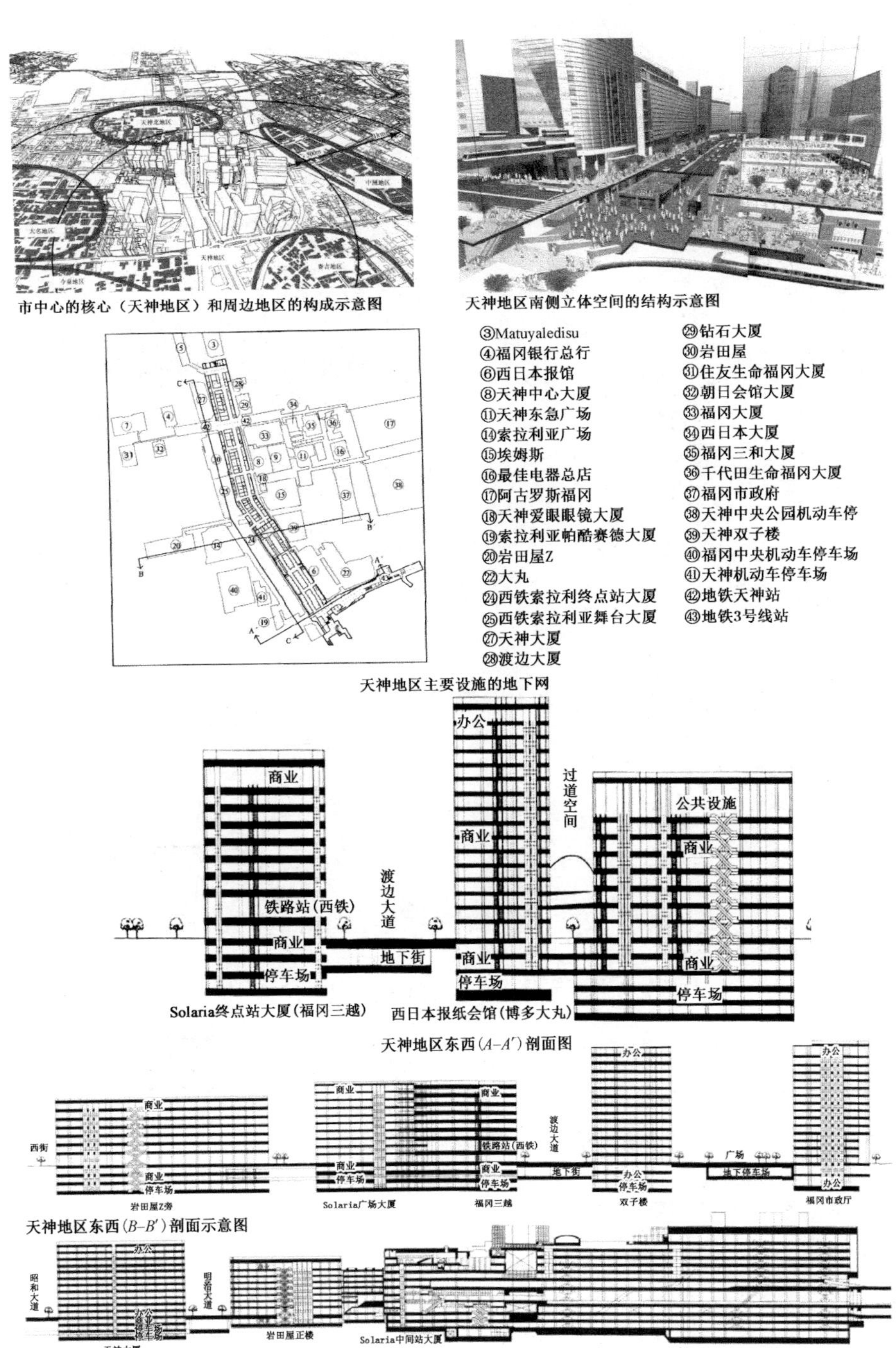

图 4.8　福冈天神地区示意图

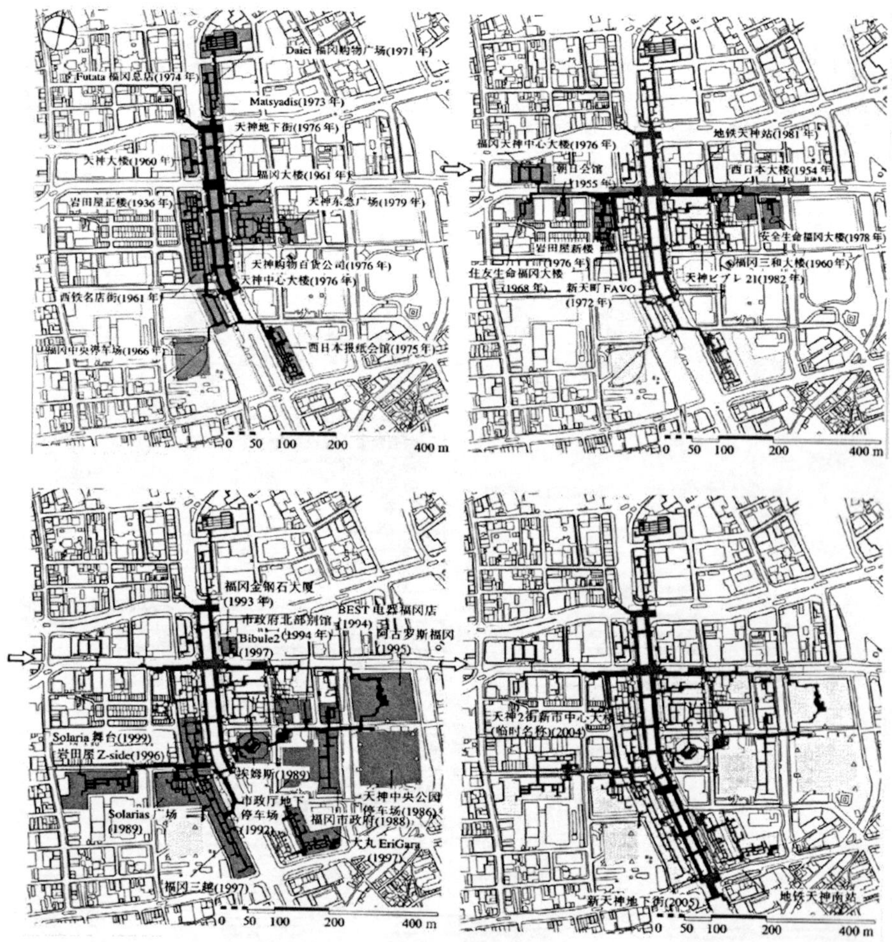

图 4.9　天神地下街的演变

图 4.8、图 4.9 来源：日本建筑学会，2001. 建筑设计资料集成：地域・都市篇Ⅰ[M]. 张兴国，等，译. 香港：雷尼国际出版有限公司

1）地下街道的发展和立体的环游空间

天神地区的建造物，以福冈机场的布局为基础，根据《航空法》的限定，其绝对高度与其他主要地区城市相比，定得更加严格（大约 70 m），也就是说超高层建筑是不存在的。此外，地下街道的发展成为该地区的特点。1976 年开业的天神地下街，以及之后建成的地铁站，将附近的商业设施一一联结起来，开发形成地下步行者交通网，特别是大规模地下停车场的整顿（1976 年、1986 年）。地区北侧高速公路的修建使汽车利用更为方便。由于西铁车站的再开发，对与道路上空设施相关联的道路也进行了建设，根据地下、地上、空中的网状分布创造出了立体的环游空间，并且还与 2005 年开通的地铁 3 号线合并，将地下街道南边延长了 230 m，步行者的地下交通网络得到扩大。

2）流通竞争和商业设施的集聚

天神地区商业设施的集聚分为三个时期。在地区商业流通日趋激烈的竞争中，不同时代背景下的民间设施纷纷展开竞争，包括地区的步行网络和公共空地等在内的公共空间也逐渐形成。

（1）南北网络轴形成期（1970—1976 年）

渡边大道的沿途陆续修建了许多大型商业专门设施。1976 年，渡边大道下修建了地下街道，这一时期是该地区南北方向网络的形成期。

（2）复合功能形成期（1977—1988 年）

1979 年，有轨电车全面停运，1981 年开通了地铁，修建了像 Eames、Solaria 等复合型商业设施。这里不仅仅进行商品销售的地方，更是各种信息的获取场所。

（3）舒适性的形成期（20 世纪 90 年代）

在此期间，建设了各种各样的户外空间和具备情报发送功能的大型商业设施，由地下街道和空间回廊形成充满立体感的地区。

3）围绕天神地区所展开的城市政策

除此之外，促进天神地区紧凑发展的还包括城市政策。1960 年以后，按照各个时代福冈市的城市政策（基本规划等），各民间事业和公共事业进行调整和合作的目的就是将紧凑的功能聚集在一起，形成一张发达的网状格局。

1971 年第 3 次基本规划提出强化福冈作为九州的交通枢纽和购物中心的功能，将地下街道、步行连廊等进行地区的一体化规划设计。通过这样的政策，日本展开了大型的民间开发。1971 年，日本实施了天神地下街道的规划；1972 年成立福冈地下街道开发股份公司，开始着手推进建设。1989 年第 6 次基本规划提出（此时正处于泡沫经济时期），加强建设面向 21 世纪的市中心，提出整顿连接福冈和博多东西主要街道的《福博散步道构想》，同年讨论了《福冈市中心构想》。福博散步道促进了福冈和博多之间的东西交流，最终形成了紧凑的市中心区域格局。

4.4.2 因地制宜选择地下空间开发形态

重庆商业中心具有地形高差，不同的地块具有多种坡地形态。重庆商业中心区具有凹槽型、斜坡型、平坝型、半岛型四种形态，在具体的地块上也会具有多种坡地形态。不同的坡地情况采用不同的设计方法可以减少土石方的开挖量，也可以为地下空间创造单面采光、自然通风的良好内部环境，节约能源。具体形式如表 4.6 所示。

表 4.6 因地制宜选择地下空间的开发形态

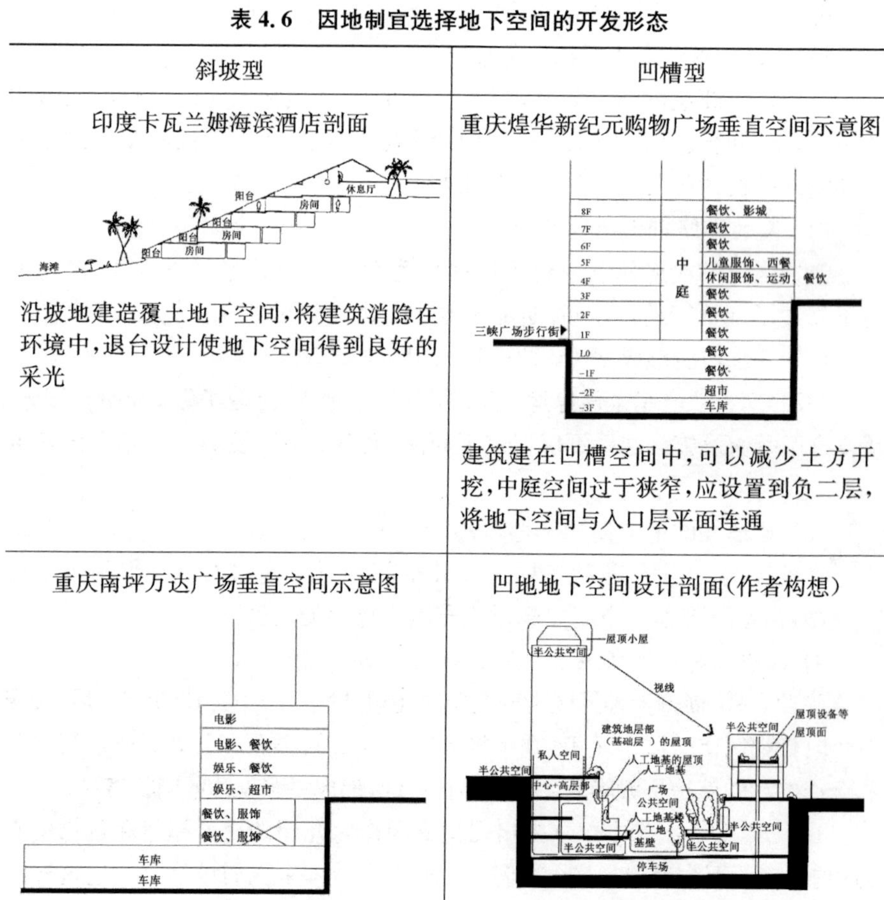

斜坡型	凹槽型
印度卡瓦兰姆海滨酒店剖面 沿坡地建造覆土地下空间，将建筑消隐在环境中，退台设计使地下空间得到良好的采光	重庆煌华新纪元购物广场垂直空间示意图 建筑建在凹槽空间中，可以减少土方开挖，中庭空间过于狭窄，应设置到负二层，将地下空间与入口层平面连通
重庆南坪万达广场垂直空间示意图 建筑将 18 m 高差自然地变成功能空间，宽敞、通高两层的中庭设计使空间流通，地下空间无压抑感	凹地地下空间设计剖面（作者构想） 在凹槽空间中设置一个内广场步行街，步行街空间向外分层发散，与外部公共空间联系，形成既具有私密性又具有公共性的趣味空间

（续表）

斜坡型	凹槽型
洪崖洞半地下空间利用及多基面特性	三峡广场火车站改建 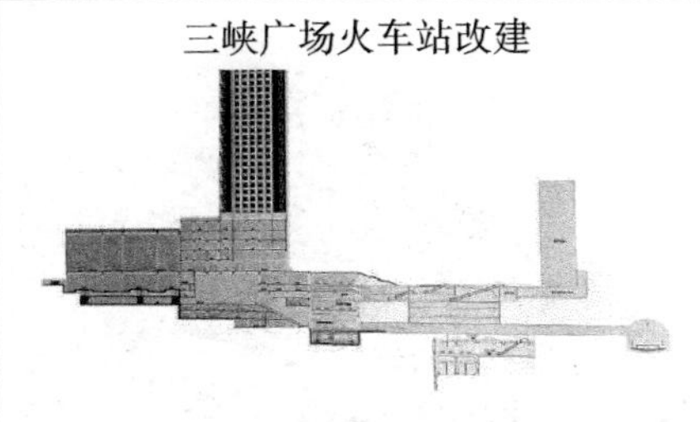
半岛型商业区具有大量的沿江崖壁，在崖壁上设计地下空间，可以扩展空间容量，大量地下空间屋顶也可以成为观景平台，增加商业中心区的平地面积	三峡广场火车站利用凹槽空间减少土方开挖量，同时与原有的丽苑手机商场及地铁站连通，促进三峡广场商业中心区地下空间的连片发展
覆土（平坝型）	**凸起（半岛型）**
上海静安寺公园	德国赛赫姆汉莎航空公司培训中心 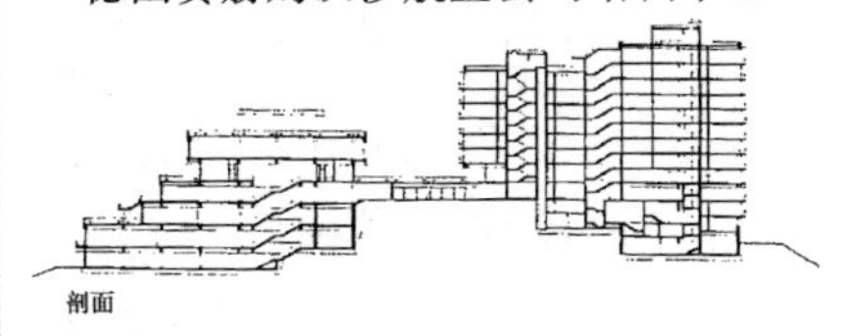
平地地区运用整体覆土的方法，设置下沉式广场入口，消除人们进入地下空间的负面心理	凸起地区运用建筑创立人造基面，扩大平地空间，建立立体的步行系统
大规模的地下空间城市设计	
朝天门广场 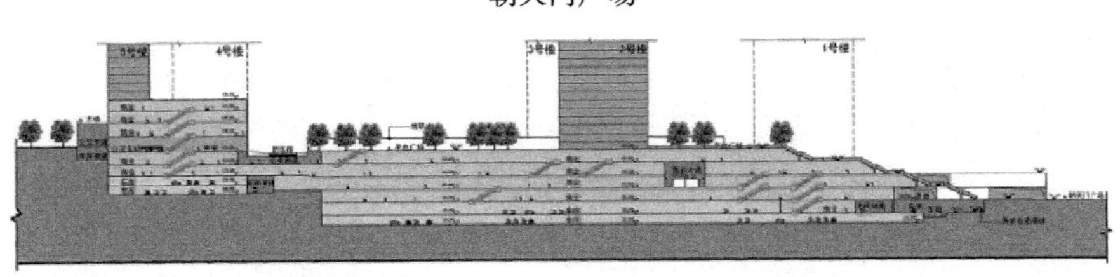	
半岛型商业中心在三个方向上具有高差，且坡度较大，大规模的地下空间城市设计可以提供大面积的屋顶平台及广场，利用地下空间可解决山地城市地形破碎化的问题	

（续表）

山地商业中心构想
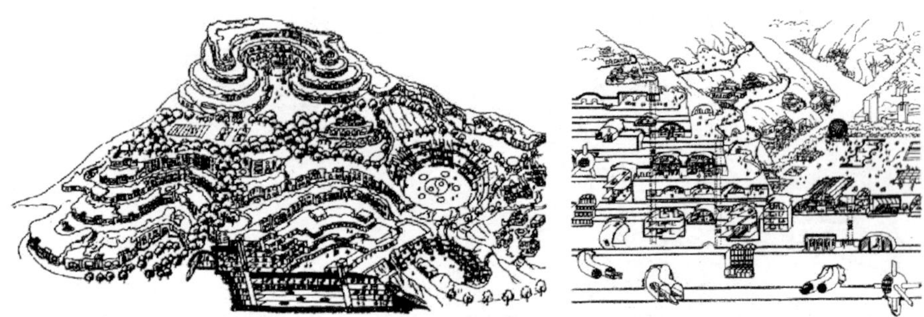
利用山体建设商业中心虽然是吉迪恩的一种构想，但是却为设计师提供了一种设计思路，运用山体的立体化特性组织商业空间、交通空间、休闲空间，商业中心与山体相融

4.4.3 立体步行网络

由中国香港中环片区与日本大阪站片区对比可知，在相同范围的区域内（两图图示比例相同），中环片区形成了地下、空中步道一体的步行体系，大阪片区形成地下网状步行体系——梅田地下街（图 4.10）。另外，通过 Google Earth 测量蒙特利尔地下城片区，香港旺角片区、中环片区，大阪站片区的海拔高度可知，蒙特利尔地下城片区地形平缓（平均坡度 1.81%）（表 4.7）；旺角片区（平均坡度 1.85%）（表 4.8）和大阪站片区坡度较小，地势平坦，发展地下步行系统；中环片区地形起伏较大（平均坡度 84%）（表 4.9），发展地面、空间立体步行系统①（图 4.11）。

① 蒙特利尔，香港中环片区、旺角片区各站点直线距离为 500～600 m。

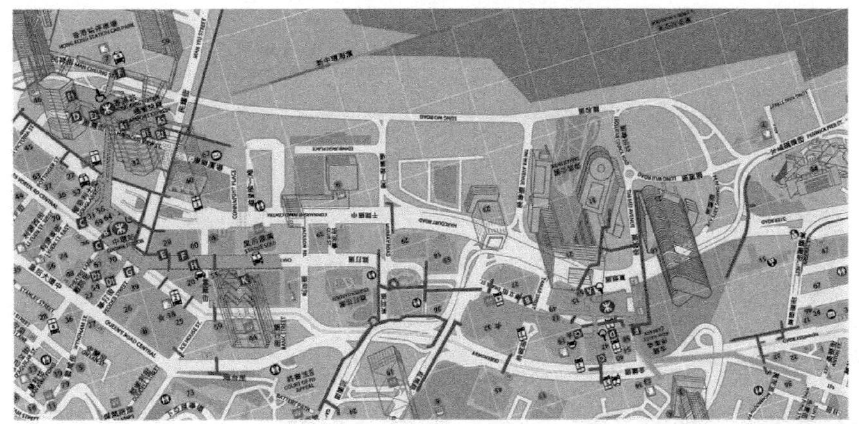

香港中环金钟片区轨道站点及天桥分布图

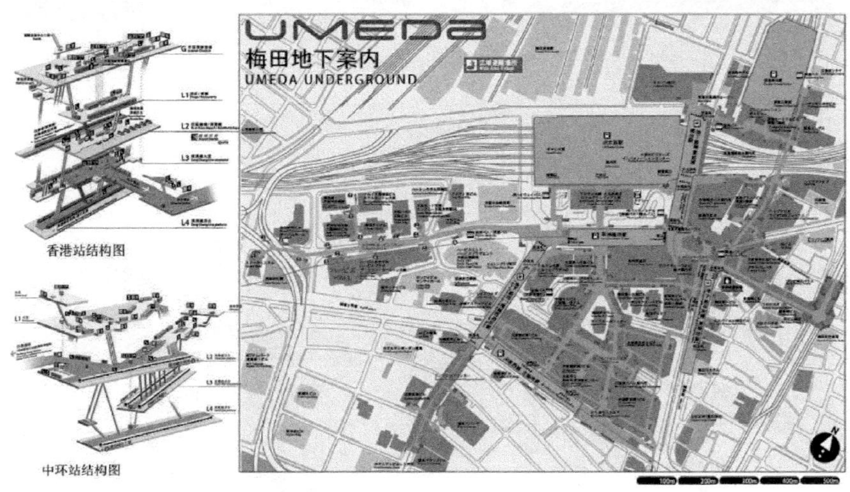

图 4.10　香港中环片区步道系统与大阪站步道系统对比图

来源：中环片区来源于 MRT 官网；梅田地下街来源于大阪站官网

表 4.7　蒙特利尔地下城各站点海拔高度

站点	Berri-UQAM	Saint-Laurent	Place-des-Arts	McGill	Pell	Guy-Concordia
海拔/m	27	30	36	47	52	58

来源：据 Google Earth 数据自制

表 4.8　香港旺角地区各站点海拔高度

站点	旺角东	旺角	油麻地	佐敦
海拔/m	23	27	32	40

来源：据 Google Earth 数据自制

表 4.9　香港中环地区各站点海拔高度

站点	香港	中环	金钟	湾仔
海拔/m	10	47	26	50

来源:据 Google Earth 数据自制

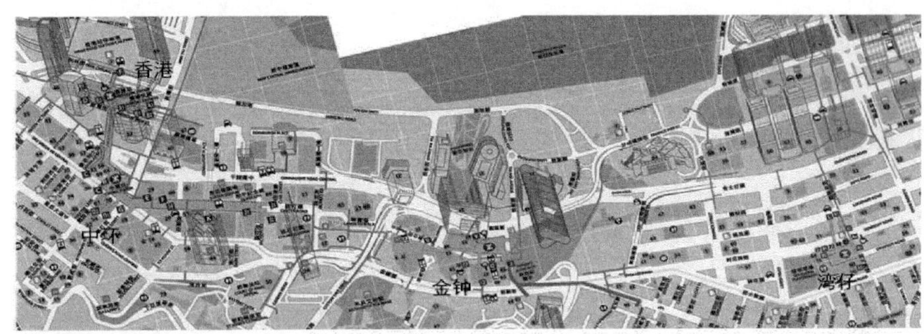

中环地区地下空间分布

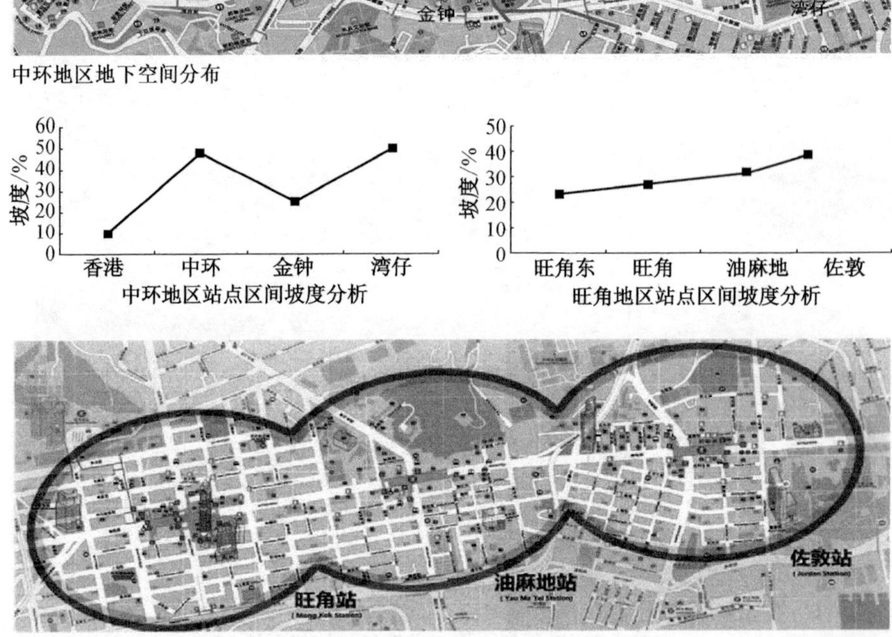

旺角地区地下空间分布

图 4.11　香港中环片区、旺角片区剖面及地下空间形态分析

来源:中环及旺角片区来源于 MRT 官网

由上文分析可知,平面城市与山地城市商业中心区的地下空间形态发展将有所区别,地下空间平面网络系统适宜在平原地区发展,如蒙特利尔地下城、新宿站、东京站、大阪站、福冈天神站地下街等,地下街随地面交通或者广场扩展,与地面形态对应。对于山地城市而言,地形起伏大,如香港中环站片区(高差达 30 m,平均坡度约 84%)及重庆主城区,应该考虑建立地下、空中步行系统，即在站点核心区域内发展地下步行网络，而运用空中步道向外扩展。从商业中心集聚发展的角度出发，站点核心区域范围在可能的情况下，应构成 800～1 000 m 的全地面步行系统。

由此，我们可以进一步推断，城市地下空间的结构发展最终是与地面结构相对应的。平原城市地下空间一般分布于道路及广场下方，结构由道路及城市公共空间决定，如东京地下街、福冈地下街、大阪梅田地下街、蒙特利尔地下城等。香港旺角片区、大阪站片区、山地城市地下空间在高差不大的中心区范围内，最终也将形成地下空间网络，如重庆沙坪坝站至小龙坎片区。但是由于山地城市中心区之间有丘陵、沟壑等自然地形存在，很难形成大面积的地下城市，其将继续随地面“多中心组图”式格局，在各中心区域呈网状结构，而在组团间以立体交通的方式连接。

4.4.4 将地形高差转化为多层次的城市基面

山地城市高差是设计的难点，同时，也是可以利用的重要因素。利用地形高差设计多层次的入口可以最大化地引入人流。如重庆日月光广场的设计(图 4.12)，在 3F、2F、1F、B1 层均设出入口，人可以从各个方向出入。北城天街利用地形高差，设计对外街的出入口，与城市空间相接(图 4.13)。观音桥商圈的设计整体随地形进行开发，下沉景观广场、步行街广场、表演舞台、建筑平台自然地形成了一系列的城市基面，在城市基面下半地下、地下空间得到很好的利用(图 4.14)。

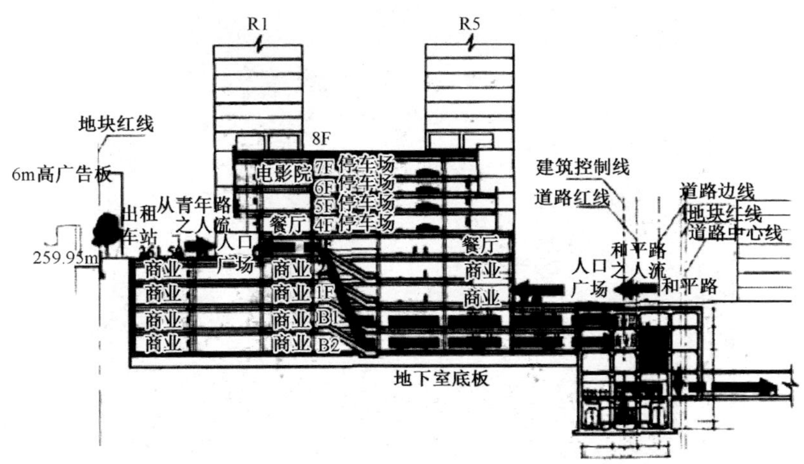

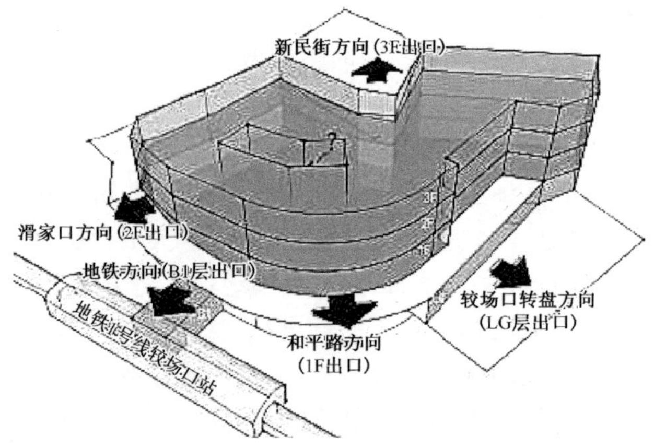

图 4.12　解放碑日月光广场多层次城市基面及出入口

来源：张陆润，2012. 重庆市日月光中心广场设计[J]. 重庆建筑(6)：10-13

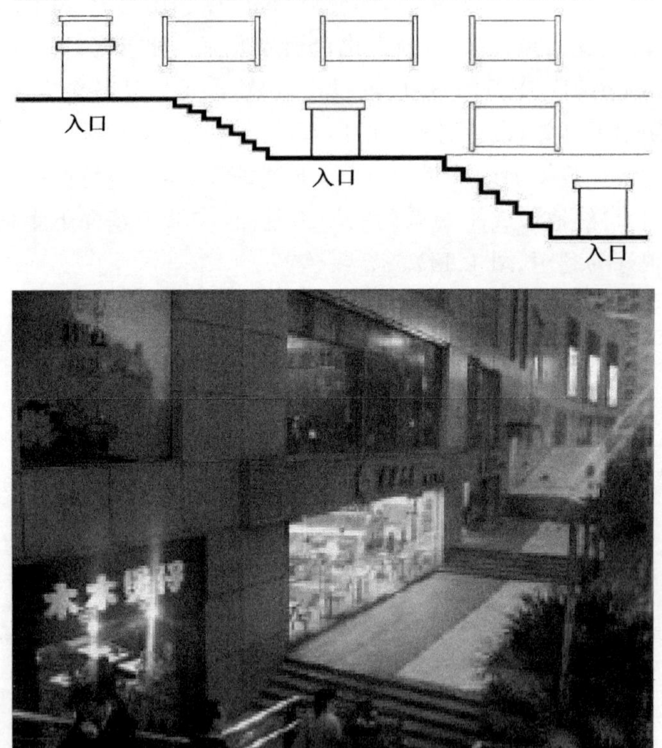

图 4.13　观音桥北城天街跌落式出入口

来源：自绘、自摄

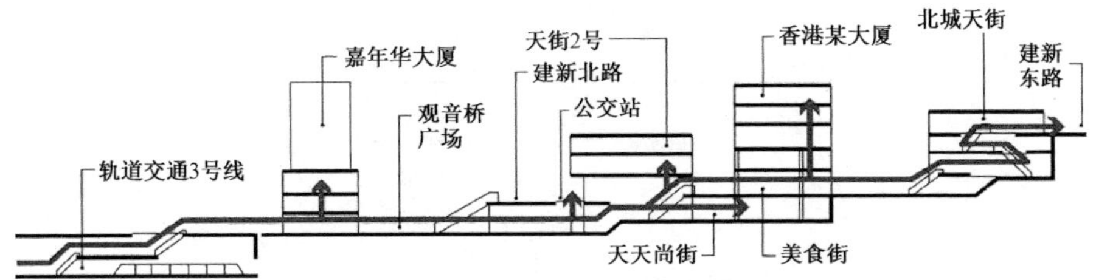

图 4.14　江北观音桥商业中心步行街剖面

来源：自绘

4.5　地下空间的安全设计

4.5.1　日本地下街设计规范的借鉴

地下街位于封闭的环境中，保障疏散安全较之平原更难。为了消防和安全的需要，在地下街疏散及材质上面应该有明确的规定，如日本的地下街设计规范（图 4.15a）。地下街及地下步行通道是步行网络的构成部分，地下步道除了属于地下街部分的地下步道外，还包括其他连接通道等（图 4.15b）。

1) 地下街的设计规范

(1) 面临地下步道店铺开间应在 2 m 以上($L>2$ m)。

(2) 地下步道的界面材质应采用耐火构造材料。

(3) 各店铺的任意位置到出入口的步行距离应小于 30 m($L<30$ m)。

(4) 内部装不燃化、准不燃化材料。

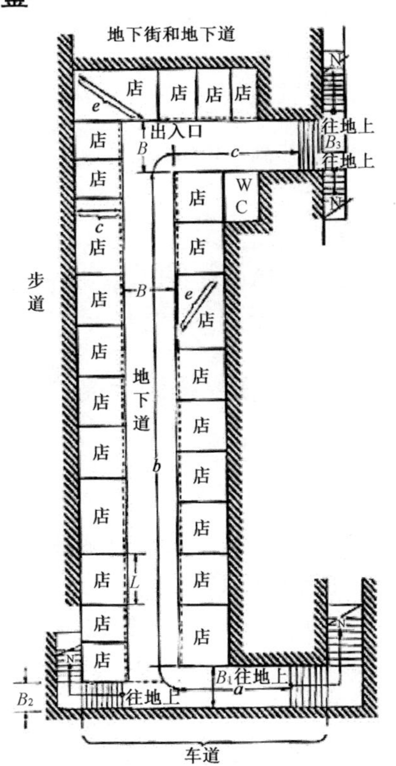

图 4.15a　日本的地下街设计规范

来源：日本建筑基准法

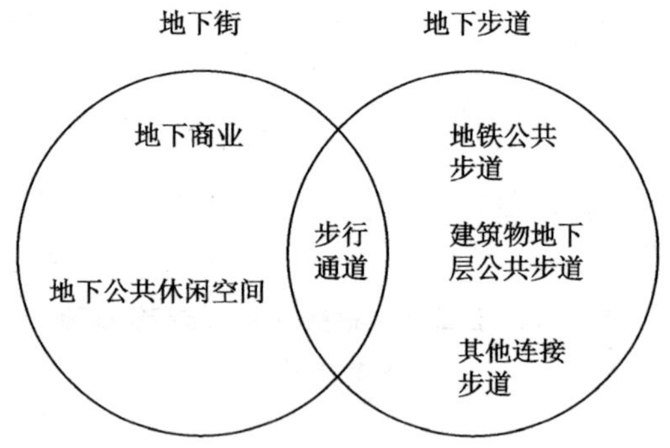

图 4.15b　地下街及地下步道关系

来源：自绘

(5) 设置防火分区及自动防火卷帘门。

2) 地下道的情况

(1) 耐火构造。

(2) 不设置台阶。

(3) 天井高≥3 m。

(4) $(B_1+B_2)\geqslant B\geqslant 5$ m。

(5) $(2\times B_2)\geqslant B\geqslant 5$ m。

(6) 到台阶的步行距离$(a+b+c)\leqslant 60$ m。

(7) 设置排烟、照明、排水设备。

4.5.2　《导则》中设计标准的相关建议

2007 年，重庆市规划设计研究院编制了《重庆市城乡规划地下空间利用规划导则(试行)》(以下简称《导则》)，该《导则》涉及地下街及地下通道的部分设计标准。笔者通过对日本地下街利用的实地考察及相关文献查阅，提出以下几点关于其需要改进的建议。

1) 不应对地下街建筑面积进行限制

《导则》规定"地下街规模的确定应综合考虑该区域长远发展规划以及地下街通行能力等因素，地下街建筑总面积宜不小于 5 000 m²，并设置必要的供水、排水、通风、电力等设施"。这里不应对地下街总建筑面积进行限定，根据国外城市的发展经验，地下街最终将由步行道连接成地下城，或连接成片，因此可推断地下街的设计不需要对面积进行限制，而只需要进行防火分区的设定。

2）地下街的净高及净宽值过小

《导则》规定“地下商业设施的布置不应妨碍人行交通的通达性，不带商业的地下公共通道最小宽度不应小于 6.0 m，净高不宜小于 3.0 m；带有商业设施的地下公共通道宽度不应小于 8.0 m，净高不宜小于 3.5 m。地下街构造上有困难时，在保证消防安全的条件下，地下道的净空高度不应小于 2.5 m”。不带商业的地下公共通道宽度应该根据人流量的大小而确定，带有商业设施的地下通道宽度 8 m 过小，不符合使用要求。地下通道的净高不小于 3.0 m 这一数值较小，为保证空间质量，建议净高应在 5.0 m 左右，预留 1 m 设备层。

3）《导则》的其他相关规定

“地下街内直通楼梯两侧各 3.0 m 范围内，不得设置建筑物的地下人行出入口。

“地下街内高差宜通过竖向交通集中处理；但采用坡道处理高差时，地下街内（不含楼梯部分）坡度应不大于 1∶15（日本标准 1∶8），而且必须采用粗面或防滑材料。

“地下街各出口设置应明显；在地下街每一防火分区内，各出口通道宽度的总和应大于该段地下街通道宽度。”

4）应避免人行过街设施的单独修建

《导则》中规定，城市道路横断面上过街人流量超过 5 000 p/h（人/时）时，且同时在路段上双向当量小汽车交通量超过 1 200 pcu/h（标台/时）时，应设置人行过街设施。符合以下几种情况之一的宜选择人行地道：①需保护城市景观；②地面呈凸状地形；③地面上有障碍物；④可结合人防、地下空间及地下轨道交通建设时。

独立人行过街设施属于地下空间零碎化开发行为，其开发将为后期地下空间的整体式开发带来隐患，因此应该尽量减少地下过街设施的开发，而尽量采用人行过街天桥的形式。

4.5.3 《导则》中地下步道设计的建议

1）无须限定步行通道的长度

《导则》中规定“人行地道一般设置在城市中心的行政、文化、商业、金融、贸易区，主要设置于步行人流流线交会点、步道端部或特别的位置处”。“人行地道的长度不宜超过200 m，其最小宽度 6.0 m；如有特别需要而超过 200 m 时，宜设自动人行道。通道内每间隔 50～80 m 应设置防灾疏散空间以及 2 个以上直通地面的出入口。最大建设深度宜控制在 10 m 以内。”笔者认为无须限定地下步行通道的长度，而应尽量联结地下公共空间，形成网络化的地下通道。

2）步道宽度

城市商业中心地下步行系统的网络化将导致无法限定步行通道的长度，而需要分段进行消防疏散的处理。其最小宽度应该根据预测的人流量大小进行设计，根据日本的经验（地下都市計画研究会，1994），其具体计算方法如下：

$$W = P/1\ 600 + F$$

W：公共地下步道的有效宽度；

P：考虑该地区 20 年后的预想一小时最多步行者数量（人）（店铺、停车场等诱发的步行者，以及其他建筑物的地下层连接后可能出现的步行者均包括在其中）

F：2 m 的余宽。但是，没有店铺的情况下是 1 m。

如神户浜手线地下道宽度计算情况：

地下步道日交通设定

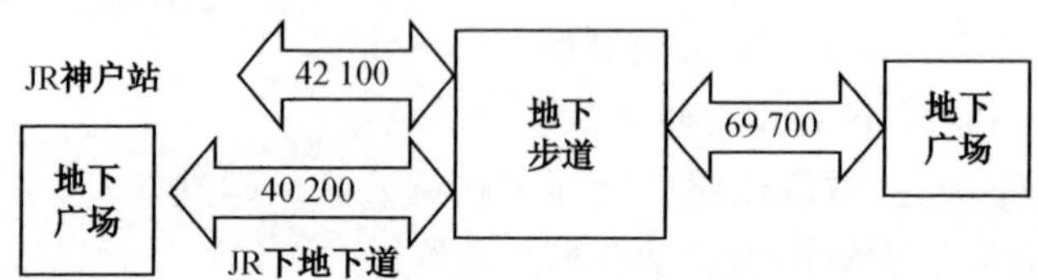

顶峰时交通量设定

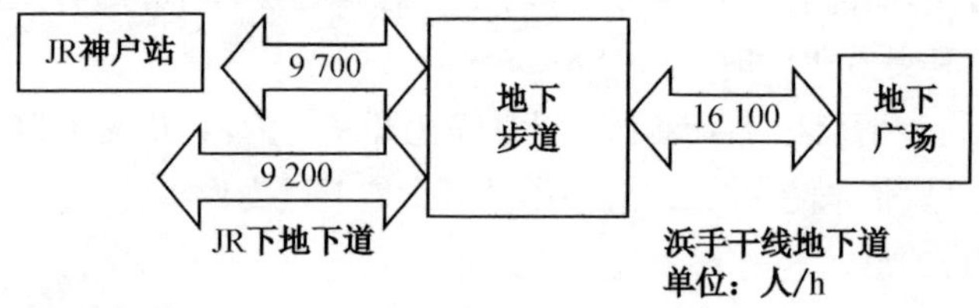

浜手线地下道宽度

两条地下道平均分配人流，一条地下道顶峰时刻的步行人流量下的宽度，按照以下基准设定：

$$16\ 100/(1\ 600 \times 2) + 2 = 7.03 \rightarrow 8\ \mathrm{m}$$

JR 下地下道宽度

同基准下必要宽度

$$9\ 200/1\ 600+2=7.75\rightarrow 8\ \text{m}$$

3）需要增设垂直交通的利用

重庆主城区地下空间的开发利用，特别是地铁站的开发利用，由于用地面积狭窄，站台层深度较之平原城市更深（山地城市站台层在地下 18～100 m，而平原城市一般在 24～30 m[①]），如三峡广场站台层在地面以下近 50 m，七星岗、红旗河沟等站更深达 90 m。由于用地面积狭窄，自动扶梯纵坡倾斜角过大，且宽度很窄，给行人造成恐慌感，因此应该在山地城市地下空间开发中大量普及运用承载量较大的垂直电梯。

4）地下步行通道入口与地面公共设施的衔接关系

在大量建筑及公共步道建设规划时，保证公共地下步道规划的优先权，需要将平面规划和断面规划综合考虑。为了保证地下空间出入口与其他交通的衔接关系，地下空间出入口的布置应该考虑地面与地面交通的关系。《导则》中规定："人行地道宜采用简明的形式，避免造成行人滞留，使站点与目的地之间的出行时耗最小化，地下步道出入口与公交站的距离宜在 200 m 之内。"

5）需要增加的设计规范

根据日本相关资料，高层建筑、百货商场、地下街的规划，设计上应该特别考虑地下空间的封闭性特征，以免在发生火灾的情况下，人口聚集的地方逃生方向不明确。因此，地下街需要设置成高认知性空间，除需要形状简单，公共地下道的宽度、与地上相连通的台阶的有效宽度等也有详细的确定。

6）地下步行通道的其他设计规范及设计建议

防火分区的设置：依据日本的地下步道设计原则，从公共地下步道的端部算起，公共地下步道每间隔 50 m 就需要设置一个供消防使用的地下广场。增加的地下街，与已存部分的连接部分，被视为公共地下步道的端部，应重新考虑设置地下消防广场。

阶段设计：与地上相通的阶段有效的宽度应大于 1.5 m。与地上出入口相通的阶段，原则上宽度应该大于 3 m。

消防广场设计：一般是地下消防广场，在防灾上设置必要的排烟和采光设施。公共地下步道及地下广场不应设置喷泉、水池等其他为避难时带来障碍的设施。

---

① 据北京城建（重庆）相关技术人员访谈说明整理。

与其他建筑相连的情况：日本建筑基准法里规定与公共地下步道相连接的各种构筑物必须与地下道相连。连接通道的宽度应大于 5 m，天井高 3 m 以上，台阶及坡度不能超过 1/8，这些需要在地下街设计时明确规定及详细提出。

公共地下步道的形状设计：公共地下步道的配置需要考虑紧急避难时容易疏散的需求，因此要求地下步道的形状尽量简便。店铺应该与地下街直接相连。即使各地下街进行简单形状的设计，所有地下街集合形成大的地下街，也会导致地下街变得复杂。应当尽量避免各规划差异较大的情况，例如各地下的连接处设计差异性较大或者各阶段高差不一致等。从防灾上考虑，应该将地下街间的连接处设计成广场，地下街两侧的店铺等应考虑防灾上必要的排烟、采光、通风等措施。

4.6 人性化设计及场所感的构建

4.6.1 场所感的构建要素

诺伯-舒茨(Christian Norberg-Schulz)在《场所精神：迈向建筑现象学》一书中分析了建筑空间的真正含义，并指出了存在空间的核心在于场所："存在的立足点与'定居'系同义字。'定居'就存在的观点而言是建筑的目的。'定居'不只是'庇护所'，就其真正的意义是指生活发生的空间是场所……而建筑师的任务就是创造有意义的场所，帮助人定居。"在此基础上，诺伯-舒茨分析了存在空间的结构化模式，并指出初期的组织化图示是由中心(center)亦即场所(place，接近关系)、方向(direction)亦即路径(path，连续关系)、区域(area)亦即领域(domain，闭合关系)等构成的。

场所当然也是一种空间，但其更强调空间的非物质性方面，或者说，是带有精神内容的空间，而这种精神内容是由其意义的关系所定义的。从某种程度上讲，如果空间的概念还更多地强调场所的可见物理形式，也就是空间是有形的，是可以描述的，其缺少的恰恰是场所中所看不见的常数，即人与这一有形空间的关系；而场所的概念则更强调场所中的人的体验和实践，在这样的意义上，我们通常强调的场所，实际上总是与"场所精神"联系在一起。

瑞尔夫(Edward Relph)所说的场所的同一性，即人与场所之间的关系："内在于一个场所即是去了解那个场所的丰富意义，并且去取得与此场所的同一性。"场所包含着我们的意向、态度、目的、经验，"场所是被融入了所有人类意识和经验里的意向结构"。也可以说，场所的同一性就是场所的意象，即经验、态度、技艺和感觉的“心灵图像”。在场所的概念中，空间、事件、意义三者是不可分割的整体。正如华格纳所说：“场所、人、事件与行为构成不可分割的统一体，人要成为自身，必须有某个有限的地方，与适当事件做某些确实的事。”

从2.4节的内容可知，可以通过“图式心理”的原理构建地下空间的认知性及场所感。场所感的构建是一个时间、空间、情境、意义共同作用的过程，人性化设计是构建空间、情境、意义的重要手段，是构建场所感的重要方面（表4.10）。

表4.10　地下街场所感构建策略及具体设计方法

设计目的	空间场所感	设计策略		
		设计要素	情境感的创造	空间设计方法
创造宜人的步行环境与安全的步行空间	舒适明亮的空间体验	采用照度较高的灯光与室内使用漫射光的方式；轻快的背景音乐	创造舒适感与放松感；保持视觉的穿透	地下街打开封闭面，部分可以直接看到地面环境，加宽地下街的空间
	温暖的步行环境	略为升高区域的温度，并保持恒温顶部光线照度较强，暖色光源界面暖色系色彩布置	舒适感与放松感组合；运用联想与幻想布置温馨和浪漫场景	着重内部空间的改善
	放松的休闲场所	采用安静的环境背景音乐 采用暖色光及不直接照到人的间接光	创造舒适感、放松感、自然感、运动感、娱乐感；让人可相互交谈、玩耍、互动的空间	设置下沉式广场，直接与室外空间互通，设置可坐下的各种家具
创造出让人产生惊喜感与喜爱感的场所	突然变化的场景	采用与前段地下街不同的颜色、灯光与符号及设计场景重点进行照明	惊奇感、放松感与孤独感的交互运用；让人可互相交谈的空间	设置下沉式广场，直接与室外空间互通，设置可坐下的各种家具
	充满梦幻的场景	采用适合儿童、比较活泼、较多种类的颜色 醒目与对比性强的颜色 播放愉快、梦幻背景音乐	记忆、幻想力、联想力的激发；惊奇感、压迫感与放松感的交互运用	着重内部空间的改变——高低、大小的变化

（续表）

设计目的	空间场所感	设计策略		
		设计要素	情境感的创造	空间设计方法
创造出让人产生惊喜感与喜爱感的场所	四季花园	强调花园的重点照明控制，还原恒温多层次花园设置	惊奇感与放松感的交互运用	人可观赏的空间花园；空间的独立与调整
	不可能在地下街出现的景象	采用与地下街主要使用颜色、灯光不同的形式 场景进行重点照明与发出特殊音乐	惊奇感、压迫感与放松感的交互运用；打破疲惫感、重复性与厌倦感	人可观赏的空间花园；空间的独立与调整
重现地面场景	引入自然元素	引入水、山石、植物等自然元素	创造宁静、清新的空间感受	运用空间处理引入自然光与自然环境周边设置下沉广场；大阶梯与外部中庭室内空间增设自然景观
	延续地面场景	墙面、地面采用与城市地面场景类似的颜色、符号设施	运用联想力、习惯与间隔时间不长的记忆；重复加强内心印象	基本空间结构不变，着重于内部装修的设计调整
城市文化与地下街结合	城市文化与传统场景的重现	模拟城市特定的时间场景、装饰风格顶部模拟真实的天空；特定时代的背景音乐、历史场景重现	重现城市美好环境，重现历史的美好回忆，重现美好的故事情节	留设活动的空间高度比一般地下街内部高；设计传统形象或传统的建筑形式
吸引人进入地下街并延长活动距离	让人自然地进入地下街	渐次变化的颜色、光线、声音与符号；平顺的动线设计；可视的夸张体量与结构	压迫感与放松感的交互运用；神秘感与期望逐渐加强气息	自地面步行道地下街经过；空间变化利用立体化整合空间进行引导设计
	提供足够的服务，增加地下街便捷性	服务空间部分不同功能场景在颜色与光线上的强调	满足心理的需求与对地下街方便性的认同，加强便捷性的印象，满足人们对地下街的各种期待	需要增加空间，容纳新增的服务，加入不同功能、活动空间与其他城市设施进行空间与技能上的整合

来源：自制

4.6.2 基于心理需求层次的设计

地下空间在心理方面给人以幽闭、恐惧、潮湿、烦闷的心理感觉，视觉、听觉、嗅觉、触觉等都影响着人在地下的空间感受和行为。由笔者对重庆地下空间的调查问卷可知，目前人们对舒适的最基本需求都没有得到满足：空气质量和通风情况不够理想，地下的声音环境过于嘈杂，地下空间不开阔，给人们带来了或多或少的心理不适①。另外，由调查结果可知，人们在地下空间中的方位感普遍较差，同时出入口的数量和可达性也不十分令人满意。在公共设施方面，重庆市地下街的公共设施远远难以满足行人的需要，休息场所简单粗陋，基本没有绿化景观，不能给人休闲的感觉。单一拥挤的环境使人们感到枯燥、烦闷，不愿进入②。从指示系统上看，人们普遍认为标示牌数量不够，位置不够醒目③，内容模糊粗略，缺乏人性化设计。

按照马斯洛提出的需求层次论(Maslow's hierarchy of needs，图 4.16)，人的需求从低到高依次是生理需求、安全需求、社交需求、尊重需求、自我实现需求五个层次。为了研究的方便，将这五个层次的需求分为生理层次需求、行为心理层次需求、文化情感层次需求，地下空间环境的设计也按需求的层次来塑造良好的空间环境。

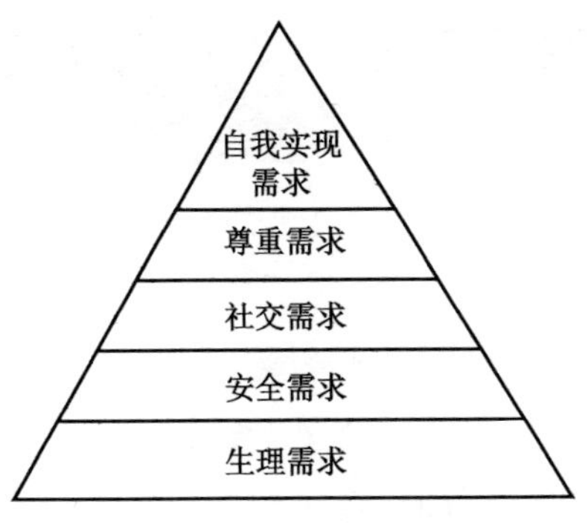

图 4.16　马斯洛需求层次

来源：亚伯拉罕·马斯洛，2007. 动机与人格[M]. 许金声，等，译. 北京：中国人民大学出版社

1) 生理层次需求：采光、健康、安全

由于地下空间的特殊生理环境，如具有天然光线不足、空气质量低、湿度大等缺点，环境条件对人的生理舒适度有很大的影响。地下空间设计需注意通风、采光、除湿等，以保证良好的舒适度。采光设计的具体方法有引入自然光、天井采光、人工光环境创造几个方面。

(1) 引入自然光及内部照明

引入自然光，主要可以通过处理地形与出入口的方式、天窗式(图 4.17、图 4.18)、天井式以及反射间接采光的方式这四种办法来解决。除此之外，地下空间的照明仍然主要依靠内部照明系统。地下街的内部照明应该合理运用光源特性，为使用者营造舒适的光环境，烘托商业氛围。

---

① 详见附录 C《重庆商业中心区地下空间调查问卷》。

② 详见附录 C《重庆商业中心区地下空间调查问卷》。

③ 详见附录 C《重庆商业中心区地下空间调查问卷》。

如何采用优质高效的照明器材，达到多方面的良好效果，这一点可在照明设计中给予足够重视。在空间照明上应尽量模仿白昼的光谱成分，营造一种虚拟的自然空间氛围，或者根据空间主题设计的需要营造一种温馨的室内空间氛围。

图 4.17　神户站地下街采光天窗
来源：自摄

图 4.18　大阪长堀地下街采光天窗
来源：互联网

(2) 健康环境

要创造一个安全健康的地下人工环境，就需要进行人工的温湿度及通风、采光控制，为地下空间创造适宜的微气候条件，同时还要创造一个良好的听觉和嗅觉环境，这是地下空间能否被长期使用的关键。在地下建筑中主要通过采用通风空调系统、加大通风量、提高换气率的方式来改善室内空气质量。在保证空气清洁度的同时，还要求室内有适当风速，使人能够感觉到空气的流动，并改变地下空间气闷的感受(图 4.19、图 4.20)。听觉方面，一方面是运用防噪声处理，另一方面是通过播放背景音乐来达到舒缓神经的作用。嗅觉方面，地下空间中放射性氡及其浓度一般高于地面建筑，氡对人体有较大的危害，严重时可诱发肺癌。而且地下空间的空气流通性较差，容易产生异味，造成较差的嗅觉感受，这个问题的解决除了通过加强通风外，还可以通过采用物理除臭、化学除臭等措施以及自然香味系统得到缓解。

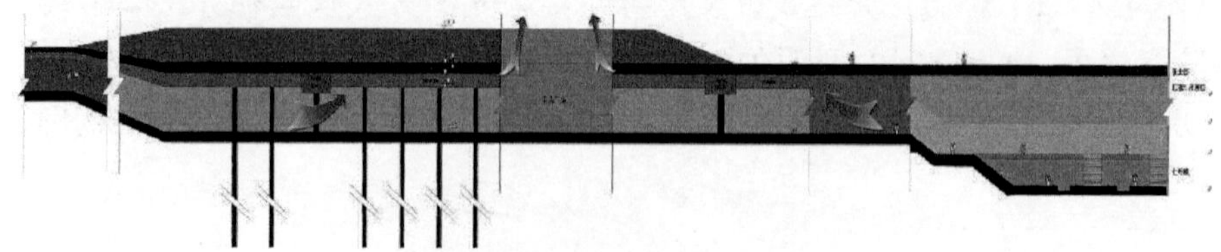

图 4.19　上海世博轴剖面自然通风设计
来源：李鹏，2007. 面向生态城市的地下空间规划与设计研究及实践[D]. 上海：同济大学

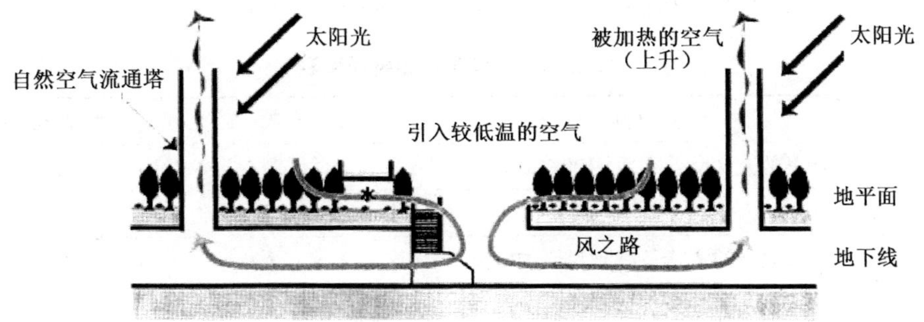

形成地下空间的“风之路”

图 4.20　深圳市中心区城市设计及地下空间综合规划通风设计

来源：深圳市规划与国土资源委员会官方网站

上海世博园区地下街通过地下空间的几个主要出入口之间地面高差形成世博轴在地下空间内部的局部通风设计，利用地下街直通世博大道的自然采光井作为局部通风的空气流通出入口；采光罩既是雨水收集系统，也成为城市的景观(图 4.21、图 4.22)。

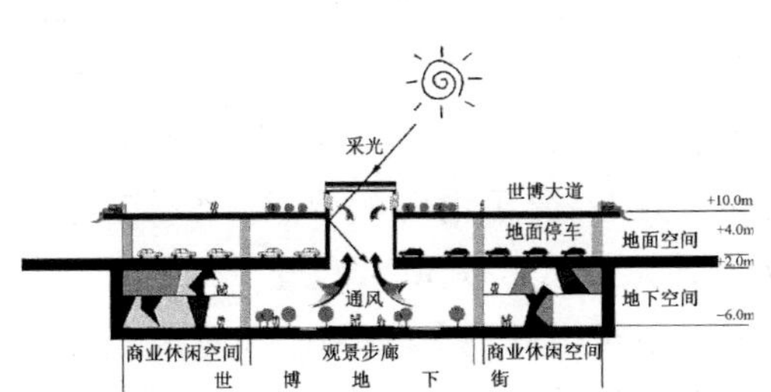

图 4.21　世博地下街典型横断面设计

来源：李鹏，2007. 面向生态城市的地下空间规划与设计研究及实践[D]. 上海：同济大学

图 4.22　世博轴采光罩作为城市景观

来源：自摄

2）行为心理层次需求：尺度、可识别性、功能流线

（1）地下街的尺度

地下街的尺度设计应该注重街道的长度和宽度。从购物者的生理及心理需求看，国外有关研究表明：持物客人步行 200～350 m 便想休息；在遮蔽雨雪的环境中，有魅力的步行街长度为 750 m。过长的步行街容易造成购物者的疲劳。地下商业街环境封闭，人们更加容易感到烦闷，因此需要人性化的长度设计。

① 长度设计。根据常怀生所著的《建筑环境心理学》中的行人步行距离的调查数据(表 4.11)可知，90％的人感到满意的连续步行距离为 200 m。因此

在设计时无中间停歇处的室内步行街长度不应超过 200 m。

表 4.11 行者步行距离调查表

项次	项目	出典	距离/m
1	70%的人实际步行没困难的距离	《步行车意识调查报告书》	1 220
2	70%的人走路无困难的距离	《步行者意识调查报告书》	720
3	50%以上的人步行感到讨厌的距离	《国际交通论丛》	500
4	步行到达目的地合适的距离	《外部空间设计》	500
5	81%的人一次步行的距离	《欢乐步行街》	500
6	最适宜的步行时间 5 分钟的距离	《新市区的环境计划》	450
7	步行无问题的距离	《居住环境理论与设计》	350
8	步行热情降低的距离	《欢乐步行街》	300～400
9	步行喜欢的距离	《居住环境理论及设计》	350
10	70%的人经常步行的距离	《国际交通论丛》	300
11	一般情绪下喜欢的距离	《步行者的空间》	300
12	90%的人满意的距离(最高距离)	《国际交通论丛》	200

资料来源:常怀生,1990.建筑环境心理学[M].北京:中国建筑工业出版社

但是,由于购物者在步行地下街中不可能沿直线运动,所以单纯考虑室内步行街的直线距离是没有意义的。另外,由于消防的要求,地下街每隔 50 m 就需要设置一个疏散广场,因此建议地下街每 50 m 设置一个小广场作为心理的间歇停留,如日本札幌站前地下街设计(图 4.23)。在宽度允许的情况下,我国台湾地区可在步行道设置座椅等设施(图 4.24)。日本由于严格的消防规范,地下步道中基本没有任何座椅等休闲设施。

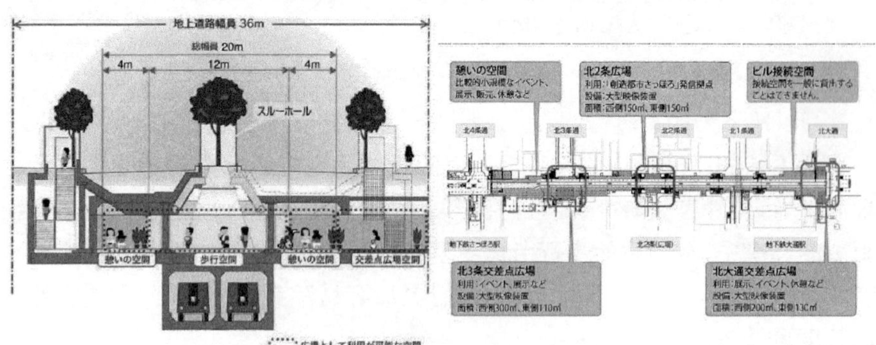

图 4.23 札幌站前地下街设计截图

来源:札幌站官方网站

图 4.24　台北地下街休憩设施

来源:互联网

② 宽度设计。地下街的宽度由步行通道宽度及商业宽度构成,且由于消防安全的需要,商业面积必须小于步行通道的面积,因此地下街设计需要考虑商业与步行通道的分配比例。根据国内外的经验,参照室内步行街的宽度设计尺寸:A. 单层地下步行街,一般为 8 m 以上,若在街道中放置座椅、花草、小品等,最宽可以做到 12～15 m;B. 多层地下步行街,若单侧布置商店,一般为 4～6 m,若双侧布置,要求在 5～8 m,甚至在 10 m 以上。如札幌站前地下街地下步道宽度为 14 m,在两侧各布置了 4 m 的休憩空间。

③ 高度设计。地下街的高度设计参照室内步行街的设计经验,一般净高不宜小于5.5 m;多层地下步行街高度受到设备高度的影响,常把营业空间降低到最低限度,但其高度也不应低于 4 m,以免造成压迫感和封闭感。如札幌站前地下街设计,地下街内部高度约为 4 m。

(2) 空间的可识别性

识别环境是人的本能,易于识别则是人对环境的基本要求。当人处于地下空间环境时,需要根据自身的定位,来理解其所处环境的方位、模式和组织,从而获得心理上的安全感和稳定感。而地下空间的封闭性、自然光线的不足等往往使人难以定位,进而引起人们的紧张、焦虑和恐惧心理。对于地下空间环境的可识别性设计,则要从人的心理需求和形象间的约定关系角度出发,消除杂乱无章的、缺乏秩序、复杂多样而难以把握的环境意象,赋予空间以个性、确定性、简洁性,强调空间的形式特征,从而引起人们的注意。

(3) 功能流线的合理性

在"人性化原则"的设计思想下,城市地下空间体既要有充满个性的、丰富多样的地下空间,又要全面考虑城市地下空间形态和功能的整体协调关系,便于功能空间之间的联系及到达,避免迷路化。

3) 文化情感层次需求:归属感、艺术性、自然性

(1) 空间情境的文化性

从社会心理学出发,即从个人与社会环境相互作用的观点来看,社会文化一方面是由人的心灵所创造的,另一方面又是可以世代相沿的,是制约个人行为变化的实体环境。在地下空间环境的设计中,要充分考虑到所处城市的历史文化、传统文脉,体现其地域特征,创造地域文化的归属感,这样不仅可以强化地区文化色彩,还可以凸显地下空间独特的设计风格,营造地下建筑风格以满足人们心理文化层次的需求,如福冈天神地下街欧洲风情街的设计(图 4.25、图 4.26)。

图 4.25　福冈天神地下街中庭
来源:自摄

图 4.26　福冈天神地下街欧式天花板设计
来源:自摄

(2) 空间艺术特性

人们在赖以生存和活动的空间环境中,都必然受到环境氛围的感染而产生各种审美的反应,空间的审美心理有着诸如民族的、宗教的或时代的不同色彩。空间的艺术设计可以使人们达到精神层面的极大满足,也是自我意识的一种提升。地下空间环境的艺术设计是满足人们文化情感需求的必要手段,如梅田地下街的雕塑喷泉设计(图 4.27)。

图 4.27　大阪梅田地下街喷泉广场
来源:互联网

(3) 空间情境的自然性

人类源于自然,与自然共生,热爱大自然、依附大自然是人的天性。地下空间处于密闭的岩石之中,完全与自然环境隔离,人们在此有渴望回归自然、享受自然的愿望。因此,地下空间中引入自然也是环境设计中非常重要的环节。地下空间可以通过引入水、植物、山石、蓝天等代表自然环境的元

素，营造空间的自然性，如梅田地下街喷泉设计及八重洲地下街内部植物系统(图 4.28)。

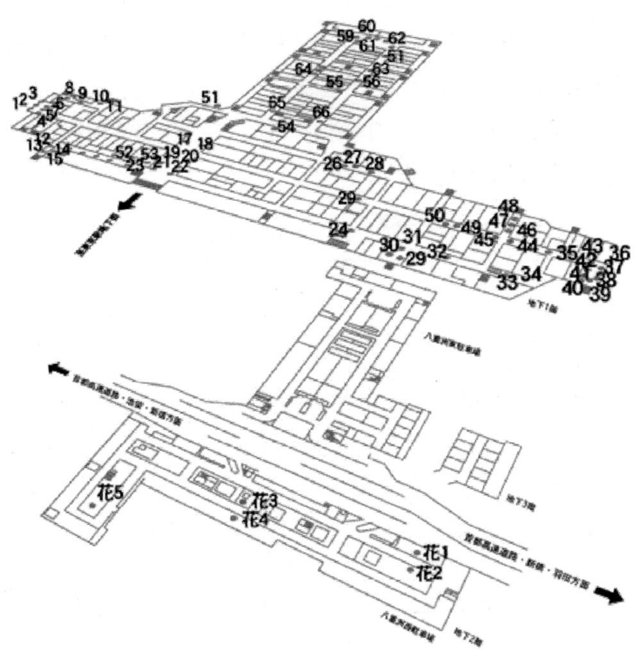

图 4.28　东京八重洲地下街植物分布示意图

来源：互联网

4) 无障碍设计

根据日本的经验，地下步行通道的无障碍设施的设计，除路面的坡度不能大于 1/8 以外，还需要禁止设计台阶，以及进行盲道的设计(图 4.29)，各店铺内的通路必须与这些公共地下步道以水平形式接续，以保证地下公共步道的设计断面形状简洁。设置地下街直接到达地面的垂直电梯、自动扶梯、自动步道。对于山地城市而言，更加需要考虑进入地下空间的深度及客流量大的特点，合理选择运用电梯的类型。笔者认为，应该增加垂直电梯的使用，减少自动扶梯的使用，因为重庆地下空间深度一般较大，由于用地受限，导致扶梯的倾斜度大，给行人以恐惧感。

图 4.29　大阪长堀地下街盲道设计

来源：自摄

4.7 “双层”城市意象的表达

传统建筑学三要素为“经济、实用、美观”，地面建筑要素包括外观、材质、平面布局等特征。而对现代地下空间而言，地下空间的外观特征包括入口形式及室外构筑物，其利用更加强调的是内在空间的利用形式，在表达方式上也与传统建筑有所区别(表 4.12)。

表 4.12 传统建筑与地下建筑表达要素的区别

建筑要素	地面建筑	地下建筑	地下建筑的主要表现
外部介质	空气(空)	岩土(实)	出入口及外部景观
外观及风格	具有外观及风格	无外观及风格	入口、地面构筑物
室内及风格	有室内及风格	有室内及风格	室内设计及风格
表达方式	鸟瞰、外部透视、室内透视、平面、立面、剖面	平面、剖面、室内透视	平面、剖面、室内透视
总平面表达	外部平面环境、交通	平面环境、交通	与交通特别是静态交通的关系
剖面表达	内部空间	内部空间及立体(与地面、更低地下)关系	与地面、地上城市的立体关系
平面表达	内部布局	内部布局	连通情况及内部布局

来源：自绘

城市景观的可识别性，指的是一些能被识别的城市部分以及它们所形成的结合紧密的图形。一个可识别的城市就是它的区域、道路、标志易于识别并又组成整体图形的一种城市。地下街封闭、单调的空间形态，常会导致人们淡化地下街在城市公共空间中的认知(表 4.13)。

表 4.13 地面城市与地下城市意象表达的区别

要素	地面城市	地下城市(街)
外部介质	空气(空)	岩土(实)
外观及风格	具有外观及风格	无外观及风格，仅出入口风格
内部及风格	有内部及风格	内部及风格，建筑性格主要表现形式
路径	街道、步行道，行走的路线	街道、步行道，行走的路线

（续表）

要素	地面城市	地下城市(街)
边缘	区域边界	隔断的界面、单面城市边界
地区	具有某种特征而被识别	具有某种特征而被识别
节点	观察者能够进入城市的战略点	观察者能够对空间产生深刻印象的战略点
地标	区域的参照点	无，一般仅从地图中得到表达

来源：自绘

由重庆主城区地下街的设计与福冈天神地下街对比可知，其作为公共空间的城市意象具有许多欠缺之处(表 4.14)。地下空间的城市设计不是一个独立的系统，而应该与地面对应起来，为整个城市空间服务。所谓“双层”是指地下、地面城市相对应的城市意象表达，地下城市意象要素借助地面城市的印象来对地下空间进行引导和识别。首先，地下空间的利用依赖于地面的发展，区域形成与地面相对应。其次，由于地下街的建造一般是在道路、广场、轨道站点等公共设施地下，因此路径仍然是延续地面的路径，而边界依然受到上部建筑的影响，与地面街道的边缘相对应，但是需要运用地图来进行宏观的把握。最后，空间节点的表达地面上下同样需要对应关系，入口的设置一般在人流较为集中的地方，空间高潮点的上下对应可以加强地下空间的识别性及地下空间城市设计的表达。

表 4.14　三峡广场地下街与天神地下街城市意象要素的对比

要素	三峡广场地下步行街	福冈天神地下街
路径	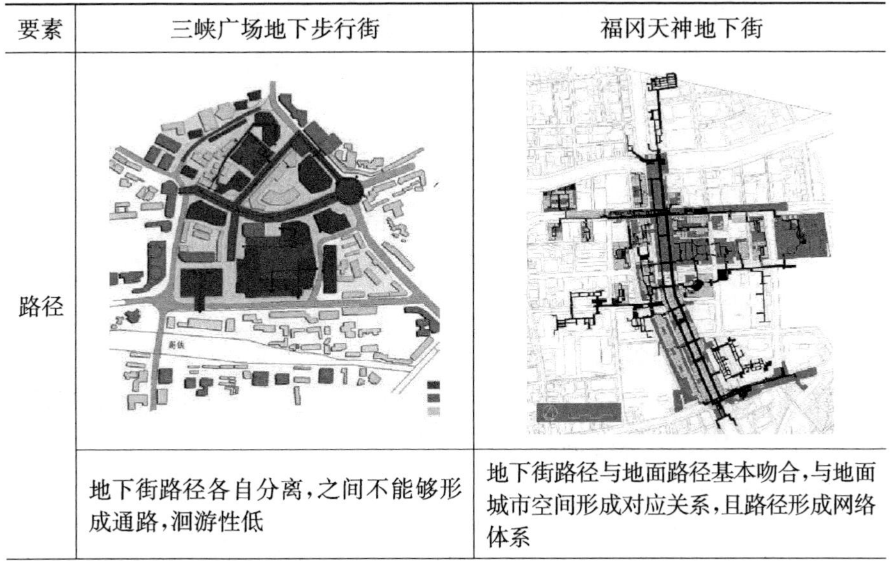	
	地下街路径各自分离，之间不能够形成通路，洄游性低	地下街路径与地面路径基本吻合，与地面城市空间形成对应关系，且路径形成网络体系

（续表）

要素	三峡广场地下步行街	福冈天神地下街
区域	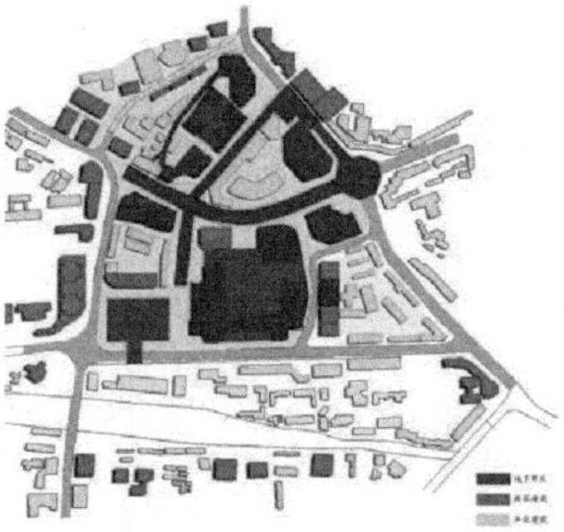	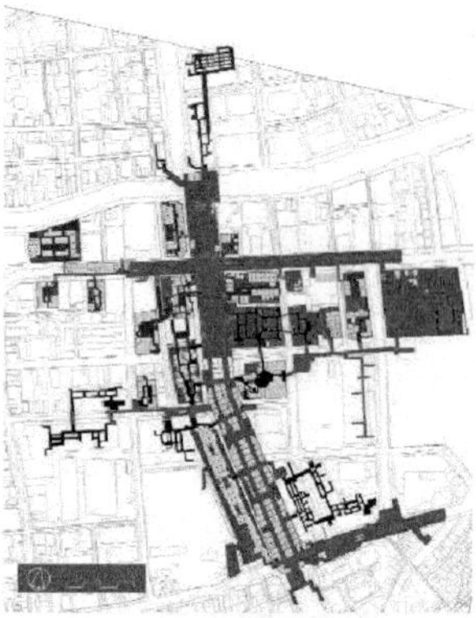
	地下街各部分独立，各部分之间缺乏联系，难以形成“地下区域”的概念	地下区域各部分通过路径相连，各部分区域的功能相互协调发展，形成有机的联系
边缘		
	边缘界均以出售货物的门面为主，难以形成城市空间的美感，单调而乏味	运用街道空间的设计手法，店面的整体设计构成地下街的街道景观
节点		
	空间节点设计单调、乏味、凌乱，无景观和标志性功能	在空间节点处作景观广场或景观小品的设计，使整个街道空间抑扬顿挫

(续表)

要素	三峡广场地下步行街	福冈天神地下街
地标		
	地标的景观通过外界引入,同时也作为中央入口设计,起到地标的作用	地标的设计与综合问询设施、地下景观广场相结合,给人以明确提示

来源:自摄、自制

通过以上对比可知,重庆主城区地下街多呈带状分布,内部空间形态单一,几乎不存在内部环境设计,空间场所感缺乏,利用效果差,难以聚集人气。通过地下空间的城市设计可以创造地下空间的场所感及空间识别性,具体设计策略及设计方法将在下文详述。

4.7.1 区域:空间主题分区

从整个街区的角度,地下空间的利用是与地面相对应的区域,但是由于地下空间的封闭性特征,人们在地下街内很难对自己所在的区域有明显的感知。因此,需要对地下街进行主题分区利用,消除地下空间的均质化,创造地下商业的特色及吸引力。从识别性及购物心理考虑,地下空间需要进行主题分区的设计,根据功能的不同,进行不同的主题打造。如广州动漫星城、重庆金源不夜城以及南京爱尚街(图 4.30),均通过分层或者分区进行不同的主题空间设计。

图 4.30 南京"爱尚街"主题策划

来源:互联网

在欧美等发达国家,地下空间的场所感逐渐被冠以"紧缩、生态、高技"等特征,但是地域文化表达及人文诉求从来没有间断过。地下空间利用不但应该是科技、生态的，也应该是地域且富有人文情怀的。设计师在解决安全、疏散、功能等问题的同时，也需要注意加强地下空间环境设计的特色及人文情怀的表达。蒙特利尔地下城，不同的区域设计了不同的空间主题，既可以丰富空间形态，也可以作为导视系统的一部分，增强识别性(图 4.31)。在地下街较长的情况下，不同的主题空间还可以对空间进行分段设计，达到对空间的识别引导作用。

图 4.31　蒙特利尔地下城中庭

来源:互联网

4.7.2　节点:空间节点设计

地下空间的节点包括入口、休憩空间、景观节点、转换节点等建筑内部空间形态，节点是地下空间设计的关键点，与空间识别、消防、休憩、景观等多种功能相关，其设计具有重要意义。

1) 山城地下街出入口形式

由于山地地形高差的作用，地下空间的出入口形式呈现出多样化的特征，出入口形式的不同导致地下商业出租利用情况有所不同。

(1) 直接通过步行街进入

直接通过地面步行街的入口而到达的地下商场，如金鹰女人街(图 4.32)、煌华新纪元(图 4.33)。这类出入口可以直接引入大量人流，商业

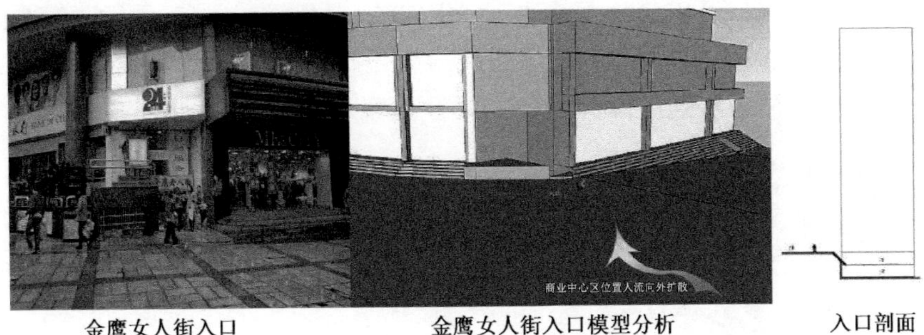

金鹰女人街入口　　金鹰女人街入口模型分析　　入口剖面

图 4.32　金鹰女人街入口分析

来源：自摄、自绘

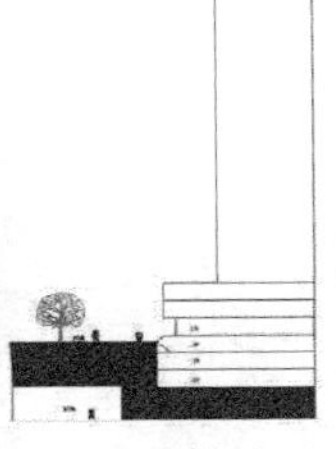

煌华新纪元现场照片　　煌华新纪元入口模型　　入口剖面

图 4.33　煌华新纪元入口分析

来源：自摄、自绘

性质类似于临街商业，因此地下空间的商业性质高、租金高。金鹰女人街的租金一般在 1 200 元/m^2 左右(2012 年)，接近临街层的商铺价格。半地下空间的利用导致地下商业采用直接对外出入的方式，商业中心区中的地下室大部分都属于这种情况。这类地下空间不但具有良好的空间形态，可满足部分采光通风的需求，且具有很好的经济效益，属于山地城市地下空间利用的重要优势。

(2) 通过建筑临街层平面间接进入

通过建筑的临街层平面间接进入地下空间的地下商业，这类空间主要是高层建筑的地下室，不能通过地面直接进入，而只能先通过进入临街层平面再通过公用楼梯进入的地下商业空间。这类地下商业空间一般仅作为地面建筑的补充，房屋租金与商业建筑内部其他商业租金有关，一般低于塔楼商业层(2～5 层)的租金价格，常用作超市等零售商业空间。

(3) 多层次的入口形式

山地城市的高差导致地下空间的出入口呈现出多样化的特征。多层次多方向的出入口，可以使地下商业最大限度地对外吸引顾客。因此在进行地下空间利用时，尽量考虑利用多层次的出入口设计，以达到商业空间的最优化利用，如沙平坝重庆百货(图 4.34)及南坪万达广场(图 4.35)。

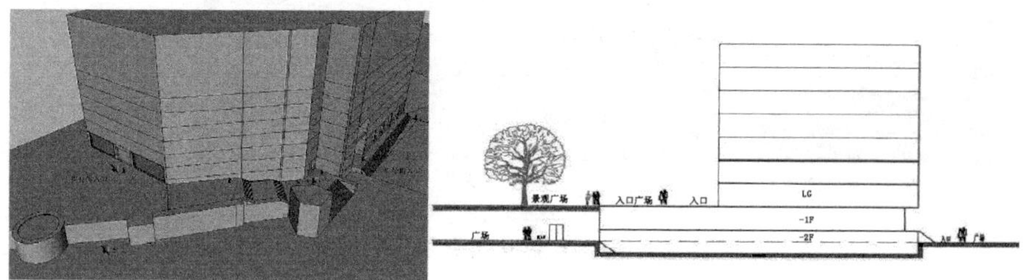

重庆百货的多层次入口形式　　　　重庆百货剖面图

图 4.34　重庆百货多层次出入口形式

来源：自绘

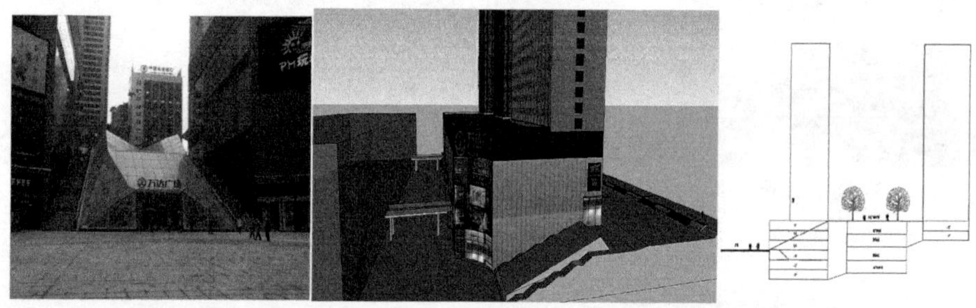

图 4.35　南坪万达广场地下街入口及剖面

来源：自摄、自绘

2) 地下街的入口形态

入口空间是地下空间与地面空间的交界，具有引导、展示等功能，良好的入口空间设计是地下空间设计的关键。地下街入口设计既要结合自身功能的需要，也应该适应城市空间环境。通过对国内外的调研，将地下街入口形态分为景观类、造型类、构筑类三种。

(1) 景观类地下街出入口

将入口空间以景观设计的手法进行美化的入口，为景观类入口。其典型的实例有三峡广场下沉庭院式入口(图 4.36)、巴黎卢浮宫地下博物馆入口(图 4.37)、神户地下街入口(图 4.38)、巴黎列·阿莱下沉式广场入口(图 4.39)等，形式与景观环境结合，起到了美化城市空间的重要作用。

(2) 造型类地下街出入口

造型类地下街入口是具有设计形态的出入口形式，也是提升地下街品质的一种设计方式。其典型的实例有南坪及观音桥地下通道入口(图 4.40)、札幌站前广场地下街入口(图 4.41)、巴黎卢浮宫地下博物馆入口外景(图 4.42)。较之景观类入口,造型类入口更加注重视觉美感,对丰富城市空间及提高地下街的品质具有一定作用。

图 4.36　重庆三峡广场下沉庭院式入口

来源:自摄

图 4.37　巴黎卢浮宫地下博物馆入口

来源:互联网

图 4.38　神户地下街入口

来源:童林旭

图 4.39　巴黎列・阿莱下沉式广场入口

来源:互联网

图 4.40　重庆南坪(左)及观音桥(右)地下通道入口形式

来源:自摄

图 4.41　札幌站前广场地下街入口

来源:互联网

图 4.42　巴黎卢浮宫地下博物馆入口外景

来源:互联网

(3) 构筑类地下街出入口

构筑类入口是较为常见的一种入口形式。这种形式的入口,运用简单的构架,造型简单,凸显地下街的功能及地铁的企业标志(图 4.43、图 4.44)。

图 4.43　新加坡 CityLink Mall 地下城入口

来源:互联网

图 4.44　八重洲地下街入口

来源:自摄

3）地下街出入口的适应性设计

景观类出入口将出入口掩饰在自然景观之中，对于原本拥挤的山地城市而言，这种方式通过弱化自己而利用景观丰富了城市空间，符合山城城市的需求（表4.15）。造型类地下街出入口设计，应该根据城市空间进行选择：在建筑及人群拥挤的商业中心区，地下街入口如果过于凸显自己，则会增加城市空间的负担，需采取消隐策略运用下沉式广场入口；在广场等空间宽阔的区域则应该利用造型类入口丰富城市空间以吸引视线。随着地下街与地铁站点相连发展的趋势，出入口的设计应该增加可识别性及地下空间系统的企业标志，以避免外来游客因无法识别地铁出入口而引起不便。如新加坡、日本福冈地铁出入口的设置，运用简单及整洁的造型，注重设计的整体化。

表4.15　地下街入口的适应性设计

地下街出入口形式	与城市关系	入口类别	设计原则
步行街地下街出入口	消隐、通透、美观	造型类、景观类	出入口的设计要根据城市环境而定，对于拥挤的山地城市空间而言，除站点出入口外，整体设计原则是消隐及生态的
站点地下街出入口	凸显	造型类	
（旧区）人行道地下街出入口	消隐、具有识别性	构筑类企业标志	
（新区）人行道地下街出入口	具有识别性	造型类	
广场地下街出入口	美观	造型类、景观类	
与建筑连通的出入口	消隐	需要有标示说明	

来源：自绘

4）节点设计

地下空间的中心节点是指人流相对集中的地方，如入口节点、内部节点等，一般以中庭空间作为表达，并围绕中庭布置其他小的功能空间。中庭对于从空间角度改善建筑环境具有相当重要的意义。中庭空间中采用大型的采光穹顶，很好地解决了地下建筑封闭隔绝、视觉信息缺乏、空间形体单一、可读性差及缺乏自然环境和天然光线的渗透等问题（图4.45）。

4.7.3　标志：空间高潮点及中心

为了地下空间能够有明确的识别性，应该将地面及地下城市意象表达进行统一。这一方面是功能发展本身的需求，另一方面则是地下空间城市意象构建的需要。如地面空间节点与地下空间节点相对应，标志点与地下标志点对应。同样，其边界位置也是地面街道的边界，广场下部应该对应布置地下街的空间节点或高潮点，如梅田地下街喷泉广场所处的位置就是地面道路的交叉点。

图 4.45 蒙特利尔地下城中庭空间

来源:互联网

4.7.4 边界:界面设计

地下街的界面形式是其向人们传达空间的整体印象,对空间意象的产生起着决定性作用,同时具有一定的导向性。地下街的界面包括侧界面、底界面及顶界面三种(图 4.46、图 4.47)。

图 4.46 蒙特利尔地下步道内景

来源:互联网

图 4.47 八重洲地下街内景

来源:自摄

1）侧界面设计

地下街的侧界面是由一系列的店面构成的，由于地处封闭的空间之中，为了减少对内部人们的压抑感，要求店面设计多以透明玻璃处理，以形成简洁、明快、通透的空间风格，利于商家对商品的展示及对行人的吸引。店面设计包括店面招牌和标志设计、橱窗和商品展示设计，其中店面招牌设计和标志设计构成了地下街侧界面的整体风格。界面设计需要注意整体风格下的个性化设计，既不杂乱，又不失特色。

2）底界面设计

地下街的底界面是人们在步行时直接接触的空间元素，它的材质、图案和颜色的变化及地面高差的调整都会对购物者起到明显的引导和限定作用。

地面铺装是与行人接触最密切的界面，不同的地面铺装带来的心理感受不尽相同。铺装设计应从整体设计理念入手，注重人性化的材质及人性化尺度的运用，建立富有归属感的地下空间场所。

3）顶界面设计

地下街顶界面是地下空间的重要界面，地下空间形态可以通过顶界面的设计而得到充分的表现，如巴黎卢浮宫就是利用顶界面最成功的例子。天窗的顶界面处理可以带来地下空间多样化的空间形态，也可以对地面产生影响。模拟天空及艺术穹顶的设计手法，可以创造独特的情境空间，如大阪梅田地下街喷泉广场的天空设计。

4）内外空间渗透、无边界设计

无边界设计使地下、地面、高空、界面内外完全融于一体，可以达到节约土地、创造完美环境的双重目的，而且建筑本身在城市中亦能成为景观，如上海世博轴（图 4.48、图 4.49）。

图 4.48　世博轴鸟瞰效果图
来源：互联网

图 4.49　世博轴外景
来源：互联网

4.7.5 路径:导向系统及导视系统

地下空间的路径与地面城市的路径具有相同的意义,但是地下空间的路径在可视范围内是非常局限的,且不能以标志作为行走的指引,因此需要明确的指示系统,以防止地下街的迷路化。导向系统会明确指出地下街的标志所在,为行人在心理上形成认知地图。指示系统应该以清晰为原则,应在每个空间节点进行分布,以方便人们即时掌握自己的路径。地下街导视系统的设计主要归纳为两大方面:一是空间导向系统设计,即通过建筑手法,对地下街建筑本身的空间布局进行精心设计,使地下建筑空间易于识别和记忆;二是导视系统设计,即通过对各种视觉导向标志的设置与设计,帮助人们在地下空间定位定向。

1) 空间导向系统设计

空间导向系统中的要素包括入口、中庭、广场、景观、业态、标识系统等可以给人们留下印象的空间场所,通过空间营造与其他部分相异的空间环境而达到对空间识别的目的。有关空间营造的方法在此不重复叙述,这里主要讲解一下标识系统。

图 4.50 台北交通枢纽空间导向系统设计

来源:互联网

在地下街内,明确的标志元素能帮助人们对自己方位进行最有效、最直接的判断(图 4.50)。标志的设置是人们对地下街空间进行环境识别最直观的物质因素。构成地下街标识系统的基本元素和其表现形式是多种多样的。从广义上说,地下街的标识系统可以是它其中的某个节点空间、区域或一段通路。从狭义上讲,地下街的标识系统也可以是一个小型的雕塑、小品及通过室内设计形成的标志性景观,或直观性较强的指示牌、广告牌。地下街的标志形象要具有艺术性,并使其具有鲜明的色彩和独特的形象。设置标志处的光线照度要相对高一些,以周围的环境来烘托和突出标志。

2) 导视系统设计

设置导视系统标识系统能"主动"地指挥人群的合理流动,其设置一般遵循以下原则。

(1) 位置适当:指引人们作出方向决定且容易被看见。

(2) 连续性:连续性作为形式的重复与延续,可以加强人的知觉认知与记忆的程度和深度,使之成为序列,直到人们到达目的地。

(3) 明确性:重要的标志要能达到对人的视觉有强烈的冲击效果及具有识别性,并与其他广告、宣传品标志区别开(图 4.51)。

图 4.51　东京地下街导视系统

来源:自摄

(4) 规范性和国际化:标识系统设计的规范性是指用以表达导视系统标志信息内容的媒体,如文字、语言、符号等,必须采用国家的规范、标准以及国际惯用的符号等,使人们易于理解和接受。

平面位置示意图如图 4.52 所示。

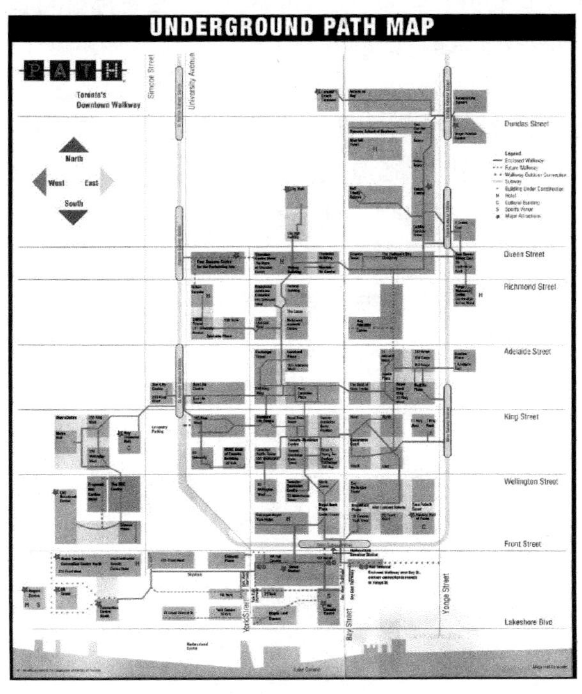

图 4.52　蒙特利尔地下步道地图

来源:互联网

特殊情况下(如火灾),应有另一套可以穿越浓烟而可视的导视系统。交通弱者的导视系统标志是一种专用的导视系统标志,它采用专门的材料和特定的符号设置和设计标志。

3) 可视化解说系统

在地下街建筑的重要节点处设置屏幕解说系统,使之映射相对位置的地上环境与活动,进行地上、地下景物传输。通过这种内外空间的视觉联系,可以使在地下街中的人们于视觉上融入整个城市空间系统,从而保持明确的方位感,便于人们的认知和使用。网络化的地下空间伴随着管理的多元化、管理系统的一元化,交互电视系统等的防范管理促进了地下街24小时开放。

4.8 小结:构建紧凑高效、人性化的城市地下空间场所

山城商业中心区地下空间城市设计的关键是要将机动车交通全部放入地下建立环境舒适的全步行商业区,在TOD模式导向下以轨道交通为“发展轴”,与其他区域或中心联系,以轨道站点为“发展源”,与公共空间、娱乐空间、商业空间相符合,提高城市中心区的聚集化发展。由于轨道站点的辐射范围是800～1 000 m,城市设计应以轨道站点为核心,建立800～1 000 m范围内的全步行系统,以轨道站点为中心进行立体式开发及立体步道网络的构建。地下空间利用的实质是利用交通空间增强空间之间的联系,使之达到功能混合、高效利用的目的,从而带动地下商业、娱乐、服务业的发展,与地面城市功能整合。

由重庆五大商业中心区扩展过程中地下空间的利用规律推导出“地下机动车交通置于最外环、地下车库为内环、地下商业为中心”的“三环”地下空间的分布格局;根据对轨道站点站势圈的发展预测,可将商业中心分为凹槽型、斜坡型、平坝型、半岛型商业区;根据山地城市的特性,可将微观层面地下空间开发形式分为斜坡、凹槽、覆土、凸起地形四种,因地制宜地选择开发方式可以减少土方的开发和对环境的破坏。遵循商业中心“将坡变平—高空扩展—地下扩展”的发展规律,在“将坡变平”第一阶段进行地面上下城市设计,复合城市功能可以对城市聚集发展起到事半功倍的作用。

通过对蒙特利尔地下城、大阪梅田地下街及香港中环地区、旺角地区地形坡度的比较,可知平原城市的地下空间随着站势圈的连接发展形成地下网络,而山城商业中心区地下空间利用只能在平坦区域内形成步行网络,而在高差区域需要建立地下、空中的步道联系,建立立体步行网络。

地下空间由于处于全封闭系统中，人性化设计及场所感的创造对于地下空间的利用具有深刻的意义。运用马斯洛心理需求层次原理对地下空间环境进行设计，以满足人们各个层次的需求，创造地下空间的场所感。

日本具有地下街和地下步道发展的丰富经验，借鉴其经验将有效指导地下街及地下步道的安全规范设计。笔者针对《重庆市城乡规划地下空间利用规划导则（试行）》中对地下街及地下通道设计的一些不适宜之处提出了意见和建议。

地下空间处于岩石封闭系统中，随着地下空间的系统化利用，地下空间的意象表达需要与地面城市意象相对应，为整个城市系统服务。笔者提出，“区域：空间主题分区”“节点：空间节点设计”“标志：空间高潮点及中心”“边界：界面设计”“路径：导向系统及导视系统”，从这几个方面将地下空间的城市设计与地面城市设计表达联系起来，并形成地下、地面立体对应关系，形成一个完整的“双层”城市意象系统。

5 研究结论及展望

5.1 重庆城市商业中心区地下空间紧凑开发利用方法

本书的研究是基于紧凑城市理论、商业中心区理论、地下空间城市属性研究、山城地下空间紧凑立体化特性研究，并结合重庆五大商业中心区实地调查而展开的。紧凑型城市是城市可持续发展的一种理想状态，是一种包含着多样城市发展理论的系统，其中包括“城市聚集理论、新城市主义理论（TOD、TND等）、城市文脉主义、公众参与政策”等内容。商业中心区具有人口高度聚集、城市问题突出、公共交通依赖度高、功能复合化发展等特点，在商业聚集效应及扩散效应下进行着空间发展和扩张。山城立体化特性是山地城市在发展过程中克服地形自发表现出的一种特性，多层次城市基面下的地下空间利用表现出地下空间紧凑立体化的特征（图5.1）。

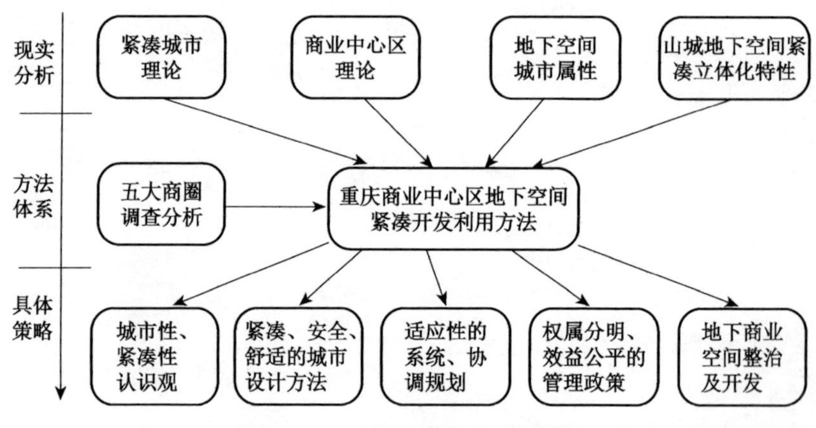

图5.1 理论构建逻辑关系示意图

来源：自绘

地下空间紧凑利用不是一个与地面城市空间割裂的独立地下空间系统，而是与地面相协调、对应的系统，从属于整个商业中心区，以地面城市空间发展为基础，为整个城市空间系统服务。重庆商业中心区地下空间紧凑开发利用方法包含“紧凑认识观→紧凑的城市设计→中心区紧凑规划方法→权属、政策、业态”这一系列内容，紧凑立体化发展是研究的核心点。因此，认识方面首先建立城市地下空间利用的紧凑立体化观念，商业中心区地下空间城市设计应结合山城地形进行地面上下空间交融渗透，成片、立体、组团式发展，以轨道站点为核心在步行范围(≤800 m)内建立地面、高空、建筑内部步行网络系统，水平向从内到外依次分布地下商业、地下车库、地下机动交通环道，并与其他交通设施衔接，实现紧凑的中心区域内连接；以立体交通网络系统带动地下、地面空间的发展，将地下商业、公共空间、地面商业、娱乐、商务空间等进行功能复合。根据马斯洛心理需求层次理论，对地下空间进行人性化设计，与城市发展相对应满足人们的不同需求，逐渐构建城市地下空间场所感。城市设计与地面城市相对应进行区域、节点、边缘、标志、路径的设计，建立“双层”城市意象表达系统。紧凑立体化发展对规划体制提出质疑，紧凑立体化城市发展下需要建立一套地下从属于地面的规划体制，且强化地下空间控制性详细规划的协调控制机制，建立区域的地下街及地下交通网络规划。商业中心区地下空间紧凑设计理论不仅仅包含着形态上的立体集约化，而且包括功能上的复合利用、权属法制、政策的社会公平、公共利益优先、市民参与、商业管理等，该方法体系的构建是以商业中心区可持续高效发展为目的的理念、方法、政策的集合。

5.2 山城地下空间的城市性、紧凑性认识观

地下空间的利用自史前时代洞穴、储藏室的散点形态发展到隧道、地铁、地下城等系统形态，随着城市人口集聚，地下空间朝向与城市功能相结合的三维立体式方向发展。城市的立体式发展，已经无法分清地下与地面的明确界线，因此将“与地面或道路相接的城市基面以下的空间”称作地下空间。山地城市需要城市公共空间基面立体化来保证自身的连续性与有机性，在这一系列过程中，地下空间产生在城市基面以下，是地形、地貌、建筑、城市相互作用的结果。山城地下空间开发具有天然紧凑性、立体区位性、立体权属性等特征，半地下空间在长期利用的过程中形成了地面空间的场所感。城市地下空间是一种社会产品，它关系着经济、政策、权利等社会发展的多方面矛盾因素，导致地下空间开挖混乱、管理多头、权利分配不均等各种社会矛盾。

5.3 山城地下空间紧凑高效、安全舒适的城市设计方法

TOD 模式是紧凑城市理论中的重要内容，山城商业中心区地下空间紧

凑城市设计的关键是要将机动车交通全部放入地下，建立环境舒适的全步行商业区。在TOD模式导向下以轨道交通为“发展轴”，与其他区域或中心联系，以轨道站点为“发展源”，与公共空间、娱乐空间、商业空间相复合，促进城市中心区的聚集发展。地下空间利用的实质是利用交通空间增强空间之间的联系使之达到功能混合、高效利用的目的，从而带动地下商业、娱乐、服务业的发展，与地面城市功能相整合。

通过对重庆五大商业中心扩展过程中地下空间的利用规律推导出“轨道枢纽为核心，依次布置商业、车库、地下机动车交通的‘一核三环’式紧凑布局；因地制宜地选择开发方式可以减少土方开挖和对环境的破坏”。“将坡变平”是商业中心区扩张的第一阶段，在这个阶段进行地面上下城市设计、复合城市功能可以对城市聚集发展起到事半功倍的作用。

平原城市的地下空间随着站势圈的连接可发展形成地下网络，而山城商业中心区地下空间利用只能在地形高差不大的区域内形成地下步行网络，在地形高差大的区域则建立地下、空中立体步行网络，并与建筑内部交通构成一个立体化步行系统。

地下空间处于封闭的岩石系统中，随着地下空间的系统化利用，地下空间如同城市一样需要进行城市意象的表达，在表达方面与地面有不同之处。笔者提出，“区域:空间主题分区”“节点:空间节点设计”“标志:空间高潮点及中心”“边界:界面设计”“路径:导向系统及导视系统”，从这几个方面将地下空间的城市设计与地面城市设计表达联系起来，并形成地下、地面的对应关系，形成一个完整的“双层”城市意象系统。

5.4 研究展望

经研究表明，人类地下空间的历史起始于洞穴的使用，山地地下住居是人类所知道的最古老的遮蔽形式①。从世界范围来看，许多在平原上发展的古老大城市几乎均靠近坡地而发展，如东京、里约热内卢、旧金山和巴黎都属于靠近山地的城市，并有可能继续向山地发展。山地被认为适合于将工业建造于地下空间，工业居民区建造于山坡。在条件允许的情况下，地下空

① 早在人类产生之初的旧石器时代，人类居住的洞穴就是在山坡之中，由此推导地下空间的利用最早起源于山地。目前，广泛被人们所承认的地下城市位于突尼斯北部的罗马时代的城市布拉雷吉雅(Bulla Regia)、波兰南部克拉科夫附近的地下盐矿城维利奇长(Wieizczka)、中国的延安、土耳其中部卡帕多西亚(Kapadokya，世界遗产)的许多拜占庭聚落，以及以色列和约旦南部的纳巴泰(Nabataean)村落。另外，在突尼斯南部、意大利南部、土耳其中部、中国北部、西班牙及北美，地下村落的演化发展也已存在几千年。

间的商业利用可以促进城市山地和平地土地利用的结合，减小居住和工作地点之间的距离。山地城市利用半地下空间可以获得良好的采光及通风，基本上所有的功能都适用于山地城市的半地下空间①。吉迪恩和尾岛俊雄在《城市地下空间设计》中对地下城市进行了多种构想(图 5.2)，山地城市由于地形的原因被证明是适合进行地下空间开发的。那么笔者大胆构想，山地城市是否可以建立地下城？地下城的建立是否具有现实意义？是否是一种与自然和谐相处的聚居方式的回归？

图 5.2　吉迪恩构想的山地城市地下城

来源：吉迪恩·S.格兰尼，尾岛俊雄，2005.城市地下空间设计[M].许方，于海漪，译.北京：中国建筑工业出版社

从山地城市"人多地少"和建成区地形破碎的角度，建立地下城市将极大增加城市空间容量；地下空间的规模化发展将成为山城发展的出路。但是，将城市所有的功能设施(居住、教育、商业等)置于地下，从技术、安全、系统性考虑还存在诸多隐患。这是需要在地下空间开发技术、防灾技术达到一定程度后才可能进行的一项巨大工程。这并不是不可行，如美国现在已经拥有地下住宅、地下图书馆等，日本则进行大深度地下空间开发的探讨，集中于"主要站点的超级立体化处理"(图 5.3)、"都市机能的高度化以及构成网络系统"(图5.4)、"历史城市、街区的大深度地下空间开发"(图 5.5)以及"都市型四季休闲型生态系统"(图 5.6)这四个方面的研究；蒙特利尔已经

① 吉迪恩·S.格兰尼和尾岛俊雄在《城市地下空间设计》一书中对该结论做了论证。

建立地下城。由这些国家的发展经验可知，地下空间大规模利用是世界发达国家共同的梦想，我们期望运用地下空间构建便捷舒适的城市生活，因此山地城市地下城的建立和研究具有重要意义。

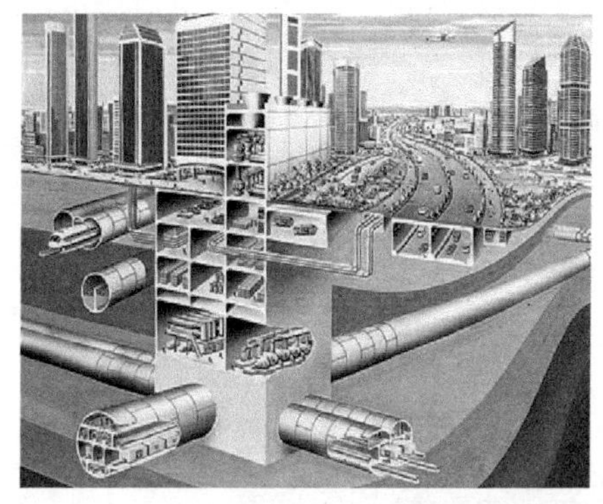

图 5.3　主要站点的超级立体化处理

来源：奥村组官网（日）

图 5.4　都市机能的网络系统

来源：奥村组官网（日）

主要的站点区域是都市区的超级聚集点及连接网络中心，具有大深度地下铁道站和物流终端站、能源系统、水处理计划等都市设施。另外，还包括在大深度地下铁道站设置的建筑空间、商业设施空间，构成具有大容量客流的空间系统。

图 5.5　历史城市、街区的大深度地下空间开发

来源：奥村组官网（日）

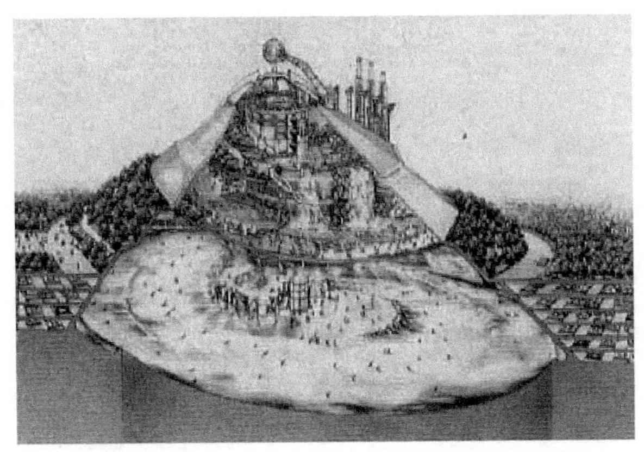

图 5.6　都市型四季休闲型生态系统(MulSys)

来源:奥村组官网(日)

日本未来都市的开发朝向三维立体式发展,探讨三维空间规划新理念与新技术,其发展基础是消除地上交通的混杂而建立地上地下网络化物流系统。超级网络可以连接东京都 23 个区,促进能源、物资、水等都市生态系统的循环再生。

为应对都市问题明显化、历史都市魅力消失的困境,保护与复兴历史街区及历史城市(京都、奈良等)的经济活力进行地下空间开发,将历史与传统空间相融合,以创造独具魅力的街区。地下空间开发只能在现有历史建筑或街区下部进行,不能影响地面历史街区。为满足多种功能需求,只能在区域内进行深度地下空间利用以补充各种都市功能。

MulSys(Multi-season Leisure System)是冬季和夏季的热环境持续保持的一种设施,使能源高效、系统多样化利用,是考虑在山体中建立立体化城市的一种构想。

参考文献

中文文献

阿里・迈达尼普尔,2009. 城市空间设计:社会—空间过程的调查研究[M]. 欧阳文,等,译. 北京:中国建筑工业出版社.

敖云碧,费生伦,李飞,2011. 沙坪坝车站城市综合体改造的探讨[J]. 高速铁路技术(S2):14-22.

贝纳沃罗 L,2000. 世界城市史[M]. 薛钟灵,等,译. 北京:科学出版社.

蔡兵备,2003. 城市地下空间产权问题研究[J]. 中国土地(5):14-16.

陈杜军,2012. 重庆主城区商圈空间结构研究[D]. 重庆:重庆大学.

陈宏刚,2005. 钱江新城核心区地下空间规划管理研究[D]. 杭州:浙江大学.

陈立道,朱雪岩,1997. 城市地下空间规划理论与实践[M]. 上海:同济大学出版社.

陈利顶,傅伯杰,1996. 景观连接度的生态学意义及其应用[J]. 生态学杂志(4):37-42,73.

陈伟,2005. 上海城市地下空间总体规划编制的前期研究与建议[J]. 现代城市研究,20(6):26-28.

陈志龙,蔡夏妮,2006. 基于规划控制过程的城市地下空间开发控制与引导[J]. 中国人民防空(6):36-38.

陈志龙,姜韡,2003. 运用博弈论分析城市地下空间规划中的若干问题[J]. 地下空间(4):431-434.

陈志龙,柯佳,郭东军,2009. 城市道路地下空间竖向规划探析[J]. 地下空间与工程学报(3):425-428.

陈志龙,王玉北,2005. 城市地下空间规划[M]. 南京:东南大学出版社.

戴志中,刘彦君,2008. 山地建筑设计理论的研究现状及展望[J]. 城市建筑(6):17-19.

戴志中,2006. 国外步行商业街区[M]. 南京:东南大学出版社.

道格拉斯・凯尔博,2007. 共享空间:关于邻里与区域设计[M]. 吕斌,等,译. 北京:中国建筑工业出版社.

董国良,张亦周,2006. 节地城市发展模式:JD 模式与可持续发展城市论

[M]. 北京：中国建筑工业出版社.
董贺轩，2010. 城市立体化设计：基于多层次城市基面的空间结构[M]. 南京：东南大学出版社.
杜宽亮，2010. 基于土地集约利用的重庆市主城区“畅通城市”研究[D]. 重庆：重庆大学.
范宏涛，2012. 山地城市大型商业建筑空间可达性研究[D]. 重庆：重庆大学.
方勇，2004. 城市中心区地下空间整合设计初探[D]. 重庆：重庆大学.
付玲玲，2005. 城市中心区地下空间规划与设计研究[D]. 南京：东南大学.
盖尔，2002. 交往与空间[M]. 4 版. 何人可，译. 北京：中国建筑工业出版社.
高艳娜，2005. 城市地下空间开发利用的产权制度分析[D]. 南京：南京理工大学.
耿永常，李淑华，2005. 城市地下空间结构[M]. 哈尔滨：哈尔滨工业大学出版社.
巩明强，2007. 城市地下空间开发影响因素研究[D]. 天津：天津大学.
顾新，2005. 在“规划控制”与“市场运作”的博弈中走向成熟——深圳市地下空间利用立法与管理实践探析[J]. 现代城市研究，20(6)：17-22.
海道清信，2011. 紧凑型城市的规划与设计[M]. 苏利英，译. 北京：中国建筑工业出版社.
韩冬青，冯金龙，1999. 城市・建筑一体化设计[M]. 南京：东南大学出版社.
韩凝春，2007. 国际城市地铁商业开发借鉴与研究[J]. 北京市财贸管理干部学院学报(4)：20-23.
韩笋生，秦波，2004. 借鉴“紧凑城市”理念，实现我国城市的可持续发展[J]. 国外城市规划(6)：23-27.
何波，刘利，黄文昌，2009. 重庆都市区城市空间发展战略研究[J]. 城市规划，33(11)：83-86.
何锦超，孙礼军，洪卫，2007. 广州珠江新城核心区地下空间实施方案[J]. 建筑学报(6)：37-40.
洪亮平，2002. 城市设计历程[M]. 北京：中国建筑工业出版社.
侯学渊，2005. 现代城市地下空间规划理论与运用[J]. 地下空间(1)：7-10.
胡志晖，2006. 徐家汇地区轨道交通及地下空间综合规划[J]. 上海建设科技(4)：36-39.
黄光宇，2006. 山地城市学原理[M]. 北京：中国建筑工业出版社.
吉迪恩・S. 格兰尼，尾岛俊雄，2005. 城市地下空间设计[M]. 许方，于海漪，译. 北京：中国建筑工业出版社.

简・雅各布斯，2006.美国大城市的死与生[M].金衡山，译.南京：译林出版社.

姜峰，2009.当代城市商业综合体室内步行街设计研究[D].西安：西安建筑科技大学.

蒋勇，扈万泰，2007.直辖十年：重庆城乡规划实践与理论探索[M].重庆：重庆大学出版社.

琚娟，朱合华，李晓军，2007.基于特征约束的地下空间一体化数据模型研究[J].地下空间与工程学报(2)：199-203.

John Z，2007.地下系统推动蒙特利尔中心城区的经济发展[J].许玫，译.国际城市规划，22(6)：28-34.

凯文・林奇，2011.城市形态[M].林庆怡，陈朝晖，邓华，译.北京：华夏出版社.

克劳斯・科施通，2008.地下空间商业设施规划设计[J].建筑学报(1)：46-49.

孔键，2009.城市地下空间内部防灾问题的设计对策——介绍浙江杭州钱江世纪城核心区规划的地下防灾设计[J].上海城市规划(2)：42-46.

孔令曦，2006.城市地下空间可持续发展评价模型及对策的研究[D].上海：同济大学.

拉斐尔・奎斯塔，克里斯蒂娜・萨里斯，保拉・西格诺莱塔，2006.城市设计方法与技术[M].北京：中国建筑工业出版社.

李传斌，2008.城市地下空间开发利用规划编制方法的探索——以青岛为例[J].现代城市研究(3)：19-29.

李春，2007.城市地下空间分层开发模式研究[D].上海：同济大学.

李葱葱，2003.城市地下空间利用规划初探——以重庆城市为例[D].重庆：重庆大学.

李梁，2004.城市地下空间的"人性化"设计探索[D].天津：天津大学.

李明燕，2010.商业中心区城市设计策略研究[D].重庆：重庆大学.

李鹏，2007.面向生态城市的地下空间规划与设计研究及实践[D].上海：同济大学.

李淑庆，2010.重庆市主城区公交线网优化标准研究[J].交通信息与安全，28(5)：43-45，49.

李文翎，2002.基于轨道交通网的地下空间开发规划探析——以广州市为例[J].城市规划汇刊(5)：61-64.

李象范，候学渊，1988.饱和软地层中土锚挡墙的试验研究[J].建筑施工(2)：

58-63.

李雄飞，赵亚翘，孙悦，等，1990. 国外城市中心商业区与步行街[M]. 天津：天津大学出版社.

李有国，江定洋，1988. 试论开发利用人防通道建设地下有轨交通可行性问题[J]. 地下空间(3)：3-7，8.

刘春彦，2007. 地下空间使用权性质及立法思考[J]. 同济大学学报(社会科学版)(3)：111-119.

刘皆谊，2009. 城市立体化视角：地下街设计及其理论[M]. 南京：东南大学出版社.

刘莎，2008. 地铁地下空间功能与可开发商业空间研究[D]. 成都：西南交通大学.

刘先觉，2005. 现代建筑设计理论[M]. 北京：中国建筑工业出版社.

刘学山，2003. 广州市城市地下空间的规划设想[J]. 广州建筑(1)：31-34.

刘易斯·芒福德，2005. 城市发展史：起源、演变和前景[M]. 宋俊岭，倪文彦，译. 北京：中国建筑工业出版社.

柳军剑，2009. 重庆主城区商圈交通问题与改善对策研究[D]. 重庆：重庆交通大学.

卢济威，2000. 山地建筑设计[M]. 北京：中国建筑工业出版社.

卢济威，王海松，2007. 山地建筑设计[M]. 北京：中国建筑工业出版社.

鲁春阳，杨庆媛，文枫，等，2008. 重庆都市区耕地面积变化与经济发展相关性的实证分析[J]. 西南大学学报(自然科学版)，30(10)：146-151.

陆姗姗，2007. 地铁站地下空间人性化设计探索[D]. 武汉：武汉理工大学.

陆元晶，张文珺，王正鹏，2006. 城市地下空间规划若干问题探讨——以常州市为例[J]. 地下空间与工程学报(S1)：1105-1110.

罗杰·特兰西克，2008. 寻找失落的空间：城市设计的理论[M]. 朱子瑜，等，译. 北京：中国建筑工业出版社.

迈克·詹克斯，伊丽莎白·伯顿，凯蒂·威廉姆斯，2004. 紧缩城市：一种可持续发展的城市形态[M]. 周玉鹏，等，译. 北京：中国建筑工业出版社.

孟艳霞，伏海艳，陈志龙，等，2006. 详细规划阶段城市地下公共空间系统设计探讨[J]. 地下空间与工程学报，2(2)：186-190.

缪宇宁，俞明健，2006. 生态世博地下城——中国 2010 年上海世博会园区地下空间规划研究[J]. 规划师，22(7)：57-59.

牟娟，2006. 解析江湾五角场地区地下空间的规划要点[J]. 城市道桥与防洪(5)：158-160.

潘丽珍,李传斌,祝文君,2006. 青岛市城市地下空间开发利用规划研究[J]. 地下空间与工程学报(S1):1093-1099.

彭建勋,2006. 发展居住区地下空间推进小区环境建设[D]. 太原:太原理工大学.

彭瑶玲,张强,于林金,2006. 地下空间开发利用规划控制的探索[J]. 地下空间与工程学报(S1):1121-1124.

齐晓斋,2007. 城市商圈发展概论[M]. 上海:上海科学技术文献出版社.

钱七虎,陈志龙,王玉北,等,2007. 地下空间科学开发与利用[M]. 南京:江苏科技出版社.

曲淑玲,2008. 日本地下空间的利用对我国地铁建设的启示[J]. 都市快轨交通(5):13-16.

日本建筑学会,2001. 建筑设计资料集成:地域·都市篇Ⅰ[M]. 张兴国,等,译. 香港:雷尼国际出版有限公司.

茹文,陈红,徐良英,2006. 钱江新城核心区地下空间规划的编制与思考——浅谈我国城市地下空间开发利用[J]. 地下空间与工程学报,2(5):712-717.

深圳市规划与国土资源局,2002. 深圳市中心区城市设计及地下空间综合规划国际咨询[M]. 北京:中国建筑工业出版社.

Ragmond L S,2007. 城市地下空间利用规划:进退两难[J]. 孙志涛,译. 国际城市规划,22(6):7-10.

沈德耀,顾长浩,刘平,等,2008. 上海地下空间开发利用综合管理研究[J]. 政府法制研究(10):1-56.

沈颖,2010. 城市地下空间的使用权权属界定与估价方法研究[D]. 杭州:浙江大学.

沈玉麟,2007. 外国城市建设史[M]. 北京:中国建筑工业出版社.

束昱,赫磊,路姗,等,2009. 城市轨道交通综合体地下空间规划理论研究[J]. 时代建筑(5):22-26.

束昱,路姗,朱黎明,等,2009. 我国城市地下空间法制化建设的进程与展望[J]. 现代城市研究,24(8):7-18.

束昱,彭芳乐,王璇,等,2006. 中国城市地下空间规划的研究与实践[J]. 地下空间与工程学报(S1):1125-1129.

束昱,2002. 地下空间资源的开发与利用[M]. 上海:同济大学出版社.

苏维词,2006. 重庆都市圈可持续发展面临的生态系统健康问题及保障措施[J]. 水土保持研究,13(1):45-47.

宿晨鹏,2008.城市地下空间集约化设计策略研究[D].哈尔滨:哈尔滨工业大学.

孙启云,2008.城市商业密集区地下空间利用研究[D].西安:西安建筑科技大学.

孙施文,2007.现代城市规划理论[M].北京:中国建筑工业出版社.

谭永杰,2006.民用建筑地下空间平战结合设计研究[D].长沙:湖南大学.

汤宇卿,2006.我国大城市中心区地下空间规划控制——以青岛市黄岛中心商务区为例[J].城市规划学刊(5):89-94.

汤志平,2006.上海市地下空间规划管理的探索和实践[J].民防苑(S1):15-18.

童林旭,祝文君,2009.城市地下空间资源评估[M].北京:中国建筑工业出版社.

童林旭,1994.地下建筑学[M].北京:中国建筑工业出版社.

童林旭,1998.城市的集约化发展与地下空间的开发利用[J].地下空间(2):75-78,126.

童林旭,2005.地下空间与城市现代化发展[M].北京:中国建筑工业出版社.

童林旭,2006.论城市地下空间规划指标体系[J].地下空间与工程学报(S1):1111-1115.

童林旭,2007.地下建筑图说100例[M].北京:中国建筑工业出版社.

王德起,于素涌,2012.城市轨道交通对沿线周边住宅价格的影响分析——以北京地铁四号线为例[J].城市发展研究,19(4):82-87.

王海阔,陈志龙,2005.地下空间开发利用与城市空间规划模式探讨[J].地下空间与工程学报(1):50-53.

王楷文,2004.城市商务中心区地下空间开发利用研究[D].北京:北京建筑工程学院.

王磊,2006.《成都市南部新区起步区核心区地下空间综合规划》实例研究——结合城市设计方案[J].规划师,22(11):39-42.

王敏,2006.城市发展对地下空间的需求研究[D].上海:同济大学.

王文卿,2000.城市地下空间规划与设计[M].南京:东南大学出版社.

王秀文,2007.为城市活力与未来而设计——城市地下公共空间规划与设计理论思考[J].地下空间与工程学报,3(4):597-599.

王璇,侯学渊,陈立道,1992.大城市站前广场地下空间的开发利用[J].同济大学学报(自然科学版)(1):38.

王中德,2011.西南山地城市公共空间规划设计适应性理论与方法研究[M].

南京:东南大学出版社.
王祚清,1998.日本城市大规模、深层次、多功能的地下空间开发利用[J].地下空间(2):120-125.
隗瀛涛,1991.重庆近代城市史[M].成都:四川大学出版社.
翁里,王梦茹,2010.城市地下空间开发之立法初探[J].行政与法(4):66-69.
吴敦豪,2005.城市地下空间开发利用与规范化管理实用手册[M].长春:银声音像出版社.
吴良镛,1989.广义建筑学[M].北京:清华大学出版社.
吴良镛,2001.人居环境科学导论[M].北京:中国建筑工业出版社.
吴明伟,1999.城市中心区规划[M].南京:东南大学出版社.
肖迪佳,2011.重庆主城区建筑空间城市公共化设计研究[D].重庆:重庆大学.
肖军,2008.城市地下空间利用法律制度研究[M].北京:知识产权出版社.
星球地图出版社,2009.重庆市地图集[M].北京:星球地图出版社.
徐国强,郑盛,2006.控制性详细规划中有关地下空间部分的控制内容和表达方法[J].民防苑(S1):77-79.
徐思淑,1984.利用地下空间是重庆城市发展的必然趋势[J].地下空间与工程学报(3):3-9.
徐永健,阎小培,2000.城市地下空间利用的成功实例——加拿大蒙特利尔市地下城的规划与建设[J].城市问题(6):56-58.
薛刚,2007.地上与地下空间的整合[D].西安:西安建筑科技大学.
薛华培,2005.芬兰土地利用规划中的地下空间[J].国外城市规划(1):49-55.
薛华培,2006.向地下空间延伸的建筑学——对地下建筑学的理论体系和研究内容的探讨[J].建筑师(1):59-62.
亚伯拉罕·马斯洛,2007.动机与人格[M].许金声,等,译.北京:中国人民大学出版社.
亚历山大 C,2004.建筑的永恒之道[M].赵冰,译.北京:知识产权出版社.
闫硕,2008.东京都地下城市空间规划[J].城乡建设(6):74.
杨佩英,段旺,2006.以商业为主导的地下空间综合规划设计探析[J].地下空间与工程学报(S1):1147-1153.
杨文武,吴浩然,刘正光,2008.论香港地下空间开发的规划、立法与发展经验[J].隧道建设,28(3):294-297.

杨熹微,2009.日本首屈一指的交通枢纽:涩谷站周边大规模再开发项目正式启动[J].时代建筑(5):76-79.

姚文琪,2010.城市中心区地下空间规划方法探讨——以深圳市宝安中心区为例[J].城市规划学刊(S1):36-43.

叶茜,王聪,张惟杰,2010."三环"策略下的杨公桥立交步行空间概念性改造——城市车行高速化背景中的人本思考与设计对策[J].中外建筑(10):109-112.

叶少帅,2004.地下空间的维护和运营管理——兼评南京市新街口地下商城运营规划[J].地下空间(4):526-529.

殷子渊,孙颐潞,2012."负空间"意象:香港的地下城市[J].世界建筑导报,27(3):24-27.

张弛,2007.成都市地下空间开发与规划研究[D].成都:西南交通大学.

张京祥,2005.西方城市规划思想史纲[M].南京:东南大学出版社.

张陆润,2012.重庆市日月光中心广场设计[J].重庆建筑(6):10-13.

张芝霞,2007.城市地下空间开发控制性详细规划研究[D].杭州:浙江大学.

赵俊玉,陈志龙,姜韦华,2000.城市地下空间开发利用的立法和管理体制探讨[J].地下空间(2):141-145,160.

赵鹏林,顾新,2002.城市地下空间利用立法初探——以深圳市为例[J].城市规划(9):21-24.

赵英骏,2007.城市的立体化开发——城市地下空间设计形态的研究[D].合肥:合肥工业大学.

郑怀德,2012.基于城市视角的地下城市综合体设计研究[D].广州:华南理工大学.

郑苦苦,毛建华,伏海艳,等,2006.莲花路商业旅游步行街区地下空间规划探讨[J].地下空间与工程学报(2):203-207.

郑联盟,2006.试论加强城市地下空间的规划管理[J].民防苑(S1):125-126.

郑贤,庄焰,2007.轨道交通对沿线地价影响半径研究[J].铁道运输与经济(6):45-47.

周伟,2005.城市地下综合体设计研究[D].武汉:武汉大学.

朱合华,2004.上海地下空间开发利用推进机制研究[C]// 上海市建设和管理委员会、中国土木工程学会隧道及地下工程分会地下空间专业委员会、上海市土木工程学会土力学与岩土工程专业委员会.全国城市地下空间学术交流会论文集.上海市建设和管理委员会、中国土木工程学会隧道及地下工程分会地下空间专业委员会、上海市土木工程学会土力学与岩土工程专业委员会、中国岩石力学与工程学会.
朱建明，王树理，张忠苗，2007. 地下空间设计与实践[M]. 北京：中国建材工业出版社.
朱健，2007. 珠江新城地下空间交通规划研究[J]. 国外建材科技(3)：155-156.
朱立峰，2002. 城市地下空间利用规划管理研究[D]. 武汉：华中农业大学.
朱颖，金旭炜，王彦宇，等，2011. 铁路交通枢纽与城市综合体设计初探[J]. 铁道经济研究(6)：15-22.

网站资源

奥村组官网(注：日本大型建筑设计建造公司)http://www. okumuragumi. co. jp/index. html.
地下空间研究 Center 官网 http://www. enaa. or. jp/GEC/intro/index1. html.
钱七虎对重庆地下空间建议 http://www. cq. xinhuanet. com/2005-09/19/content_5156519. html.
搜房网 http://cq. soufun. com/.
先锋潮网站 http://www. xfc. gov. cn.
中国地下空间学会官方网站 http://www. csueus. com/shownews. asp? id=671.
重庆市国土资源和房屋管理局公众信息网 http://www. cqgtfw. gov. cn.
重庆市民防办公室 http://bmf. cq. gov. cn.
重庆市市政设施管理局 http://www. cqssj. com.
重庆统计信息网 http://www. cqtj. gov. cn.
东京 metro 官网 http://www. tokyometro. jp/index. html.
香港地铁官网 http://www. mtr. com. hk/chi/homepage/cust_index. html.

日文文献

奥山信一，東伸明，山田秀徳，等，2000. 街路型建築の提訴部の形成する都市空間ファサードの連続性により形成された都市空間に関する研究[C]//その3，日本建築学会大会学術講演梗概集(東北)：871-872.
北原啓司，2007. コンパクトシティにおける住み替えの可能性に関する研究[C]//日本建築学会大会学術講演概要：259-262.

長聡子,出口敦,2003.都心地区の回遊性と休憩空間の配置構成に関する研究[J].福岡市天神地区の立体的歩行者空間の分析,日本建築学会九州支部研究報告(42):377-380.

地下都市計画研究会,1994.地下空间の計画と整備_地下都市計画の実現をめざしてー[M].東京:大成出版社.

福岡都市科学研究所,2007.福岡の地下空間の利用する研究[M].東京:学陽書房.

福岡市,2009.福岡市都心部機能更新誘導方策[S].

海道清信,2001.コンパクトシティー持続可能な社会の都市像を求めて[M].京都:学芸出版社.

荒川武史,濱田学昭,2000.回遊性による都市空間の解析・まちの発展性に関する考察—和歌山市ぶらくり丁における商業核を中心とする回遊性に関する研究[C]//学術講演梗概集(F-1):41-42.

建設省住宅局内建築基準法研究會,昭和四十八年.建築基準法質疑應答集[M].東京:第一法規出版株式會社.

今西一男,2004.自治体の都市計画におけるコンパクトシティ政策の位置に関する研究[C]//日本建築学会大会学術講演概要:657-658.

酒井隆宏,黒瀬重幸,2003.福岡市におけるコンパクトシティモデルの適用可能性に関する研究[C]//日本建築学会大会学術講演概要:1007-1008.

鈴木浩,2007.日本版コンパクシテー地域循環型都市の構築ー[M].東京:学陽書房.

美藤竜一,宮岸幸正,1999.都市の回遊性に関する研究——福井市中心商店街を対象としてー[J].日本建築学会北陸支部研究報告集(42):325-328.

松尾舩,林良嗣,1998.都市の地下空間[M].東京:鹿岛出版会.

桶野俊介,大貝彰,五十嵐誠,等,2006.中心市街地における歩行者回遊行動シュミレー究[C]//その研究対象地域と歩行者の属性,日本建築学会大会学術講演梗概集(関東):363-366.

文泰憲,萩島哲,大貝彰,1991.土地利用混合度指標に関する研究[J].日本都市計画学術大会学術研究論文集(26):505-510.

西川秀樹,2006.都市環境と交通特性の関連性について[C]//日本建築学会大会学術講演梗概集(北海道):1134-1140.

向野崇,伊藤和陽,黒瀬重幸,2006.福岡市天神の都心商業地における歩行者行動に関する研究[C]//その2 地上と地下の街路における歩行者行動経路の比較,日本建築学会大会学術講演梗概集(関東):365-366.
小川博和,花岡謙司,出口敦,2001.公共空間の重層的利用による都心の賑わい創出に関する研究[J].福岡市都心部におけるケーススタディー,日本建築学会九州支部研究報告(40):337-340.
伊藤和陽,黒瀬重幸,2007.福岡市天神の都心商業地における歩行者行動に関する研究[J].その3 歩行者行動経路と歩行者行動モデルー,日本建築学会九州支部研究報告(46):317-320.
伊藤和陽,向野崇,黒瀬重幸,2006.福岡市天神の都心商業地における歩行者行動に関する研究[C]//その1 研究対象地域と歩行者の属性,日本建築学会大会学術講演梗概集(関東):363-366.
伊藤夏希,出口敦,2005.地下ネットワークと都心の歩行空間に関する研究[J].福岡市天神地区を事例としてー,日本建築学会九州支部研究報告(44):449-452.
有馬隆文,池辺絢子,岩谷誠,2008.中心市街地における回遊性能の可視化・定量化に関する研究——大分市、長崎市を事例としてー[J].日本建築学会九州支部研究報告(47):561-566.
有馬隆文,大木健人,出口敦,等,2008.商業地街路における行動誘発要素と歩行者のアク.ティビティに関する基礎的研究[J].日本建築学会計画系論文集(623):177-182.
原田大輔,須田沙菜美,山下洋史,等,2007.公共空間の構成要素の記録とその分布に関する考察~熊本市下通地区における「通りの公共空間」に関する研究[J].その1~,日本建築学会九州支部研究報告(46):441-444.
原田芳博,有馬他隆文,2003.都市における多様性に着目した生活環境の評価に関する研究ー CISを用いた都市の定量分析ー[J].九州大学大学院人間環境学研究院紀要(3):79-86.
中島伸,2004.商業地区内路地の空間特性と動向に関する研究~東京都銀座を事例として~[C]//日本建築学会大会学術講演梗概集(北海道):1169-1170.
宗像哲平,益田康司,出口敦,2000.都心部のコンパク性から見た地下空間の役割と課題—福岡天神地区の地下街と大規模商業施設の立地状況の関係分析[J].日本建築学会九州支部研究報告(39):269-272.

英文文献

Bao X F, Yuan Y, Zhao H L, 2008. Design for a large underground space [J]. Municipal Engineer, 161(1): 35-41.

Endo M, 1993. Design of Tokyo's underground expressway [J]. Tunnelling and Underground Space Technology, 8(1):7-12.

Goel R K, Dube A K, 1999. Status of underground space utilisation and its potential in Delhi [J]. Tunnelling and Underground Space Technology, 14(3):349-354.

Hanamura T, 1990. Japan's new frontier strategy: underground space development[J]. Tunnelling and Underground Space Technology, 5(1/2):13-21.

Howells D J, Chan T C F, 1993. Development of a regulatory framework for the use of underground space in Hong Kong[J]. Tunnelling and Underground Space Technology, 8(1): 37-40.

Kaliampakos D, Benardos A, 2008. Underground space development: setting modern strategies [J]. WIT Transactions on the Built Environment(102): 1-10.

Lu X, Ji J H, 2012. Discussion of urban underground space planning and design[J]. Applied Mechanics and Materials, 174-177: 2307-2309.

Monnikhof R A H, Edelenbos J, Hoeven F V D, et al, 1999. The new underground planning map of the Netherlands: a feasibility study of the possibilities of the use of underground space[J]. Tunnelling and Underground Space Technology, 14(3): 341-347.

Nishi J, Seiki T, 1997. Planning and design of underground space use[J]. Memoirs of the School of Engineering, Nagoya University, 49(3): 48-93.

Pells P J N, Best R J, Poulos H G, 1994. Design of roof support of the Sydney Opera House underground parking station[J]. Tunnelling and Underground Space Technology, 9(2): 201-207.

Rogers C D F, Parker H, Sterling R, et al, 2012. Sustainability issues for underground space in urban areas[J]. Urban Design and Planning, 165(4): 241-254.

Rönkä K, Ritola J, Rauhala K, 1998. Underground space in land-use planning[J]. Tunnelling and Underground Space Technology, 13(1): 39-49.

Truman A H, 1998. Interpreting the city: an urban geogrephy[M]. 2th ed. Hoboken, New Jersey: John Wiley & Sons.

Working Group NO. 4, International Tunneling Association, 2000. Planning and mapping of underground space: an overview [J]. Tunnelling and Underground Space Technology, 15(3): 271-286.

Zhang C, Wang S W, 2011. A study on the planning method of underground space in urban core district: taking Hangzhou eastern new city zone as an example[J]. Applied Mechanics and Materials, 71-78(2): 1411-1420.

附　录

A. 作者研究地下空间所发表的学术论文

（#共同第一作者，* 通讯作者）

一、期刊论文

1. 第一作者论文

袁红(#)，沈中伟，2016. 地下空间功能演变及设计理论发展过程研究[J]. 建筑学报(12):77-82.

袁红(#)，赵世晨，戴志中，2013. 论地下空间的城市空间属性及本质意义[J]. 城市规划学刊，206(1):85-90.

袁红(#)，陈思婷，潘坤，等，2018. 基于系统论的高密度城市消极空间模块化改造设计——霍普杯铜奖《城市之链》设计解析[J]. 新建筑(3):102-106.

袁红(#)(*)，赵万民，赵世晨，2014. 日本地下空间利用规划体系解析[J]. 城市发展研究(2):112-118.

袁红(#)，左辅强，张丽平，2017. 重庆五大商圈地下空间业态开发现状及整治对策[J]. 地下空间与工程学报(5):1157-1164.

袁红(#)，2016. 城市中心区地下空间城市设计研究——构建地面上下“双层”城市[J]. 西部人居环境(1):18-22.

袁红(#)，李鹏，2016. 山地城市地下空间低碳开发策略研究[J]. 四川建筑科学研究(3):120-123.

袁红，2016. 重庆商业中心区地下空间紧凑立体化形态设计研究[J]. 工业建筑，48(6):24-30.

袁红(#)，2016. 城市地下空间可持续开发策略探究——以重庆为例[J]. 工业建筑，46(4):56-60.

YUAN H(#), CUI X(*), 2016. Transport Integrated Development (TID) and practices in Chongqing municipality[J]. Journal of Landscape Research(1):49-52.

YUAN H(#), DAI Z Z, LIU X R, 2013. Research for development and utilization of underground space in world[J]. Journal of Applied Sciences, 106(7):95-101.

袁红(#),陈思婷,余亿,2017. 抚顺西露天矿的保护及利用研究[J]. 工业建筑(11):52-55,88.

袁红(#),崔叙,唐由海,2017. 地下空间功能演变及历史研究脉络对当代城市发展的启示[J]. 西部人居环境学刊(1):69-74.

YUAN H(#),LIU X R,2011. Low-carbon city and Underground pace Development in the Mountain City[J]. Advanced Materials Research, 208(3):78-95.

YUAN H(#)(*),DAI Z Z,LIU X R ,2011. Function evolution of urban underground space before 20th[J]. Advanced Materials Research, 255(5):1468-1472.

袁红(#),邓宇,2016. 凉山彝族自治区雷波县棚户区改造规划[J].《规划师》论丛(00):199-204.

袁红(#)(*),戴志中,刘新荣,2014. 重庆主城区地下空间利用发展阶段研究[J]. 地下空间与工程学报(1):1-5,13.

2. 通讯作者论文

唐祖君(#),袁红(*),2015. 轨道站点区域综合规划设计(TID)及重庆实践研究[J]. 城市建筑(23):7-9.

3. 既非第一作者又非通讯作者论文

陈思婷(#),郭佩宇,唐祖君,袁红,2014. 城市之链[J]. 城市环境设计(12):62-63.

MO ZASHIMU(#), DAI Z Z, YUAN H, 2010. The characteristics of architecture style of the traditional-final at journal[J]. American Journal of Engineering and Applied Sciences,3(2):380-389.

戴志忠(#),袁红,2011. 现代殡葬建筑设计初探[J]. 青岛理工大学学报(2):65-72.

二、会议论文

YUAN H(#)(*), LIU X R, 2009. Research of the underground space planning and underground building design in mountain city[C]//Associated Research Centers for the Urban Underground Space (ACUUS 2009): 112-118.

三、会议特邀学术报告

袁红[#][*],邓宇,2015. 传承彝族文化的凉山雷波县棚户区改造规划[R]. 棚改十年——中国棚户区改造规划及实践.

YUAN H[#][*], 2014. Space Resources Planning and Design of Rail Transit Station in Chongqing[R]. International Alliance for Sustainable Urbanization and Regeneration(IASUR).

B. 国内主要大城市地下空间规划管理事项对照表

附表 1　国内主要大城市地下空间规划管理事项对照表

城　市	上　海
现行地方法规、规章、规范名称	《上海市地下空间规划编制暂行规定》《上海市城市地下空间建设用地审批和房地产登记试行规定》
规划控制指标	控制范围与深度、建设规模、空间位置和连通要求(控规)。 地下空间各层的功能、平面布局、竖向标高、连通位置和标高控制、出入口交通组织(城市设计)
土地供应方式	地下空间开发建设的用地可以采用出让等有偿使用方式,也可以采用划拨方式。单建地下工程项目属于经营性用途的,出让土地使用权时可以采用协议方式;有条件的,也可以采用项目招标、拍卖、挂牌的方式。 地下空间使用权出让时,已取得相同地表土地使用权的受让人有优先受让权
规划管理程序	结建地下工程随地面建筑一并办理用地审批手续。 单建地下工程的建设单位按照基本建设程序取得项目批准文件和建设用地规划许可证后,应当向土地管理部门申请建设用地批准文件。建设单位取得建设工程规划许可证后,应当到土地管理部门办理划拨土地决定书,或者签订土地使用权出让合同
选址意见书	暂无详细资料
建设用地规划许可证	暂无详细资料
建设工程规划许可证	规划管理部门在核发建设工程规划许可证时,应当明确地下建(构)筑物水平投影最大占地范围、起止深度和建筑面积
其他技术规定	
城　市	天　津
现行地方法规、规章、规范名称	《天津市地下空间规划管理条例》
规划控制指标	暂无详细资料
土地供应方式	暂无详细资料

（续表）

城　市	天　津
规划管理程序	结建项目应当与地表建设项目一并向城乡规划主管部门申请核发选址意见书和建设用地规划许可证。 建设项目与地下通道、地铁出入口等市政设施结合建设的，由建设项目的建设单位与市政设施建设单位分别申请核发选址意见书和建设用地规划许可证
选址意见书	城乡规划主管部门应当依据地下空间规划和建设项目的性质、规模，提出地下空间使用性质、水平投影范围、垂直空间范围、建筑规模、出入口位置等规划设计条件，核发选址意见书
建设用地规划许可证	城乡规划主管部门应当依据城市规划核定地下空间用地位置、体积、允许建设的范围，核发建设用地规划许可证
建设工程规划许可证	新建、扩建、改建各类地下建设项目的，应当向城乡规划主管部门申请办理建设工程规划许可证。结建项目应当与地表建设项目一并申请办理建设工程规划许可证。 单建项目，地表规划为绿地、公园、广场的，建设单位应当一并实施建设。 地下建设项目涉及连通工程的，建设单位应当履行地下连通义务
其他技术规定	地下空间不得建设住宅、敬老院、托幼园所、学校等项目；医院病房不得设置在地下

城　市	广　州
现行地方法规、规章、规范名称	《广州市地下空间开发利用管理办法》
规划控制指标	地下空间开发利用范围、使用性质、总体布局、开发强度、出入口位置和连通方式
土地供应方式	地下建设用地使用权除符合划拨条件外，均应实行有偿、有期限使用。 独立开发的经营性地下空间建设项目，对平战结合的人防工程以及市政道路、公共绿地、公共广场等已建成的公共用地的地下空间进行经营性开发的，应通过招标、拍卖、挂牌方式取得。 新供地的用于社会公共服务的单建式地下停车场，可以协议方式取得。 地下交通建设项目及附属开发的单建经营性地下空间，地下建设用地使用权可以协议方式一并出让给建设主体。 由政府投资建设，与公共设施配套同步开发且难以分离的经营性地下空间，可以协议方式取得

(续表)

城　市	广　州
规划管理程序	结建地下空间项目应随地面建设工程一并向城乡规划主管部门申请,并与地面建设工程合并办理规划审批和许可手续。 单建地下空间项目应单独向城乡规划主管部门申请办理规划审批和许可手续。其中,建设用地使用权人申请对其用地范围内的地下空间进行开发利用的,按照自有用地再利用的程序办理
选址意见书	暂无详细资料
建设用地规划许可证	地下空间建设用地规划许可应当明确地下空间使用性质、水平投影范围、垂直空间范围、建设规模、出入口和通风口的设置要求、公建配套要求等内容
建设工程规划许可证	地下空间建设工程规划许可应当明确地下建(构)筑物水平投影坐标、竖向高程、水平投影最大面积、建筑面积、使用功能、公共通道和出入口的位置、地下空间之间的连通要求等内容。 建设单位在申领地下空间建设工程规划许可证前,应取得出入口、通风口所需利用的地表建设用地使用权,或者取得地表建设用地使用权人的书面同意意见
其他技术规定	结建地下空间项目的垂直用地范围最深处一般不得超出 0～－20 m 的范围

城　市	深　圳
现行地方法规、规章、规范名称	《深圳市地下空间开发利用暂行办法》
规划控制指标	地下空间的开发范围、使用性质、平面及竖向布局、出入口位置和连通方式
土地供应方式	实行地下空间有偿、有期限使用制度。 用于国防、人民防空专用设施、防灾、城市基础和公共服务设施的地下空间,其地下建设用地使用权取得可以依法采用划拨的方式。 独立开发的经营性地下空间建设项目,应当采用招标、拍卖或者挂牌的方式出让地下建设用地使用权。 地下交通建设项目及附着地下交通建设项目开发的经营性地下空间,其地下建设用地使用权可以协议方式一并出让给已经取得地下交通建设项目的使用权人

(续表)

城　市	深　圳
规划管理程序	以划拨或者协议出让方式取得地下建设用地使用权的，建设单位应当持选址意见书、建设用地预审意见、项目环境影响评价、计划立项批准文件及相关批准文件向规划主管部门提出地下建设用地使用权申请，报市政府审批。 以招标、拍卖、挂牌方式出让地下建设用地使用权的，由规划主管部门制定每宗招标、拍卖、挂牌地下空间的出让方案报市政府审批后，由土地主管部门组织实施
选址意见书	应当包括拟出让地下空间的详细位置、水平投影坐标和竖向高程、水平投影最大面积、用途、地下空间的建筑面积、功能组合、公共通道及出入口位置、人民防空要求及建设单位之间的连通义务等
建设用地规划许可证	以划拨或者协议出让方式取得地下建设用地使用权的，建设单位持建设用地批准书及建设用地方案图向规划主管部门申请核发建设用地规划许可证。 以招标、拍卖、挂牌方式取得地下建设用地使用权的，应当签订地下建设用地使用权出让合同。建设单位应当持地下建设用地使用权出让合同到规划主管部门申请办理建设用地规划许可证
建设工程规划许可证	建设单位应当依据相关的规定、标准和技术规范以及建设用地规划许可证进行地下工程方案设计、初步设计和施工图设计，向规划主管部门申请办理建设工程规划许可证；并依法向民防、消防等主管部门申请办理人民防空、消防报建审核。 规划主管部门在核发建设工程规划许可证时，应当明确地下建(构)筑物水平投影坐标和竖向高程、水平投影最大面积、建筑面积、功能组合、公共通道及出入口位置和建设单位之间的连通义务等
其他技术规定	建设单位应当履行连通义务并确保连通工程符合人民防空等相关设计规范的要求。先建单位应当按照相关规范预留地下连通工程的接口，后建单位应当负责履行后续地下工程连通义务

城　市	杭　州
现行地方法规、规章、规范名称	《杭州市区地下空间建设用地管理和土地登记暂行规定》《浙江省城市地下空间开发利用规划编制导则(试行)》
规划控制指标	地下空间建设界线、出入口位置、地下公共通道位置与宽度、地下空间标高、地下空间连通要求、兼顾人防和防灾的其他要求

(续表)

城　市	杭　州
土地供应方式	地下空间建设用地可以采用出让等有偿使用方式或划拨方式取得。 单建地下工程属于经营性用途的，须以招标、拍卖或挂牌方式出让国有建设用地使用权。 面向社会提供公共服务的地下停车库和用地单位利用自有土地开发建设的地下停车库，可以划拨方式供地，但不得进行分割转让、销售或长期租赁。 地下空间建设用地使用权实行分层登记，即将地下每一层作为一个独立宗地进行登记。 社会公共停车场(库)、物资仓储等地下空间建设用地使用权不得分割转让
规划管理程序	结建地下工程随地表建筑一并办理用地审批手续。 单建地下工程的建设单位按照基本建设程序取得项目批准文件和建设用地规划许可证。通过招标、拍卖或挂牌出让方式取得地下空间建设用地使用权的，凭地下空间建设用地使用权出让合同到发改、规划、建设等部门办理项目备案(核准、审批)、规划许可、施工许可等手续
选址意见书	暂无详细资料
建设用地规划许可证	暂无详细资料
建设工程规划许可证	地下空间规划参数以规划行政主管部门提供的规划指标或核发的建设工程规划许可证为准(若规划调整的，以调整后的规划批准文件为准)，规划行政主管部门应明确地下建(构)筑物在水平面上垂直投影占地范围、起止深度、规划用途、建筑面积等规划条件

资料来源：笔者与“城市地下空间开发利用规划编制与管理”课题组共同完成

C. 重庆商业中心区地下空间调查问卷

观音桥商业中心区地下空间调查结果统计

您现在所在地下空间场所或较常去的地下空间场所

所在商圈:沙坪坝三峡广场商圈(3)　　杨家坪商圈(　)
　　解放碑商圈(2)　　南坪商圈(　)
　　观音桥商圈(12)

A(6)　地下街:店铺部分(6)、地下公共部分(休闲座椅等设施)(　)
B(　)　地下交通站点:店铺部分(　)、地下公共部分(休闲座椅等设施)(　)
C(　)　地下商场:店铺部分(　)、地下公共部分(休闲座椅等设施)(　)
D(　)　地下超市:店铺部分(　)、地下公共部分(休闲座椅等设施)(　)

关于回答者自身情况

1. 性别:男性(4)　女性(14)
   年龄:19 岁以下(　)　20～29 岁(5)　30～39 岁(13)
   40～49 岁(　)　50～59 岁(　)　60～69 岁(　)
2. 住所:市内住在　渝中区(　)　沙坪坝区(5)　南岸区(　)　九龙坡区(　)
   渝北区(2)　江北区(9)　北碚区(　)　巴南区(　)
   大渡口区(　)　市外住在(　)
3. 职业:公司职员(　)　事业单位及公务员(　)　自营业主(　)
   家庭主妇(　)　学生(　)　其他(　)

关于地面购物环境与地下购物环境的区别

4. 一般到商圈去的目的
   购物(12)　休闲(5)　餐饮(7)　读书(　)
   聊天(5)　打发时间(7)　其他(　)
5. 到商业中心购物的频率
   每周 3 回以上(　)　每周 1～2 回(5)
   每月 1～2 回(6)　每年几次(　)　其他(　)
6. 到地下街、地下商场、地下超市的频率(总和)
   每周 3 回以上(1)　每周 1～2 回(4)
   每月 1～2 回(4)　每年几次(2)　其他(　)
7. 对地下商场(街)的选择度
   优先逛地面商场(7)　只要逛街就会到地下商场(街)(3)
   优先逛地下商场(街)(　)
8. 对地下超市的选择度

需要买东西就去(7)　　习惯性地去逛逛(3)

没感觉( )　　不喜欢去地下超市(2)

9. 您觉得地下商场有什么地方吸引您?(多选)

价格(4)　　环境( )　　物品的种类(4)

售货员的态度( )　　其他(4)

10. 您觉得地下商场与地面商场的主要区别在于(多选)

室内装饰环境(4)　　商品的档次(6)　　商品的种类(5)

通风环境(4)　　采光环境(4)　　冷热环境(5)

湿度环境( )　　气味环境(4)　　景观环境( )

服务员态度(3)　　个人的直觉与喜好(2)　　其他( )

11. 如将地下商场同样引进地面商场的环境和商品,您觉得是否可以将地下和地面同等选择?

是(6)　　否(5)

12. 如果上一题您选择“否”,请选择原因

认识观的原因(2)　　个人感觉的原因(4)　　其他原因(2)

关于您经常去的地下空间的业态构成

13. 您觉得地下商场(街)的商品种类如何?

种类齐全(3)　　种类比较齐全(7)

种类单一( )　　种类较为合理(2)

14. 您觉得地下商场(街)的商品品质如何?

品质较高( )　　品质差(4)　　品质适宜(4)　　物有所值(3)

15. 您常去的地下商场(街)的商品属于哪一类?(多选)

高档品牌( )　　中档品牌(2)　　低档品牌(5)　　无品牌(9)

16. 您觉得地下商场(街)商品的价格是否适宜?

很便宜(1)　　比较便宜(7)　　价格适度(3)　　比较昂贵( )

很昂贵( )

17. 您经常去地下商场(街)购买(做)什么?(多选)

衣服(7)　　餐饮(1)　　日用品( )　　化妆品( )

游戏( )　　音像制品( )　　书籍( )　　路过(3)

其他( )

18. 您觉得地下商场(街)商品的种类需要改进的地方(多选)

引进高档品牌商品(2)　　引进更低档商品( )

引进各种生活用品(4)　　引进化妆品(2)

引进创意产业(8)　　引进机械设备( )

引进电器设备( )　　引进装饰材料( )

希望商品种类齐全(5)　　其他( )

关于目前地下空间入口的设置

19. 目前地下空间商场(街)的入口设置是否方便?

    很方便( )　　一般方便(5)　　没感觉(4)

    不太方便( )　　很不方便( )

20. 关于目前地下空间商场(街)的入口,您感觉(多选)

    位置太不明显(2)　　位置比较明显(3)　　能看到就行了(3)

    应该放在更加隐蔽的地方( )　　应该更加突出(4)

21. 关于目前地下空间商场(街)的入口造型

    造型富有美感( )　　有一些美感( )　　造型普通(10)

    没有美感( )

22. 您觉得是否应该尽量将地下商场(街)入口设置在地面建筑(商场)的内部?

    应该( )　　好像应该( )　　不知道(4)

    不太应该(6)　　不应该(1)

23. 如果您选择应该,您觉得将地下商场(街)入口设置在地面建筑(商场)的内部有什么好处?

    下雨天可以直接到达(1)

    夏天很热的时候可以直接到达( )

    可以将地下、地面商业联系起来以方便购物( )

    可以形成全封闭的地下通道(2)

    其他(2)

24. 如果您选择不应该,地下商场(街)入口设置在外(如广场等)有何好处?

    比较显眼易找(5)

    入口造型能够丰富商业区的空间形态(3)

25. 关于地下空间商场(街)入口的设置,您觉得

    应该全部放在地面建筑(商场)内部(2)　　应该全部放在步行广场上(4)

    在地面建筑内部更多( )　　在步行广场上更多(1)

    应该在地面建筑与广场上平均分配(4)

关于您经常去的地下空间内部环境

26. 您对该地下空间整体的印象如何?

    满意( )　　基本上满意(7)　　没有感觉(2)

    不是很满意(1)　　不满意( )

27. 您对该地下空间作为休闲(餐饮、咖啡等)场所满意吗?

    满意( )　　基本上满意(2)　　没有感觉(5)

    不是很满意(4)　　不满意( )

28. 您对该地下空间作为娱乐(旱冰场、电玩、音像等)场所满意吗?

    满意(1)　　基本上满意(1)　　没有感觉(6)

    不是很满意(2)　　不满意( )

29. 您对该地下空间作为购物场所满意吗？

满意（ 1 ）　基本上满意（ 3 ）　没有感觉（ 3 ）
不是很满意（ 3 ）　不满意（　）

30. 该地下空间的混杂程度如何？

不混杂（　）　不是很混杂（ 2 ）　不确定（ 2 ）
有些混杂（ 8 ）　混杂（　）

31. 该地下空间的声音嘈杂吗？

不嘈杂（　）　不是很嘈杂（ 4 ）　不确定（ 2 ）
相对嘈杂（ 5 ）　嘈杂（　）

32. 您觉得该地下商场的物质环境需要改进的地方(多选)

室内景观系统（ 4 ）　内部识别系统（ 2 ）　室内装饰（ 2 ）
通风（ 7 ）　室温（ 8 ）　室内公共活动空间（ 1 ）
改变通道和商业的面积比例（ 3 ）
在地下商场增加休闲公共场所（ 7 ）
增加休闲设施（ 3 ）　其他（　）

33. 该地下商场的通道和商业的面积比例是否适宜？

目前通道面积过小（ 6 ）
目前通道面积过宽（ 3 ）
通道和商业面积比例较合适（　）

34. 关于地下空间设置的公共休闲场所(多选)

数量严重不足（ 1 ）　数量不足（ 4 ）　配置合理（ 1 ）
休闲设施档次低下（ 1 ）　没有感觉（ 3 ）

35. 目前地下街的室内装饰

装饰简陋（ 6 ）　装饰合理（ 3 ）　装饰奢华（　）

36. 地下空间的灯光效果

昏暗（ 4 ）　一般昏暗（ 1 ）　没感觉（ 2 ）
不太明亮（ 3 ）　明亮（　）

37. 地下空间的通风效果

通风良好（　）　通风（　）　没感觉（ 1 ）
有点闷（ 7 ）　很闷（ 1 ）

38. 地下空间是否有压抑感？

强烈的压抑感（　）　有一些压抑感（ 8 ）　无压抑感（ 2 ）
比较舒适（　）　很舒适（　）

关于地下空间经营管理

39. 您觉得现在地下空间的营业时间合理吗？

不合理（ 1 ）　勉强合理（ 7 ）　合理（ 2 ）
不知道（　）

40. 若不合理，您觉得什么时间段开放比较合理？

早 8 点—晚 8 点（ ） 早 9 点—晚 9 点（ 2 ） 早 9 点—晚 10 点（ 6 ）

41. 您对地下空间的室内卫生管理满意吗？

不满意（ 2 ） 还行（ 5 ） 满意（ 2 ）

42. 您知道地下空间的物业管理属于哪个部门？

人防部门（ 1 ） 某个开发商（ ） 某个承包业主（ 4 ）

不知道（ 4 ）

地下空间开发的群众认可度调研

43. 您认为地下空间的利用是否改善了您的生活环境？

是（ 6 ） 不是（ 3 ） 没感觉（ 1 ）

44. 您愿意支持开发地下空间吗？

不愿意（ ） 无所谓（ 5 ） 可以考虑（ 4 ）

愿意（ 1 ）

45. 您觉得地下空间以何种形式出现比较好？（多选）

人防平战结合利用（ 4 ） 结合地铁或轻轨站点开发（ 6 ）

通过增加高层地下层（ 2 ） 在广场下面设置地下商场（ 5 ）

专门单独开发地下空间（ ） 其他（ 2 ）

46. 您觉得您所在商圈的地下空间

需要增加（ ） 需要适量增加（ 4 ）

不知道（ 5 ） 应保持现状（ 2 ）

应该适当减少（ ） 太多了（ ）

47. 您觉得地下空间会给您的生活带来负面影响吗？

不会（ 3 ） 可能不会（ 6 ） 可能会（ ） 会（ ） 不知道（ ）

非常感谢您的参与

解放碑商业中心区地下空间调查结果统计

您现在所在地下空间场所或较常去的地下空间场所

所在商圈:沙坪坝三峡广场商圈（ ） 杨家坪商圈（ 3 ）
解放碑商圈（ 8 ） 南坪商圈（ ）
观音桥商圈（ 4 ）

A（ ） 地下街:店铺部分（ 2 ）、地下公共部分(休闲座椅等设施)（ ）

B（ ） 地下交通站点:店铺部分（ 1 ）、地下公共部分(休闲座椅等设施)（ 1 ）

C（ ） 地下商场:店铺部分（ 3 ）、地下公共部分(休闲座椅等设施)（ ）

D（ ） 地下超市:店铺部分（ 3 ）、地下公共部分(休闲座椅等设施)（ ）

关于回答者自身情况

1. 性别:男性（ 1 ） 女性（ 5 ）
年龄:19 岁以下（ ） 20～29 岁（ 7 ） 30～39 岁（ ）
40～49 岁（ ） 50～59 岁（ ） 60～69 岁（ ）

2. 住所:市内住在 渝中区（ ） 沙坪坝区（ ） 南岸区（ ） 九龙坡区（ ）
渝北区（ ） 江北区（ ） 北碚区（ ） 巴南区（ ）
大渡口区（ ）市外住在（ ）

3. 职业:公司职员（ ） 事业单位及公务员（ ） 自营业主（ ）
家庭主妇（ ） 学生（ ） 其他（ ）

关于地面购物环境与地下购物环境的区别

4. 一般到商圈去的目的
购物（ 1 ） 休闲（ 3 ） 餐饮（ 3 ） 读书（ ）
聊天（ 2 ） 打发时间（ ） 其他（ ）

5. 到商业中心购物的频率
每周 3 回以上（ ） 每周 1～2 回（ 5 ） 每月 1～2 回（ 2 ）
每年几次（ ） 其他（ ）

6. 到地下街、地下商场、地下超市的频率(总和)
每周 3 回以上（ 1 ） 每周 1～2 回（ 3 ） 每月 1～2 回（ 2 ）
每年几次（ 2 ） 其他（ ）

7. 对地下商场(街)的选择度
优先逛地面商场（ 8 ） 只要逛街就会到地下商场(街)（ ）
优先逛地下商场(街)（ ）

8. 对地下超市的选择度
需要买东西就去（ 8 ） 习惯性地去逛逛（ ） 没感觉（ ）
不喜欢去地下超市（ ）

9. 您觉得地下商场有什么地方吸引您?(多选)
价格（ 2 ） 环境（ 5 ） 物品的种类（ 7 ）

售货员的态度(1)　　其他(　)

10. 您觉得地下商场与地面商场的主要区别在于(多选)

室内装饰环境(6)　　商品的档次(5)　　商品的种类(8)

通风环境(5)　　采光环境(5)　　冷热环境(3)

湿度环境(5)　　气味环境(3)　　景观环境(　)

服务员态度(　)　　个人的直觉与喜好(　)　　其他(　)

11. 如将地下商场同样引进地面商场的环境和商品,您觉得是否可以将地下和地面同等选择?

是(3)　　否(5)

12. 如果上一题您选择“否”,请选择原因

认识观的原因(2)　　个人感觉的原因(3)　　其他原因(　)

关于您经常去的地下空间的业态构成

13. 您觉得地下商场(街)的商品种类如何?

种类齐全(　)　　种类比较齐全(8)

种类单一(　)　　种类较为合理(　)

14. 您觉得地下商场(街)的商品品质如何?

品质较高(　)　　品质差(1)　　品质适宜(7)　　物有所值(　)

15. 您常去的地下商场(街)的商品属于哪一类?(多选)

高档品牌(　)　　中档品牌(2)　　低档品牌(3)　　无品牌(6)

16. 您觉得地下商场(街)商品的价格是否适宜?

很便宜(　)　　比较便宜(5)　　价格适度(3)　　比较昂贵(　)

很昂贵(　)

17. 您经常去地下商场(街)购买(做)什么?(多选)

衣服(2)　　餐饮(　)　　日用品(　)　　化妆品(　)

游戏(　)　　音像制品(3)　　书籍(3)　　路过(1)

其他(　)

18. 您觉得地下商场(街)商品的种类需要改进的地方(多选)

引进高档品牌商品(3)　　引进更低档商品(　)

引进各种生活用品(4)　　引进化妆品(3)

引进创意产业(3)　　引进机械设备(　)

引进电器设备(　)　　引进装饰材料(3)

希望商品种类齐全(7)　　其他(　)

关于目前地下空间入口的设置

19. 目前地下空间商场(街)的入口设置是否方便?

很方便(　)　　一般方便(4)　　没感觉(3)　　不太方便(　)

很不方便(　)

20. 关于目前地下空间商场(街)的入口,您感觉(多选)

位置太不明显（ ）　　位置比较明显（ 3 ）　　能看到就行了（ 3 ）

应该放在更加隐蔽的地方（ ）　　应该更加突出（ ）

21. 关于目前地下空间商场(街)的入口造型

造型富有美感（ ）　　有一些美感（ ）　　造型普通（ 6 ）

没有美感（ 2 ）

22. 您觉得是否应该尽量将地下商场(街)入口设置在地面建筑(商场)的内部?

应该（ 5 ）　　好像应该（ ）　　不知道（ ）

不太应该（ 2 ）　　不应该（ ）

23. 如果您选择应该,您觉得将地下商场(街)入口设置在地面建筑(商场)的内部有什么好处?

下雨天可以直接到达（ 3 ）

夏天很热的时候可以直接到达（ 2 ）

可以将地下、地面商业联系起来以方便购物（ 9 ）

可以形成全封闭的地下通道（ 3 ）

其他（ ）

24. 如果您选择不应该,地下商场(街)入口设置在外(如广场等)有何好处?

比较显眼易找（ 2 ）

入口造型能够丰富商业区的空间形态（ 1 ）

25. 关于地下空间商场(街)入口的设置,您觉得

应该全部放在地面建筑(商场)内部（ ）

应该全部放在步行广场上（ 2 ）

在地面建筑内部更多（ ）

在步行广场上更多（ ）

应该在地面建筑与广场上平均分配（ 6 ）

关于您经常去的地下空间内部环境

26. 您对该地下空间整体的印象如何?

满意（ ）　　基本上满意（ 2 ）　　没有感觉（ 4 ）

不是很满意（ 2 ）　　不满意（ ）

27. 您对该地下空间作为休闲(餐饮、咖啡等)场所满意吗?

满意（ ）　　基本上满意（ 3 ）　　没有感觉（ 4 ）

不是很满意（ 1 ）　　不满意（ ）

28. 您对该地下空间作为娱乐(旱冰场、电玩、音像等)场所满意吗?

满意（ ）　　基本上满意（ 1 ）　　没有感觉（ 6 ）

不是很满意（ ）　　不满意（ 3 ）

29. 您对该地下空间作为购物场所满意吗?

满意（ ）　　基本上满意（ 5 ）　　没有感觉（ 3 ）

不是很满意（ ）　　不满意（ ）

30. 该地下空间的混杂程度如何?

不混杂(　) 不是很混杂(3) 不确定(3)

有些混杂(2) 混杂(　)

31. 该地下空间的声音嘈杂吗?

不嘈杂(　) 不是很嘈杂(4) 不确定(4)

相对嘈杂(　) 嘈杂(　)

32. 您觉得该地下商场的物质环境需要改进的地方(多选)

室内景观系统(1) 内部识别系统(　) 室内装饰(4)

通风(7) 室温(3) 室内公共活动空间(　)

改变通道和商业的面积比例(1)

在地下商场增加休闲公共场所(5)

增加休闲设施(　) 其他(　)

33. 该地下商场的通道和商业的面积比例是否适宜?

目前通道面积过小(3) 目前通道面积过宽(3)

通道和商业面积比例较合适(2)

34. 关于地下空间设置的公共休闲场所(多选)

数量严重不足(　) 数量不足(6) 配置合理(2)

休闲设施档次低下(4) 没有感觉(　)

35. 目前地下街的室内装饰

装饰简陋(7) 装饰合理(1) 装饰奢华(　)

36. 地下空间的灯光效果

昏暗(2) 一般昏暗(2) 没感觉(2)

不太明亮(　) 明亮(　)

37. 地下空间的通风效果

通风良好(　) 通风(　) 没感觉(2)

有点闷(3) 很闷(3)

38. 地下空间是否有压抑感?

强烈的压抑感(　) 有一些压抑感(5) 无压抑感(2)

比较舒适(　) 很舒适(　)

关于地下空间经营管理

39. 您觉得现在地下空间的营业时间合理吗?

不合理(3) 勉强合理(3) 合理(2)

不知道(　)

40. 若不合理,您觉得什么时间段开放比较合理?

早 8 点—晚 8 点(　) 早 9 点—晚 9 点(6) 早 9 点—晚 10 点(　)

41. 您对地下空间的室内卫生管理满意吗?

不满意(3) 还行(5) 满意(　)

42. 您知道地下空间的物业管理属于哪个部门？

人防部门（ ）　　某个开发商（ 1 ）　　某个承包业主（ ）

不知道（ 6 ）

地下空间开发的群众认可度调研

43. 您认为地下空间的利用是否改善了您的生活环境？

是（ ）　　不是（ 2 ）　　没感觉（ 6 ）

44. 您愿意支持开发地下空间吗？

不愿意（ ）　　无所谓（ 3 ）　　可以考虑（ 5 ）

愿意（ ）

45. 您觉得地下空间以何种形式出现比较好？（多选）

人防平战结合利用（ 5 ）　　结合地铁或轻轨站点开发（ 5 ）

通过增加高层地下层（ 5 ）　　在广场下面设置地下商场（ 5 ）

专门单独开发地下空间（ 2 ）　　其他（ 3 ）

46. 您觉得您所在商圈的地下空间

需要增加（ ）　　需要适量增加（ 5 ）　　不知道（ 1 ）

应保持现状（ 2 ）　　应该适当减少（ ）　　太多了（ ）

47. 您觉得地下空间会给您的生活带来负面影响吗？

不会（ 4 ）　　可能不会（ 4 ）　　可能会（ ）　会（ ）　　不知道（ ）

非常感谢您的参与

南坪商业中心区地下空间调查结果统计

您现在所在地下空间场所或较常去的地下空间场所

所在商圈:沙坪坝三峡广场商圈(　) 杨家坪商圈(1)
解放碑商圈(　) 南坪商圈(7)
观音桥商圈(　)

A(3) 地下街:店铺部分(6)、地下公共部分(休闲座椅等设施)(　)
B(　) 地下交通站点:店铺部分(2)、地下公共部分(休闲座椅等设施)(3)
C(3) 地下商场:店铺部分(6)、地下公共部分(休闲座椅等设施)(　)
D(1) 地下超市:店铺部分(5)、地下公共部分(休闲座椅等设施)(　)

关于回答者自身情况

1. 性别:男性(5) 女性(7)
   年龄:19 岁以下(　) 20～29 岁(11) 30～39 岁(　)
   40～49 岁(　) 50～59 岁(　) 60～69 岁(　)
2. 住所:市内住在 渝中区(2) 沙坪坝区(　) 南岸区(6) 九龙坡区(　)
   渝北区(　) 江北区(　) 北碚区(　) 巴南区(7)
   大渡口区(　) 市外住在(1)
3. 职业:公司职员(5) 事业单位及公务员(　) 自营业主(　)
   家庭主妇(　) 学生(　) 其他(　)

关于地面购物环境与地下购物环境的区别

4. 一般到商圈去的目的
   购物(11) 休闲(6) 餐饮(4) 读书(　)
   聊天(2) 打发时间(2) 其他(　)
5. 到商业中心购物的频率
   每周 3 回以上(　) 每周 1～2 回(5) 每月 1～2 回(6)
   每年几次(　) 其他(　)
6. 到地下街、地下商场、地下超市的频率(总和)
   每周 3 回以上(1) 每周 1～2 回(4) 每月 1～2 回(4)
   每年几次(2) 其他(　)
7. 对地下商场(街)的选择度
   优先逛地面商场(7) 只要逛街就会到地下商场(街)(3)
   优先逛地下商场(街)(　)
8. 对地下超市的选择度
   需要买东西就去(7) 习惯性地去逛逛(3)
   没感觉(　) 不喜欢去地下超市(2)
9. 您觉得地下商场有什么地方吸引您?(多选)
   价格(4) 环境(　) 物品的种类(4)

售货员的态度（ ） 其他（ 4 ）

10. 您觉得地下商场与地面商场的主要区别在于(多选)

室内装饰环境（ 4 ） 商品的档次（ 6 ） 商品的种类（ 5 ）

通风环境（ 4 ） 采光环境（ 4 ） 冷热环境（ 5 ）

湿度环境（ ） 气味环境（ 4 ） 景观环境（ ）

服务员态度（ 3 ） 个人的直觉与喜好（ 2 ） 其他（ ）

11. 如将地下商场同样引进地面商场的环境和商品,您觉得是否可以将地下和地面同等选择?

是（ 6 ） 否（ 5 ）

12. 如果上一题您选择“否”,请选择原因

认识观的原因（ 2 ） 个人感觉的原因（ 4 ） 其他原因（ 2 ）

关于您经常去的地下空间的业态构成

13. 您觉得地下商场(街)的商品种类如何?

种类齐全（ 3 ） 种类比较齐全（ 7 ）

种类单一（ ） 种类较为合理（ 2 ）

14. 您觉得地下商场(街)的商品品质如何?

品质较高（ ） 品质差（ 4 ） 品质适宜（ 4 ） 物有所值（ 3 ）

15. 您常去的地下商场(街)的商品属于哪一类?(多选)

高档品牌（ ） 中档品牌（ 2 ） 低档品牌（ 5 ） 无品牌（ 9 ）

16. 您觉得地下商场(街)商品的价格是否适宜?

很便宜（ 1 ） 比较便宜（ 7 ） 价格适度（ 3 ） 比较昂贵（ ）

很昂贵（ ）

17. 您经常去地下商场(街)购买(做)什么?(多选)

衣服（ 7 ） 餐饮（ 1 ） 日用品（ ） 化妆品（ ）

游戏（ ） 音像制品（ ） 书籍（ ） 路过（ 3 ）

其他（ ）

18. 您觉得地下商场(街)商品的种类需要改进的地方(多选)

引进高档品牌商品（ 2 ） 引进更低档商品（ ）

引进各种生活用品（ 4 ） 引进化妆品（ 2 ）

引进创意产业（ 8 ） 引进机械设备（ ）

引进电器设备（ ） 引进装饰材料（ ）

希望商品种类齐全（ 5 ） 其他（ ）

关于目前地下空间入口的设置

19. 目前地下空间商场(街)的入口设置是否方便

很方便（ ） 一般方便（ 5 ） 没感觉（ 4 ） 不太方便（ ）

很不方便（ ）

20. 关于目前地下空间商场(街)的入口,您感觉(多选)

位置太不明显(2)　　位置比较明显(3)　　能看到就行了(3)

应该放在更加隐蔽的地方(　)　　应该更加突出(4)

21. 关于目前地下空间商场(街)的入口造型

造型富有美感(　)　　有一些美感(　)　　造型普通(10)

没有美感(　)

22. 您觉得是否应该尽量将地下商场(街)入口设置在地面建筑(商场)的内部?

应该(　)　　好像应该(　)　　不知道(4)

不太应该(6)　　不应该(1)

23. 如果您选择应该,您觉得将地下商场(街)入口设置在地面建筑(商场)的内部有什么好处?

下雨天可以直接到达(1)

夏天很热的时候可以直接到达(　)

可以将地下、地面商业联系起来以方便购物(　)

可以形成全封闭的地下通道(2)

其他(2)

24. 如果您选择不应该,地下商场(街)入口设置在外(如广场等)有何好处?

比较显眼易找(5)

入口造型能够丰富商业区的空间形态(3)

25. 关于地下空间商场(街)入口的设置,您觉得

应该全部放在地面建筑(商场)内部(2)

应该全部放在步行广场上(4)

在地面建筑内部更多(　)

在步行广场上更多(1)

应该在地面建筑与广场上平均分配(4)

关于您经常去的地下空间内部环境

26. 您对该地下空间整体的印象如何?

满意(　)　　基本上满意(7)　　没有感觉(2)

不是很满意(1)　　不满意(　)

27. 您对该地下空间作为休闲(餐饮、咖啡等)场所满意吗?

满意(　)　　基本上满意(2)　　没有感觉(5)

不是很满意(4)　　不满意(　)

28. 您对该地下空间作为娱乐(旱冰场、电玩、音像等)场所满意吗?

满意(1)　　基本上满意(1)　　没有感觉(6)

不是很满意(2)　　不满意(　)

29. 您对该地下空间作为购物场所满意吗?

满意(1)　　基本上满意(3)　　没有感觉(3)

不是很满意(3)　　不满意(　)

30. 该地下空间的混杂程度如何?

不混杂(　) 不是很混杂(2) 不确定(2)

有些混杂(8) 混杂(　)

31. 该地下空间的声音嘈杂吗?

不嘈杂(　) 不是很嘈杂(4) 不确定(2)

相对嘈杂(5) 嘈杂(　)

32. 您觉得该地下商场的物质环境需要改进的地方(多选)

室内景观系统(4) 内部识别系统(2) 室内装饰(2)

通风(7) 室温(8) 室内公共活动空间(1)

改变通道和商业的面积比例(3) 在地下商场增加休闲公共场所(7)

增加休闲设施(3) 其他(　)

33. 该地下商场的通道和商业的面积比例是否适宜?

目前通道面积过小(6) 目前通道面积过宽(3)

通道和商业面积比例较合适(　)

34. 关于地下空间设置的公共休闲场所(多选)

数量严重不足(1) 数量不足(4) 配置合理(1)

休闲设施档次低下(1) 没有感觉(3)

35. 目前地下街的室内装饰

装饰简陋(6) 装饰合理(3) 装饰奢华(　)

36. 地下空间的灯光效果

昏暗(4) 一般昏暗(1) 没感觉(2)

不太明亮(3) 明亮(　)

37. 地下空间的通风效果

通风良好(　) 通风(　) 没感觉(1)

有点闷(7) 很闷(1)

38. 地下空间是否有压抑感?

强烈的压抑感(　) 有一些压抑感(8) 无压抑感(2)

比较舒适(　) 很舒适(　)

关于地下空间经营管理

39. 您觉得现在地下空间的营业时间合理吗?

不合理(1) 勉强合理(7) 合理(2)

不知道(　)

40. 若不合理,您觉得什么时间段开放比较合理?

早 8 点—晚 8 点(　) 早 9 点—晚 9 点(2) 早 9 点—晚 10 点(6)

41. 您对地下空间的室内卫生管理满意吗?

不满意(2) 还行(5) 满意(2)

42. 您知道地下空间的物业管理属于哪个部门?

人防部门（ 1 ）　　某个开发商（　）　　某个承包业主（ 4 ）
不知道（ 4 ）

地下空间开发的群众认可度调研

43. 您认为地下空间的利用是否改善了您的生活环境？
是（ 6 ）　　不是（ 3 ）　　没感觉（ 1 ）

44. 您愿意支持开发地下空间吗？
不愿意（　）　　无所谓（ 5 ）　　可以考虑（ 4 ）
愿意（ 1 ）

45. 您觉得地下空间以何种形式出现比较好？（多选）
人防平战结合利用（ 4 ）　　结合地铁或轻轨站点开发（ 6 ）
通过增加高层地下层（ 2 ）　　在广场下面设置地下商场（ 5 ）
专门单独开发地下空间（　）　　其他（ 2 ）

46. 您觉得您所在商圈的地下空间
需要增加（　）　　需要适量增加（ 4 ）　　不知道（ 5 ）
应保持现状（ 2 ）　　应该适当减少（　）
太多了（　）

47. 您觉得地下空间会给您的生活带来负面影响吗？
不会（ 3 ）　可能不会（ 6 ）　可能会（　）　会（　）　不知道（　）

非常感谢您的参与

三峡广场商业中心区地下空间调查结果统计

您现在所在地下空间场所或较常去的地下空间场所

所在商圈:沙坪坝三峡广场商圈(3)　　杨家坪商圈(1)
解放碑商圈(2)　　南坪商圈(2)
观音桥商圈(　)

A(　)　地下街:店铺部分(　)、地下公共部分(休闲座椅等设施)(　)

B(　)　地下交通站点:店铺部分(2)、地下公共部分(休闲座椅等设施)(　)

C(5)　地下商场:店铺部分(1)、地下公共部分(休闲座椅等设施)(　)

D(　)　地下超市:店铺部分(　)、地下公共部分(休闲座椅等设施)(　)

关于回答者自身情况

1. 性别:男性(6)　女性(2)
   年龄:19 岁以下(　)　20～29 岁(6)　30～39 岁(2)
   40～49 岁(　)　50～59 岁(　)　60～69 岁(　)
2. 住所:市内住在　渝中区(　)　沙坪坝区(6)　南岸区(　)　九龙坡区(　)
   渝北区(　)　江北区(　)　北碚区(　)　巴南区(　)
   大渡口区(　)市外住在(　)
3. 职业:公司职员(　)　事业单位及公务员(　)　自营业主(　)
   家庭主妇(　)　学生(4)　其他(1)

关于地面购物环境与地下购物环境的区别

4. 一般到商圈去的目的
   购物(6)　休闲(　)　餐饮(3)　读书(　)
   聊天(　)　打发时间(　)　其他(　)
5. 到商业中心购物的频率
   每周 3 回以上(　)　每周 1～2 回(2)　每月 1～2 回(2)
   每年几次(3)　其他(1)
6. 到地下街、地下商场、地下超市的频率(总和)
   每周 3 回以上(　)　每周 1～2 回(1)　每月 1～2 回(　)
   每年几次(6)　其他(　)
7. 对地下商场(街)的选择度
   优先逛地面商场(5)　只要逛街就会到地下商场(街)(1)
   优先逛地下商场(街)(1)
8. 对地下超市的选择度
   需要买东西就去(8)　习惯性地去逛逛(　)
   没感觉(　)　不喜欢去地下超市(　)
9. 您觉得地下商场有什么地方吸引您?(多选)
   价格(3)　环境(1)　物品的种类(3)　售货员的态度(　)

其他(1)

10. 您觉得地下商场与地面商场的主要区别在于(多选)

室内装饰环境(2)　商品的档次(2)　商品的种类(2)

通风环境(4)　采光环境(5)　冷热环境(　)

湿度环境(1)　气味环境(1)　景观环境(　)

服务员态度(1)　个人的直觉与喜好(3)　其他(　)

11. 如将地下商场同样引进地面商场的环境和商品,您觉得是否可以将地下和地面同等选择?

是(3)　否(5)

12. 如果上一题您选择"否",请选择原因

认识观的原因(3)　个人感觉的原因(3)　其他原因(　)

关于您经常去的地下空间的业态构成

13. 您觉得地下商场(街)的商品种类如何?

种类齐全(2)　种类比较齐全(4)

种类单一(2)　种类较为合理(　)

14. 您觉得地下商场(街)的商品品质如何?

品质较高(　)　品质差(2)　品质适宜(　)　物有所值(　)

15. 您常去的地下商场(街)的商品属于哪一类?(多选)

高档品牌(　)　中档品牌(2)　低档品牌(2)　无品牌(3)

16. 您觉得地下商场(街)商品的价格是否适宜?

很便宜(　)　比较便宜(3)　价格适度(6)　比较昂贵(　)

很昂贵(　)

17. 您经常去地下商场(街)购买(做)什么?(多选)

衣服(5)　餐饮(　)　日用品(6)　化妆品(1)

游戏(　)　音像制品(　)　书籍(　)　路过(　)

其他(1)

18. 您觉得地下商场(街)商品的种类需要改进的地方(多选)

引进高档品牌商品(7)　引进更低档商品(　)

引进各种生活用品(2)　引进化妆品(　)

引进创意产业(4)　引进机械设备(1)

引进电器设备(　)　引进装饰材料(2)

希望商品种类齐全(3)　其他(　)

关于目前地下空间入口的设置

19. 目前地下空间商场(街)的入口设置是否方便?

很方便(　)　一般方便(1)　没感觉(3)

不太方便(1)　很不方便(　)

20. 关于目前地下空间商场(街)的入口,您感觉(多选)

位置太不明显（ 1 ）　　位置比较明显（ 1 ）　　能看到就行了（　）

应该放在更加隐蔽的地方（　）　　应该更加突出（ 4 ）

21. 关于目前地下空间商场(街)的入口造型

造型富有美感（　）　　有一些美感（　）　　造型普通（ 1 ）

没有美感（ 4 ）

22. 您觉得是否应该尽量将地下商场(街)入口设置在地面建筑(商场)的内部?

应该（　）　　好像应该（　）　　不知道（ 1 ）

不太应该（　）　　不应该（　）

23. 如果您选择应该，您觉得将地下商场(街)入口设置在地面建筑(商场)的内部有什么好处?

下雨天可以直接到达（　）

夏天很热的时候可以直接到达（　）

可以将地下、地面商业联系起来以方便购物（ 1 ）

可以形成全封闭的地下通道（　）

其他（ 1 ）

24. 如果您选择不应该，地下商场(街)入口设置在外(如广场等)有何好处?

比较显眼易找（　）

入口造型能够丰富商业区的空间形态（ 1 ）

25. 关于地下空间商场(街)入口的设置，您觉得

应该全部放在地面建筑(商场)内部（　）

应该全部放在步行广场上（ 1 ）

在地面建筑内部更多（　）

在步行广场上更多（　）

应该在地面建筑与广场上平均分配（ 1 ）

关于您经常去的地下空间内部环境

26. 您对该地下空间整体的印象如何?

满意（　）　　基本上满意（ 3 ）　　没有感觉（ 3 ）

不是很满意（ 1 ）　　不满意（　）

27. 您对该地下空间作为休闲(餐饮、咖啡等)场所满意吗?

满意（　）　　基本上满意（ 2 ）　　没有感觉（ 1 ）

不是很满意（ 1 ）　　不满意（ 2 ）

28. 您对该地下空间作为娱乐(旱冰场、电玩、音像等)场所满意吗?

满意（ 2 ）　　基本上满意（ 1 ）　　没有感觉（ 1 ）

不是很满意（　）　　不满意（ 1 ）

29. 您对该地下空间作为购物场所满意吗?

满意（ 2 ）　　基本上满意（ 3 ）　　没有感觉（ 2 ）

不是很满意（　）　　不满意（ 1 ）

30. 该地下空间的混杂程度如何?

不混杂(　) 不是很混杂(3) 不确定(　)

有些混杂(4) 混杂(2)

31. 该地下空间的声音嘈杂吗?

不嘈杂(1) 不是很嘈杂(3) 不确定(　)

相对嘈杂(3) 嘈杂(　)

32. 您觉得该地下商场的物质环境需要改进的地方(多选)

室内景观系统(6) 内部识别系统(1) 室内装饰(4)

通风(6) 室温(2) 室内公共活动空间(3)

改变通道和商业的面积比例(　)

在地下商场增加休闲公共场所(4)

增加休闲设施(5) 其他(1)

33. 该地下商场的通道和商业的面积比例是否适宜?

目前通道面积过小(4) 目前通道面积过宽(　)

通道和商业面积比例较合适(3)

34. 关于地下空间设置的公共休闲场所(多选)

数量严重不足(　) 数量不足(6) 配置合理(　)

休闲设施档次低下(3) 没有感觉(　)

35. 目前地下街的室内装饰

装饰简陋(7) 装饰合理(2) 装饰奢华(　)

36. 地下空间的灯光效果

昏暗(　) 一般昏暗(4) 没感觉(1)

不太明亮(3) 明亮(　)

37. 地下空间的通风效果

通风良好(　) 通风(2) 没感觉(　)

有点闷(6) 很闷(　)

38. 地下空间是否有压抑感?

强烈的压抑感(　) 有一些压抑感(5) 无压抑感(　)

比较舒适(　) 很舒适(　)

关于地下空间经营管理

39. 您觉得现在地下空间的营业时间合理吗?

不合理(　) 勉强合理(3) 合理(4)

不知道(　)

40. 若不合理,您觉得什么时间段开放比较合理?

早 8 点—晚 8 点(　) 早 9 点—晚 9 点(　) 早 9 点—晚 10 点(2)

41. 您对地下空间的室内卫生管理满意吗?

不满意(4) 还行(3) 满意(　)

42. 您知道地下空间的物业管理属于哪个部门?

人防部门(　) 某个开发商(　) 某个承包业主(1)

不知道(3)

地下空间开发的群众认可度调研

43. 您认为地下空间的利用是否改善了您的生活环境?

是(2) 不是(2) 没感觉(3)

44. 您愿意支持开发地下空间吗?

不愿意(　) 无所谓(　) 可以考虑(3)

愿意(5)

45. 您觉得地下空间以何种形式出现比较好?(多选)

人防平战结合利用(3) 结合地铁或轻轨站点开发(7)

通过增加高层地下层(1) 在广场下面设置地下商场(8)

专门单独开发地下空间(4) 其他(　)

46. 您觉得您所在商圈的地下空间

需要增加(　) 需要适量增加(6)

不知道(1) 应保持现状(　)

应该适当减少(　) 太多了(　)

47. 您觉得地下空间会给您的生活带来负面影响吗?

不会(6) 可能不会(1) 可能会(　) 会(　) 不知道(1)

非常感谢您的参与

杨家坪商业中心区地下空间调查结果统计

您现在所在地下空间场所或较常去的地下空间场所

所在商圈:沙坪坝三峡广场商圈(1)　　杨家坪商圈(12)
解放碑商圈(3)　　南坪商圈(1)
观音桥商圈(1)

A(　) 地下街:店铺部分(6)、地下公共部分(休闲座椅等设施)(　)
B(　) 地下交通站点:店铺部分(2)、地下公共部分(休闲座椅等设施)(　)
C(　) 地下商场:店铺部分(4)、地下公共部分(休闲座椅等设施)(　)
D(　) 地下超市:店铺部分(4)、地下公共部分(休闲座椅等设施)(　)

关于回答者自身情况

1. 性别:男性(1)　女性(11)
年龄:19 岁以下(　)　20～29 岁(7)　30～39 岁(3)
40～49 岁(　)　50～59 岁(　)　60～69 岁(　)

2. 住所:市内住在　渝中区(　)　沙坪坝区(1)　南岸区(1)　九龙坡区(3)
渝北区(　)　江北区(1)　北碚区(　)　巴南区(1)
大渡口区(　) 市外住在(　)

3. 职业:公司职员(4)　事业单位及公务员(1)　自营业主(　)
家庭主妇(　)　学生(1)　其他(　)

关于地面购物环境与地下购物环境的区别

4. 一般到商圈去的目的
购物(9)　休闲(8)　餐饮(6)　读书(　)
聊天(1)　打发时间(4)　其他(　)

5. 到商业中心购物的频率
每周 3 回以上(　)　每周 1～2 回(5)　每月 1～2 回(5)
每年几次(1)　其他(　)

6. 到地下街、地下商场、地下超市的频率(总和)
每周 3 回以上(1)　每周 1～2 回(4)　每月 1～2 回(2)
每年几次(3)　其他(　)

7. 对地下商场(街)的选择度
优先逛地面商场(8)　只要逛街就会到地下商场(街)(3)
优先逛地下商场(街)(　)

8. 对地下超市的选择度
需要买东西就去(6)　习惯性地去逛逛(1)　没感觉(2)
不喜欢去地下超市(2)

9. 您觉得地下商场有什么地方吸引您?(多选)
价格(6)　环境(3)　物品的种类(7)

售货员的态度（ ） 其他（ 1 ）

10. 您觉得地下商场与地面商场的主要区别在于(多选)

室内装饰环境（ 8 ） 商品的档次（ 2 ） 商品的种类（ 3 ）
通风环境（ 6 ） 采光环境（ 6 ） 冷热环境（ 4 ）
湿度环境（ 4 ） 气味环境（ 8 ） 景观环境（ 5 ）
服务员态度（ 1 ） 个人的直觉与喜好（ 3 ） 其他（ 6 ）

11. 如将地下商场同样引进地面商场的环境和商品,您觉得是否可以将地下和地面同等选择?

是（ 6 ） 否（ 2 ）

12. 如果上一题您选择“否”,请选择原因

认识观的原因（ 3 ） 个人感觉的原因（ 1 ） 其他原因（ ）

关于您经常去的地下空间的业态构成

13. 您觉得地下商场(街)的商品种类如何?

种类齐全（ ） 种类比较齐全（ 5 ）
种类单一（ 5 ） 种类较为合理（ 1 ）

14. 您觉得地下商场(街)的商品品质如何?

品质较高（ ） 品质差（ ） 品质适宜（ ） 物有所值（ ）

15. 您常去的地下商场(街)的商品属于哪一类?(多选)

高档品牌（ ） 中档品牌（ ） 低档品牌（ 7 ） 无品牌（10）

16. 您觉得地下商场(街)商品的价格是否适宜?

很便宜（ ） 比较便宜（ 7 ） 价格适度（ 4 ） 比较昂贵（ ）
很昂贵（ ）

17. 您经常去地下商场(街)购买(做)什么?(多选)

衣服（ 2 ） 餐饮（ 1 ） 日用品（ ） 化妆品（ ）
游戏（ ） 音像制品（ 4 ） 书籍（ 4 ） 路过（ 6 ）
其他（ ）

18. 您觉得地下商场(街)商品的种类需要改进的地方(多选)

引进高档品牌商品（ 6 ） 引进更低档商品（ 1 ）
引进各种生活用品（ 5 ） 引进化妆品（ 3 ）
引进创意产业（ 9 ） 引进机械设备（ ）
引进电器设备（ ） 引进装饰材料（ 3 ）
希望商品种类齐全（ 7 ） 其他（ ）

关于目前地下空间入口的设置

19. 目前地下空间商场(街)的入口设置是否方便?

很方便（ 1 ） 一般方便（ 2 ） 没感觉（ 4 ）
不太方便（ 3 ） 很不方便（ ）

20. 关于目前地下空间商场(街)的入口,您感觉(多选)

位置太不明显(3)　　位置比较明显(1)　　能看到就行了(4)

应该放在更加隐蔽的地方(3)　　应该更加突出(　)

21. 关于目前地下空间商场(街)的入口造型

造型富有美感(　)　　有一些美感(　)　　造型普通(8)

没有美感(2)

22. 您觉得是否应该尽量将地下商场(街)入口设置在地面建筑(商场)的内部?

应该(6)　　好像应该(　)　　不知道(1)

不太应该(2)　　不应该(1)

23. 如果您选择应该,您觉得将地下商场(街)入口设置在地面建筑(商场)的内部有什么好处?

下雨天可以直接到达(6)

夏天很热的时候可以直接到达(5)

可以将地下、地面商业联系起来以方便购物(6)

可以形成全封闭的地下通道(3)

其他(　)

24. 如果您选择不应该,地下商场(街)入口设置在外(如广场等)有何好处?

比较显眼易找(1)

入口造型能够丰富商业区的空间形态(3)

25. 关于地下空间商场(街)入口的设置,您觉得

应该全部放在地面建筑(商场)内部(　)

应该全部放在步行广场上(1)

在地面建筑内部更多(2)

在步行广场上更多(2)

应该在地面建筑与广场上平均分配(6)

关于您经常去的地下空间内部环境

26. 您对该地下空间整体的印象如何?

满意(　)　　基本上满意(1)　　没有感觉(4)

不是很满意(5)　　不满意(1)

27. 您对该地下空间作为休闲(餐饮、咖啡等)场所满意吗?

满意(　)　　基本上满意(4)　　没有感觉(5)

不是很满意(　)　　不满意(2)

28. 您对该地下空间作为娱乐(旱冰场、电玩、音像等)场所满意吗?

满意(1)　　基本上满意(4)　　没有感觉(1)

不是很满意(3)　　不满意(1)

29. 您对该地下空间作为购物场所满意吗?

满意(1)　　基本上满意(4)　　没有感觉(1)

不是很满意(3)　　不满意(1)

30. 该地下空间的混杂程度如何？

不混杂(　) 不是很混杂(6) 不确定(　)

有些混杂(6) 混杂(1)

31. 该地下空间的声音嘈杂吗？

不嘈杂(　) 不是很嘈杂(7) 不确定(　)

相对嘈杂(4) 嘈杂(1)

32. 您觉得该地下商场的物质环境需要改进的地方(多选)

室内景观系统(5) 内部识别系统(5) 室内装饰(3)

通风(9) 室温(8) 室内公共活动空间(4)

改变通道和商业的面积比例(2) 在地下商场增加休闲公共场所(4)

增加休闲设施(3) 其他(　)

33. 该地下商场的通道和商业的面积比例是否适宜？

目前通道面积过小(6) 目前通道面积过宽(5)

通道和商业面积比例较合适(1)

34. 关于地下空间设置的公共休闲场所(多选)

数量严重不足(1) 数量不足(7) 配置合理(1)

休闲设施档次低下(4) 没有感觉(5)

35. 目前地下街的室内装饰

装饰简陋(8) 装饰合理(　) 装饰奢华(　)

36. 地下空间的灯光效果

昏暗(4) 一般昏暗(4) 没感觉(　)

不太明亮(　) 明亮(　)

37. 地下空间的通风效果

通风良好(　) 通风(　) 没感觉(　)

有点闷(3) 很闷(5)

38. 地下空间是否有压抑感？

强烈的压抑感(3) 有一些压抑感(7) 无压抑感(　)

比较舒适(　) 很舒适(　)

关于地下空间经营管理

39. 您觉得现在地下空间的营业时间合理吗？

不合理(4) 勉强合理(5) 合理(1)

不知道(1)

40. 若不合理，您觉得什么时间段开放比较合理？

早 8 点—晚 8 点(1) 早 9 点—晚 9 点(3) 早 9 点—晚 10 点(4)

41. 您对地下空间的室内卫生管理满意吗？

不满意(7) 还行(3) 满意(3)

42. 您知道地下空间的物业管理属于哪个部门？

人防部门(4)　　某个开发商(　)　　某个承包业主(　)

不知道(5)

地下空间开发的群众认可度调研

43. 您认为地下空间的利用是否改善了您的生活环境?

是(6)　　不是(1)　　没感觉(4)

44. 您愿意支持开发地下空间吗?

不愿意(　)　　无所谓(1)　　可以考虑(6)

愿意(4)

45. 您觉得地下空间以何种形式出现比较好?(多选)

人防平战结合利用(8)　　结合地铁或轻轨站点开发(5)

通过增加高层地下层(6)　　在广场下面设置地下商场(8)

专门单独开发地下空间(　)　　其他(4)

46. 您觉得您所在商圈的地下空间

需要增加(9)　　需要适量增加(8)

不知道(　)　　应保持现状(2)

应该适当减少(1)　　太多了(　)

47. 您觉得地下空间会给您的生活带来负面影响吗?

不会(3)　　可能不会(6)　　可能会(1)　　会(　)　　不知道(1)

非常感谢您的参与

D. 法规体系中涉及地下空间的相关内容

附表 2　相关法规体系中涉及地下空间的相关内容

类别	名称	与地下空间相关的条文内容	实施日期
法律	中华人民共和国城乡规划法	第十七条第一款　城市总体规划、镇总体规划的内容应当包括：城市、镇的发展布局，功能分区，用地布局，综合交通体系，禁止、限制和适宜建设的地域范围，各类专项规划等	2015-04-24
		第三十三条　城市地下空间的开发和利用，应当与经济和技术发展水平相适应，遵循统筹安排、综合开发、合理利用的原则，充分考虑防灾减灾、人民防空和通信等需要，并符合城市规划，履行规划审批手续	
	中华人民共和国物权法	第一百三十六条　建设用地使用权可以在土地的地表、地上或者地下分别设立。新设立的建设用地使用权，不得损害已设立的用益物权	2007-10-01
	中华人民共和国城市房地产管理法	第二条第二款　本法所称房屋，是指土地上的房屋等建筑物及构筑物	2009-08-27
		第六十条　国家实行土地使用权和房屋所有权登记发证制度	
	中华人民共和国土地管理法	第八条第一款　城市市区的土地属于国家所有	2004-08-28
	中华人民共和国人民防空法	第二条第二款　人民防空实行长期准备、重点建设、平战结合的方针，贯彻与经济建设协调发展、与城市建设相结合的原则	2009-08-27
		第十三条　城市人民政府应当制定人民防空工程建设规划，并纳入城市总体规划	

（续表）

类别	名称	与地下空间相关的条文内容	实施日期
地方性法规	天津市地下空间规划管理条例	地下空间规划制定、地下空间建设用地规划管理、地下空间建设工程规划管理	2009-03-01
部门规章	城市规划编制办法	第三十一条第(十七)项　中心城区规划应当包括下列内容:(十七)提出地下空间开发利用的原则和建设方针。	2006-04-01
		第三十二条第(三)项　城市总体规划的强制性内容包括:(三)城市建设用地.包括:规划期限内城市建设用地的发展规模,土地使用强度管制区划和相应的控制指标(建设用地面积、容积率、人口容量等);城市各类绿地的具体布局;城市地下空间开发布局	
		第三十四条　城市总体规划应当明确综合交通、环境保护、商业网点、医疗卫生、绿地系统、河湖水系、历史文化名城保护、地下空间、基础设施、综合防灾等专项规划的原则	
		第四十一条第(五)项　控制性详细规划应当包括下列内容:(五)根据规划建设容量,确定市政工程管线位置、管径和工程设施的用地界线,进行管线综合。确定地下空间开发利用具体要求	
	城市国有土地使用权出让转让规划管理办法	第三条　国务院城市规划行政主管部门负责全国城市国有土地使用权出让、转让规划管理的指导工作。省、自治区、直辖市人民政府城市规划行政主管部门负责本省、自治区、直辖市行政区域内城市国有土地使用权出让、转让规划管理的指导工作。直辖市、市和县人民政府城市规划行政主管部门负责城市规划区内城市国有土地使用权出让、转让的规划管理工作	1993-01-01

（续表）

类别	名称	与地下空间相关的条文内容	实施日期
部门规章		第五条　出让城市国有土地使用权，出让前应当制定控制性详细规划。出让的地块，必须具有城市规划行政主管部门提出的规划设计条件及附图	
	城市地下空间开发利用管理规定	包括城市地下空间的规划、工程建设、工程管理等条文	1997-12-01 实施，2011-01-16 最新修正
地方政府规章	上海市城市地下空间建设用地审批和房地产登记试行规定	为了加强对城市地下空间建设用地审批和房地产登记的管理，促进地下空间合理开发利用，制定本规定	2006-09-01
	杭州市区地下空间建设用地管理和土地登记暂行规定	为加强市区地下空间建设用地使用权管理，促进土地节约集约利用，保障地下空间土地权利人合法权益，制定本规定	2009-05-22
	深圳市地下空间开发利用暂行办法	地下空间规划的制定、地下空间规划实施和地下建设用地使用权取得、地下空间的工程建设和使用	2008-09-01
	本溪市城市地下空间开发利用管理规定	地下空间开发利用规划、地下空间的开发建设、地下空间的使用	2002-10-10
	葫芦岛市城市地下空间开发利用管理办法	地下空间开发利用的规划管理、地下空间的开发建设管理、城市地下空间的使用管理	2002-09-01
	重庆市城乡规划地下空间利用规划导则(试行)	地下空间开发利用的规划管理、地下空间的开发建设管理、城市地下空间的使用管理	2007 年 12 月

来源：笔者与“城市地下空间开发利用规划编制与管理”课题组共同完成

E. 国内地下空间管理方面存在的问题详解

附表 3　国内地下空间管理方面存在的问题详解

管理上存在问题的主要方面	国内详情	后果及实例	国外现状	相关建议
管理体制各自为政、多头管理	1. 住建部主管防空地下室。 2. 人防部门主管除防空地下室以外的所有人防工程。 3. 规划主管部门管城市地下空间建设规划。 4. 市政工程局管人行过街地道、越江隧道等基础设施。 5. 市建委管地下管道建设和一般地下工程建设。 6. 地铁管理部门管地铁工程。 7. 交通部门管地下交通设施。 8. 城市市政工程管理建设又分属于不同的管理部门，如自来水、燃气等	1. 城市规划与人防工程建设和地下空间开发脱节，使地下空间的开发利用不能及时、切实纳入城市总体规划的通盘考虑。 2. 人防部门忽略城市建设的需要；有些战备工程规模比较大，按一定防护要求修建，平时利用率低，并形成平战利用相互制约的矛盾。 3. 地下交通及基础设计建设与城市地下空间发展脱节，造成资源浪费，及对现有地下空间开发形成制约	日本建设省制定《地下空间指南》：对县政府所在地及人口在 30 万以上的城市进行地下空间规划，又外加了地下基础设施规划和地下空间规划	在将地下工程区分为民防工程和一般地下工程的详细情况下，由规划局负责地下空间开发、利用的综合规划管理及一般地下工程的建设、管理，房产局负责一般地下工程的等级、发证管理，民防办负责民防工程的规划、建设、管理以及民防工程的登记、发证管理

（续表）

管理上存在问题的主要方面	国内详情	后果及实例	国外现状	相关建议
地下产权不明晰	1. 现行法律未对地下建筑物、构筑物的产权关系进行明确。 2. 包括地下空间与地上权利人的相邻关系、地下工程间的相邻关系、多种权属性质的土地权利关系的定义	1. 投资者建设地下建筑物、构筑物后无法取得能够证明其权利的凭证，拿不到产权证。 2. 投资者无法处理好与地下空间和地上权利人的利益关系，无法进行开发。 3. 高层建筑的地下空间、部分广场、绿地地下空间的无组织开发未受到约束（深度、面积），为今后进行大规模地下空间开发带来隐患	1. 在土地私有制国家，地下空间开发的激励机制：①要求地下空间的所有者付一部分低于土地价格的补偿费，例如日本约为 20%。②规定土地所有权达到的地下空间深度，如芬兰、丹麦、挪威等国规定私人土地在深度 6 m 以下即为公有。 2. 日本的《大深度地下空间公共使用特别措施法》对大深度地下空间作了如下定义：大深度地下是指不影响通常建筑物地下室深度，政府令规定的深度（距离地表 40 m 以下），或距离支持通常建筑物桩基持力层政令规定的距离（10 m 以下）以外的任意深度。该法的核心内容就是将城市地表 50 m 以下的地下空间无偿作为国家和城市发展的公共事业使用空间	1. 各地方政府部门应该根据国家分层开发原则，对不同开发深度的产权进行定义。 2. 作为地下空间权，土地使用权者具有开发优先权，并具有连通地下空间部分的义务

（续表）

管理上存在问题的主要方面	国内详情	后果及实例	国外现状	相关建议
缺乏开发利用的激励机制	缺乏优惠措施，未形成激励机制		发达国家从可持续发展战略出发，都对开发、利用地下空间制定了相应的优惠措施。 日本：日本政府建立了各种制度，主要有建设费用补助、融资等辅助制度。其相关的法律、法规有：道路整备紧急措施法、交通安全设施紧急措施法、符合复合交通空间整备事业制度纲要、促进公共停车舱整备事业制度纲要、道路开发资金款纲要、推进民间都市开发特别措施法、有关民间事业者能力活动临时措施法，以及地方财政地方自治法。 为了保持地下空间设施经营基础的安定，日本政府对地下设施经营的税制，实行特别措施，提倡投资者提高资产使用效率	制定城市地下空间利用基本法规，包括地下空间资源利用鼓励优惠政策、土地所有权上下范围的明确、地下空间资源开发权利、地下空间所有权和使用权，地下空间建设补偿标准，公共地下设施的占用许可
地下空间利用规划及建设	1. 人防专业规划是我国地下工程建设的主体。 2. 人防工程的建设标准低，影响它在平时的使用。应该建立新的人防标准，适应平战结合的空间利用。 3. 工程质量问题，渗漏水、防护等需要建立标准体系	1. 人防规划不能够与城市整体规划相配合，各自为政，不能促进城市的发展。 2. 大城市已有专业的地下商业街及地下商场规划设计工程，如北京西单广场地下商业规划、大连“不夜城”地下空间规划、南京新	1. 以地下综合体的建设为主，一般包括以下内容。欧洲地下综合体，内容较多，规模较大，层数多；美国和加拿大地下综合体由高层建筑的地下室扩展而成，其内容和组成方式与地面建筑相配合；日本地下综合体具有明显特点，主要由公共通道、商店、停车场和机房辅助设施组成地下街，车站则较少包括在内，而是经地下步道和集散大厅与地下街连通	1. 应当提高人防建设标准，增强其空间的灵活性与多样性，提高其平时的利用效率。 2. 城市地下综合体的具体内容

（续表）

管理上存在问题的主要方面	国内详情	后果及实例	国外现状	相关建议
地下空间利用规划及建设		街口地下空间规划等。但是这些地下空间的开发是以解决城市拥挤、交通问题等为主要目的，多设在未开发的广场和绿地之下，从宏观上还是缺乏整体的规划。 3. 中等发达城市，如重庆、成都等，中心区虽然具有大、中型地下空间，但是它们大多来源于人防改建工程，呈散点式布局，相互之间仍然依靠地面交通联系，几乎没有与地下交通枢纽相联系的地下综合体设施，地下空间开发还处于无规划、无统筹的被动阶段，还不能够达到人们对现有公共空间的要求	1）城市地铁、地下公路及隧道以及地面上的公共交通换乘枢纽，由车站集散大厅及各种车站联系成一体。地下街及人行横道、地铁站间的连接地下通道、地下建筑间的地下通道、地面建筑的出入口、楼梯和自动扶梯等内部交通设施及地下公共停车场构成一个连通的步行系统； 2）商业设施，休息等服务设施，文娱、体育、展览等设施，办公、银行、邮局等业务设施。 2. 地下交通设施包括地铁、地下快速干道等。 3. 地下市政管网。 4. 地下存储规划，具有一套完整的规划体系，并具有专门的地下街、地下车库规划构想	和功能应当视其建设目标和主要功能而定。 3. 尽量以现有地下空间为发展起点，地下空间的开发应该具有综合效益。通过改造、整治的方法，加强与其他部分地下空间的连通性。 4. 制定专门的除人防地下规范以外的地下空间设计规范，如地下街设计规范、地下车库设计规范、地下通道设计规范等等

（续表）

管理上存在问题的主要方面	国内详情	后果及实例	国外现状	相关建议
政策与立法	1. 亟须制定环境和安全标准、消防标准。 2. 现已制定或在制定的标准：建设标准、规划定额、设计规范、技术经济指标。但是这些标准数量、范围不够，适应不同地区的自然条件和城市特点的能力也较差。 3. 对于城市地下空间利用的主要地下设施，如地铁、地下街、地下停车场等的管理缺乏相应的法规		《共同沟整备相关特别措施法》《电线共同沟整备相关特别措施法》《大深度地下空间公共使用特别措施法》《大深度法》等	
地下空间使用性质	为了科学合理地开发利用城市地下空间资源，根据我国城市规划建设与发展需要以及经济技术发展水平，宜将城市地下空间资源按竖向开发利用的深度进行分层，一般可分为表层（0 ～−3 m）、浅层（−3～−15 m）、中层（−15～−40 m）和深层（−40 m以下）	地下空间分层具有很强的局限性，不适应当前地下空间规模化开发的需求。地下空间的利用仍然集中在浅层	1. 日本地下空间的分层情况： 1）10 m以内的空间主要有一般管线、广岛南口广场地下步道、涉谷地下街、新宿地下街、丰桥站前公共停车场、千岁地下停车场等设施，即主要集中发展一般管线、地下步道、地下停车场和地下街。 2）10～20 m的空间范围内有地下游乐园、横滨地铁站地下停车场、八重洲地下停车场、天神地下街停车场、地铁隧道、地铁车站等	1. 竖向功能分层控制。 2. 地下空间规划应该根据它的区位性而定，其使用性质应与所属区域及地面建筑的功能相协调

（续表）

管理上存在问题的主要方面	国内详情	后果及实例	国外现状	相关建议
地下空间使用性质			3）20～50 m的空间范围内有六本木地铁、营团南北线、平野川地下调节池、神田川地下调节池、国立国会图书馆、菊间地下石油储备基地、新七宗水力发电站、水道桥变电站、高桥变电站、NTT洞道、东京湾横断道路等，即主要发展地铁、地下调节池、地下能源设施、地下变电站和地下道路。 4）50 m以下的空间目前开发得不多，主要有试验场、串木野基地、久慈基地、LPG地下盘岩储藏等，以仓储设施、地下研究为主。总之，日本地少、人多、地震台风频繁等特殊国情使得地下空间开发在日本得到高度重视，地下空间得以大规模的发展。 2. 地下综合体设施情况（参见以上部分）	3. 城市地下空间开发的具体内容和功能应当视其建设目标和主要功能而定

来源：作者根据相关资料整理